黄河泥沙粗细分治的
理论与实践

曹如轩　秦　毅　程　文　谭培根　钱善琪　著

科学出版社

北京

内 容 简 介

本书是论述黄河治理决策方面的专著,共 11 章,两个附录。在分析研究黄河来水来沙特性、低温输沙特性和粗泥沙运动特性的基础上,阐明黄河冲积平原河段纵横断面变化的趋向、河道游荡的成因以及不游荡的缘由,进而提出黄河中游河道对粗泥沙进行时空调节的机理。通过研究自排沙廊道输沙特性及螺旋流流场特征,认识到自排沙廊道具有高效排粗沙的能力。从而提出以自排沙廊道系统工程对黄河泥沙进行粗细分治的治理方案,以解决黄河四个冲积平原河段的游荡问题。

本书的分析研究方法有新颖独到之处,机理阐述清晰,可供泥沙、地理、环境、水文等方面的科技人员、大专院校师生和河流管理部门相关人员参考。

图书在版编目(CIP)数据

黄河泥沙粗细分治的理论与实践/曹如轩等著 . —北京:科学出版社,2015.6
ISBN 978-7-03-044802-6

Ⅰ. ①黄… Ⅱ. ①曹… Ⅲ. ①黄河-泥沙-河道整治-研究 Ⅳ. ①TV152

中国版本图书馆 CIP 数据核字(2015)第 124400 号

责任编辑:祝 洁 杨向萍/责任校对:李 影
责任印制:赵 博/封面设计:红叶图文

科 学 出 版 社 出版
北京东黄城根北街 16 号
邮政编码:100717
http://www.sciencep.com

北京通州皇家印刷厂 印刷
科学出版社发行 各地新华书店经销

*

2015 年 6 月第 一 版 开本:720×1000 1/16
2015 年 6 月第一次印刷 印张:18 1/4 彩插:1
字数:370 000
定价:120.00 元
(如有印装质量问题,我社负责调换)

序　一

　　钱宁先生在分析了黄河中游粗泥沙来源区的泥沙对黄河下游冲淤的影响后，提出了"集中治理粗泥沙来源区，对减少黄河下游的淤积具有重要意义"的著名论断。钱正英称钱宁的集中治理黄河中游粗沙来源区的成果是治黄认识上的一个重大突破，并且十分关心治理粗沙区的落实情况。近 20 年来，粗沙区治理已初见成效，窟野河等支流经治理后，1997～2006 年与 1970～1996 年相比，来沙减少了 70.9％～88.4％。当然，减沙这么多，除治理的成效外，近期降雨强度小、没有大洪水也是一个原因。

　　然而，来水来沙减少只是缓解了下游河道、水库的淤积，水库（如小浪底水库）的库容总是有限的，当调沙库容淤满水库转为"蓄清排浑、调水调沙"运用后，下游河道又将回淤。所以尚存在水库减淤和下游减淤不可兼得、河道运动的天然属性与人类生存条件之间的矛盾等问题，因此仍有必要探索解决矛盾问题的途径。

　　《黄河泥沙粗细分治的理论与实践》一书依据已有研究成果，着重论证了受黄河下游输沙特性的制约，小浪底水库不能仅靠"蓄清排浑、调水调沙"达到既可长期保持有效库容、下游河道又不淤积的目标。若配合泥沙粗细分治，在挟沙水流进入黄河下游前，用自排沙廊道系统工程拦截粗沙，排出的粗沙加以利用或放淤，使之不进入下游，这样水库减淤和下游减淤可以兼得。书中还论证了粗沙集中堆积且两岸无约束是河道游荡的根源，拦截粗沙使之不进入冲积平原河道，就可以使游荡河道变窄，开垦出数百万亩良田；内蒙古河段的淤积和游荡河段的形成是沙漠沙进入黄河所致，面临利用人造洪峰减淤或粗细分治使河道减淤的选择。全书采用的论证资料主要引用已公开发表的著作和论文中的资料，论证是较有说服力的。

　　该书分析研究了对黄河下游有害的粗沙是在地理、地质、气候、水文等多因素的综合作用下，由上、中游输往下游，首次揭示了低温效应对粗沙输移链的作用。"汛期高温期间，北干流淤积，小北干流削峰滞沙。低温期在低温效应作用下，汛期淤积的粗沙被小流量持续不断地往下输移，既影响潼关河床使潼关高程抬高，又影响下游，使下游建库前年均淤积约 0.7 亿 t；建库后非汛期粗泥沙淤积在水库中，汛期排沙时，淤沙连同来沙一起排出水库，因排出的泥沙粗，下游淤积比可达到 53%"。这些论述是对钱宁先生粗沙治理论述的继承和补充。

书中较全面地论述了自排沙廊道截排粗沙的特性及应用前景，应创造条件及专项进行深入研究。

书中提出利用三门峡基岩天然落差布设自排沙廊道降低潼关高程的设想极富启发性，应予以关注。

中国科学院院士

序 二

《黄河泥沙粗细分治的理论与实践》一书的主要内容是继承钱宁先生关于"粗沙是黄河下游淤积的症结"这一著名论断撰写的，但又有发展。

该书作者对众所关注的泥沙问题的机理分析、内容选择有独创的见解。提出了"粗沙链"的新颖观点，用研究粗沙链中链源、链身、链尾之间的关联与断裂，来揭示黄河上、中、下游粗沙的输移和冲淤之间的相互联系，突出了黄河低温效应、沿程增能效应和冻融效应对粗沙输移的影响。

该书以挟沙力双值理论分析了冲积平原河流中的粗沙链，得出黄河冲积平原河流在天然状态下就没有富余挟沙力，稍受人为干扰就淤积，而且再不能恢复原状，所以它不能达到输沙平衡，必然处于相对冲淤平衡又微淤的状态，揭示了潼关高程问题的根源，也为传统的下泄大流量冲刷冲积平原河流淤积的方案提供了值得商讨的空间。

该书作者对一些看似平常却很重要的现象和问题有敏锐的观察，如发现三门峡坝址基岩的天然落差有溢流坝功能，配合自排沙廊道系统工程，可用以降低潼关高程。分析研究潼关高程的著作甚多，但都没有关注到这一天然落差可利用之处。

公认的黄河小北干流、黄河下游游荡的基本原因为"河床的堆积抬高和两岸不受约束"。书中提出了"粗沙迅速集中地由悬移运动转为推移运动和两岸不受约束是河流游荡的充分必要条件"，点出粗沙迅速集中悬移质转推移质比河床堆积抬高更为明确，并且用渭河、北洛河的实例论证了若不满足迅速集中悬移质转推移质的条件，即使河床堆积抬高和两岸不受约束，河道也可以不游荡。

该书作者通过自排沙廊道的原型实践、物理模型试验和数值模拟揭示了廊道中纵向螺旋流排粗沙效率高、耗水率很小的机理，与粗沙链的研究相结合，提出了黄河泥沙粗细分治的设想，为水库减淤、下游河道减淤二者兼得提供了空间。

鉴于该书的特点，值得一读。

西安理工大学教授

前　言

20 世纪 80 年代末，钱宁先生发现黄河下游的淤积主要是粒径 $d>0.05$mm 的泥沙造成的，重点治理粗沙来源区会取得减淤效果。为此，西安理工大学水利水电学院参与了中国水利水电科学研究院主持的有关粗沙运动特性研究的自然科学基金项目、水利部主持的水沙变化基金项目和清华大学主持的"八五"攻关项目的研究工作，参与了黄河水利委员会勘测规划设计研究院（简称黄委设计院，现已更名为黄河勘测规划设计有限公司）委托的重点工程中粗沙数学模型、粗沙异重流的试验等的分析研究工作，对粗沙的运动特性有了较深入的了解。2006 年以来，结合黄河上游宁蒙河段河床演变的研究，又认识到低温效应的时空调节下，黄河上、中、下游的粗沙链形成、连接和断裂的机理。

潘贤娣、李勇、张晓华等分析了 1965～1990 年 198 场不同泥沙源区来的洪水在下游河道的沿程冲淤资料，得出多沙粗沙来源区的洪水，$d=0.05～0.1$mm 的泥沙淤积比高达 85.5%，$d>0.1$mm 的泥沙几乎全淤；即使是少沙来源区的洪水，$d=0.05～0.1$mm 的泥沙有冲有淤，但 $d>0.1$mm 的泥沙淤积比仍高达 78.9%，说明粗沙多来多淤不多排，黄河下游排粗沙能力极低。

费祥俊、傅旭东、张仁分析了 1960～1996 年黄河下游不漫滩洪水中的冲淤资料，得出排沙比与来沙系数成反比关系。这表明只有水库蓄水拦沙，下泄水流含沙量很低时，下游河道排沙比为 100%，否则下游河道淤积量大于入海沙量。

韩其为根据三门峡水库不同运行方式下，下游河道的冲淤资料，建立了下游河道排沙比与水库排沙比的关系式，得出当水库排沙比大于 0.7 时，下游河道淤积，当水库排沙比小于 0.5 时，下游河道出现明显的冲刷。

从这些研究成果中，作者认识到只要是冲积平原河流包括黄河下游就没有富余挟沙力，问题的关键是用什么方法拦减粗沙。2003 年，我院校友谭培根教授创建了一种新型的排粗沙效率高的自排沙廊道，作者认为这种廊道为拦截粗沙提供了新方法。为此，我院秦毅教授、王新宏教授指导研究生进行了自排沙廊道物理模型试验，得出廊道排出的挟沙水流含沙量高、颗粒粗，而所需的流量很小。程文教授指导研究生用数学模型得出廊道中的螺旋流沿程的持续变化。这些研究说明了廊道中的螺旋流排沙不同于明渠流和管流，反映出螺旋流排沙效率高的机理。

作者通过多项粗沙运动特性研究成果积累，以及同行对黄河下游河道排沙比、淤积率等输沙特性研究的启示，认识到冲积平原河流中粗沙的运动受到水流挟沙力双值关系的制约，冲淤有别，淤多冲少，易淤难冲，不可能通过下泄大流量冲沙予以解决。因此，提出了"黄河泥沙粗细分治"的论点，利用自排沙廊道系统工程缓解冲积平原河流粗沙的淤积。

本书共 11 章，两个附录。秦毅撰写第 3 章、第 9 章，程文撰写第 10 章，谭培根撰写附录 1，其余由曹如轩、钱善琪撰写。

多年来，研究组成员间互尊互容、相互切磋，完成了本书的撰写。为研究工作作出贡献的还有王新宏、巨江、郭崇、李勇、邓贤艺等同仁，研究生杨洪艳、韩海军、陈琛、李子文、王凤龙、李锦璐，白少智、闫丹丹等也提供了不同方面的帮助，在此深表感谢。

本书的很多论述依据研究团队出版的专著和研究报告，在此向这些专著和报告的作者：潘贤娣、赵业安、徐建华、张仁等深表感谢。同时，本书的出版得到西安理工大学水利水电学院领导的支持，也得到了水文水资源学科的资金支助，并获得科技部国家重点基础研究发展计划（973 计划）项目（2011CB403305）提供的研究机会与支持，在此一并深表感谢。

目　　录

第1章 与时俱进治粗沙

1.1 治黄认识上的突破

黄河下游是一条强烈的堆积性河流，黄河的泥沙主要来源于中游黄土地区，历史上黄河下游灾害频繁，泥沙问题是治黄的一个重要问题，已形成共识。钱宁等（1980）分析实测资料，探索黄河中游多沙粗泥沙来源区洪水对下游河道冲淤的影响，将洪水来源分成四个区域：

1 区：河口镇以上，来沙较少，是少沙来源区。

2 区：河口镇至龙门区间，马莲河、北洛河属于多沙粗泥沙来源区。

3 区：除去马莲河以外的泾河干支流、渭河上游、汾河属于多沙细泥沙来源区，渭河南山支流则为少沙来源区。

4 区：伊洛河、沁河是少沙来源区。

此外，还根据洪峰来水地区的分布情况，将下游洪水来源分为六种不同的组合：

（1）各地区普遍有雨，强度不大；

（2）多沙粗泥沙来源区有较大洪水，少沙区未发生洪水或洪水较小；

（3）多沙粗泥沙来源区有中等洪水，少沙区也有补给；

（4）多沙粗、细泥沙来源区与少沙区较大洪水相遇；

（5）洪水主要来自少沙区，多沙粗泥沙来源区雨量不大；

（6）洪水主要来自多沙细泥沙来源区。

统计分析了代表天然状态的 1952～1960 年以及代表有水库调节的 1969～1978 年两个时段中，103 次不同洪水组合的下游淤积强度资料，见表 1-1。分析表明，下游的严重淤积主要是多沙粗泥沙来源区的洪水造成的。第（1）种组合多地普遍降雨，但强度小，来沙系数平均为 0.0216kg·s/m^6，淤积强度 341 万 t/d，出现机遇仅为 6.8%，淤积量仅占总量 4%。第（2）种组合的洪水多系暴雨产生，峰型尖瘦，汇入干流后不漫滩或小漫滩，来沙系数最大，平均为 0.0516kg·s/m^6，故下游淤积严重，平均淤积强度达到 3100 万 t/d。第（2）种组合的 13 次洪水淤积量占全部 103 次洪水淤积量的 59.8%，对下游危害性最大。第（3）种组合洪水因有少沙区来水的补给，平均来沙系数降为 0.036kg·s/m^6，淤积强度平均为 545 万 t/d，这种组合洪水出现次数最多，出现 22 次，占总数的 21.4%，淤积量占总量的 13.6%。第（4）种组合的最大特征是洪峰流量大，花

表1-1　1952～1960年及1969～1978年期间洪水来源的几种主要组合及对下游河道冲淤的影响

洪水来源组合	各种组合洪峰次数	各种组合出现的比例/%	Q_m/(m³/s)	$(\bar{S}/\bar{Q})$/(kg·s/m⁶)	各地区来水占/% 三黑小水量				各地区来沙占/% 三黑小沙量				下游河段冲淤强度/(万t/d)				各种组合的洪水所造成的淤积量占全部洪峰淤积量/%
					I	II	III	IV	I	II	III	IV	高村以上	高村—艾山	艾山以下	全下游	
(1) 各地区普遍有雨,强度不大	7	6.8	3680	0.0216	29.9	22.3	26.8	17.1	3.7	59.6	34.2	5.6	379	6.4	-44.1	341.3	4.0
(2) 多沙粗泥沙较大洪水,少沙区发洪水或洪水较小	13	12.6	6830	0.0516	26.8	60.8	18.1	6.3	1.2	122.5	15.9	0.3	2620	349.0	131.0	3100	59.8
(3) 多沙粗沙来源区有中等洪水,少沙区也有补给	22	21.4	4280	0.0360	46.0	33.3	14.8	8.5	5.6	97.0	17.7	0.9	515	67.0	-37.0	545	13.6
(4) 多沙粗、细沙来源区与较大洪水相遇	10	9.7	11742	0.0131	23.7	24.2	26.1	22.8	3.0	72.2	30.2	5.2	1313	856.0	-271.0	1898	28.2
(5) 洪水主要来自少沙区,粗泥沙来源区来水不大　三个少沙区同时来水	47　6	45.6　5.8	4750	0.0110	56.8	9.9	21.6	11.3	10.3	40.0	23.2	1.6	-148	25.6	-44.2	-166.6	-9.0　-1.9
两个少沙区　河口镇以上与渭河南山支流同时来水	4	3.9	4620	0.0093	64.6	10.8	26.7	4.5	13.1	52.5	42.4	2.8	250.3	-67.4	-107.8	75.1	0.4
河口镇以上与伊洛沁河同时来水	3	2.9	3520	0.0094	57.2	4.6	18.6	15.0	15.9	35.4	14.1	3.4	125.3	-97.6	-87.4	-59.7	-0.1
渭河南山支流与伊洛沁河同时来水	15	14.6	5150	0.0102	30.1	40.7	17.2	11.7	8.1	26.0	44.4	6.1	-38.1	-30.1	-111.5	-179.7	-4.6
一个少沙区来水　河口镇以上来水	13	12.6	3830	0.0113	75.5	9.9	10.2	3.5	7.8	56.0	8.3	0.3	61.5	-13.0	-46.4	2.1	-1.2
渭河南山支流来水	1	1.0	4920	0.0074	41.7	1.3	63.5	5.8	7.0	9.4	39.2	0.2	205.0	86.0	-288.0	2.0	0.0
伊洛沁河来水	5	4.9	5400	0.0119	33.5	11.2	7.8	38.5	7.3	49.0	9.2	15.5	-214.4	38.7	-57.0	-232.7	-1.6
(6) 洪水主要来自细泥沙区多沙	4	3.9	5730	0.0210	34.0	8.8	46.0	9.0	4.6	21.5	72.3	1.0	572.0	245.0	115.0	932.0	3.4
平均			5500	0.0226	42.3	23.4	22.6	12.5	7.7	66.8	25.6	3.1	615.0	144.1	-53.5	705.6	

注:Q_m为洪峰最大流量;$\bar{S}/\bar{Q}$为洪峰平均来沙系数,其中$\bar{S}$及$\bar{Q}$分别为洪峰期平均含沙量及流量。

园口最大洪峰流量的平均值达到 $11742m^3/s$，水流多漫滩，来沙系数 $0.0131kg \cdot s/m^6$，因洪水漫滩，下游河道淤积强度达到 1898 万 t/d，10 次洪水的淤积量占总量的 28.2%。这种组合洪水多为淤滩刷槽，大水出好河，流量大，挟沙力大，山东河段一般都出现冲刷，冲刷强度 271 万 t/d，对山东河段保持稳定的深槽起了很大作用。第（5）种组合洪水花园口来沙系数为 $0.0074 \sim 0.0119kg \cdot s/m^6$，下游发生长距离冲刷。第（6）种组合虽然洪水来自细泥沙源区，但含沙量变幅大，含沙量高时，仍含一定量的粗泥沙造成下游河道淤积，含沙量小时，河槽冲刷。

钱宁等分析了来沙系数 $\overline{S}/\overline{Q}$ 与下游河道冲淤强度的关系，发现点群有明显的分区性。第（2）种组合的洪水产生的淤积强度最大，充分说明多沙粗泥沙来源区的洪水对下游的危害严重。$d > 0.05mm$ 的粗泥沙主要集中在两个区域内，一为黄甫川至秃尾河等各条支流的中下游地区，粗泥沙输沙模数达 $10000t/(km^2 \cdot a)$，另一区域为粗泥沙输沙模数在 $6000 \sim 8000t/(km^2 \cdot a)$ 的无定河中下游及粗泥沙输沙模数约 $6000t/(km^2 \cdot a)$ 的广义的白于山河源区。

钱宁（1980）正是从这些分析中提出了"集中治理粗泥沙来源区，对减少黄河下游的淤积具有重要意义"的著名论断。钱正英称钱宁的集中治理黄河中游粗沙来源区的成果是治黄认识上的一个重大突破，并且十分关心治理粗沙区的落实情况。1989 年 9 月 15 日她在听取了黄河水利委员会关于窟野河、秃尾河、孤山川规划汇报时指出："钱宁同志关于治理多沙粗沙区的论文得奖已 10 年，去世已几年了，但多沙粗沙区的治理仍停留在纸面上。"她进一步指出："对于黄河减沙问题，可能有三种结论：一种是只靠面上加快水土保持治理进度，不需要布设拦泥工程措施；第二种是除了面上水土保持措施外，再搞些治沟骨干工程，这些工程水保经费又不能解决，从黄河大局出发，水利部可以考虑列入基建，治沟骨干工程标准可以高一些，按基建补助；第三种是除上述二种措施外，在三条河干流下游可以考虑设大型拦泥库，黄委设计院要研究一下，如果没有可能，也要做一个结论"（张胜利，1995）。

近 20 年来，粗沙区治理已初见成效，窟野河等支流经治理后，1997~2006 年与 1970~1996 年相比，来沙减少了 70.9%~88.4%（姚文艺等，2011）。当然，减沙这么多，除治理的成效外，近期降雨少、没有大洪水也是减沙的主要原因。

徐建华等（2000）的研究提出了多沙粗泥沙区域界定原则、方法和指标体系。界定方法采用输沙模数指标法，多沙区指全沙输沙模数 $M_{全} \geq 5000t/(km^2 \cdot a)$ 的地区，粗沙区指 $d > 0.05mm$ 粗泥沙输沙模数 $M_{粗} \geq 1300t/(km^2 \cdot a)$ 的地区，多沙粗泥沙区为 $M_{全} \geq 5000t/(km^2 \cdot a)$ 并且 $M_{粗} \geq 1300t/(km^2 \cdot a)$ 的地区。根据内业分析、外业勘查和卫星地貌影像，确定了黄河中游多沙区面积 11.92 万 km^2，粗沙区面积为 7.86 万 km^2，多沙粗泥沙面积为 7.86 万 km^2，占河口镇至桃花峪区间总面积的 22.8%，产沙 11.82 亿 t，占中游输沙量的 69.2%，产生的粗泥沙量

3.19 亿 t，占中游总粗泥沙量的 77.2%。

徐建华等还研究了粗沙产沙输沙规律，得出黄土产沙、基岩产沙、风沙产沙是粗沙区产沙的主要成因，提出了加强多沙粗沙区的水土流失治理是减少黄河下游河道淤积的关键。

潘贤娣等（2006）统计分析了黄河下游 1965～1990 年 198 次洪水资料，并按洪水来源区的不同分成多沙粗泥沙来源区洪水 14 次，多沙细泥沙来源区洪水 108 次，少沙来源区洪水 76 次。分别统计 $d<0.025$mm 的细泥沙、0.025~0.05mm 的中泥沙、0.05~0.1mm 的粗泥沙、$d>0.1$mm 的更粗泥沙及全沙在下游的冲淤量及分布。表 1-2～表 1-4 为三门峡至利津四个分河段、分粒径组泥沙的冲淤量和淤积比、排沙比。表中数据全面地反映了三个不同泥沙来源区洪水中，各粒径组泥沙沿程冲淤调整和输移特性，揭示了无论洪水来自何方，粗泥沙及更粗泥沙的淤积比均最大，少沙来源区的洪水 0.05mm$<d<0.1$mm 的粗泥沙沿程有两个河段冲，但排沙比最小，而 $d>0.1$mm 的更粗泥沙仍是全程淤积的，淤积比达 78.9%，这表明 $d>0.1$mm 的泥沙多来多淤不多排。此外，不论洪水来源如何，粗泥沙都集中淤积在高村以上的游荡河段，反映了粗细泥沙运动规律的不同，提示了粗泥沙何以是下游淤积的症结所在。

表 1-2　多沙粗泥沙来源区洪水下游河道各粒径组泥沙冲淤量

泥沙各粒径组 /mm	三＋黑＋武 来沙量/亿 t	冲淤量/亿 t					淤积比（淤积量 /排沙量）/%
		三门峡— 花园口	花园口— 高村	高村— 艾山	艾山— 利津	全下游	
<0.025	18.88	−0.06	5.24	1.64	0.05	6.84	36.40
0.025～0.05	11.37	4.96	2.34	0.69	0.18	8.17	71.90
0.05～0.10	10.88	5.03	3.16	0.54	0.57	9.30	85.50
>0.10	3.69	2.21	1.16	0.16	0.09	3.62	98.10
全沙	44.82	12.14	11.90	3.03	0.89	27.96	62.40

表 1-3　多沙细泥沙来源区洪水下游河道各粒径组泥沙冲淤量

泥沙各粒径组 /mm	三＋黑＋武 来沙量/亿 t	冲淤量/亿 t					淤积比（淤积量 /排沙量）/%
		三门峡— 花园口	花园口— 高村	高村— 艾山	艾山— 利津	全下游	
<0.025	96.33	2.20	8.76	7.94	−1.84	17.06	17.7
0.025～0.05	45.16	10.68	4.33	0.98	−1.34	14.65	32.4
0.05～0.10	29.44	9.40	5.99	−4.01	1.68	13.06	44.4
>0.10	3.86	0.21	2.10	0.26	0.49	3.06	79.3
全沙	174.79	22.49	21.18	5.17	−1.01	47.83	27.4

表 1-4　少沙来源区洪水下游河道各粒径组泥沙冲淤量

泥沙各粒径组/mm	三＋黑＋武来沙量/亿 t	冲淤量/亿 t					淤积比（淤积量/排沙量）/%	排沙比（输沙量/来沙量）/%
		三门峡—花园口	花园口—高村	高村—艾山	艾山—利津	全下游		
<0.025	29.95	−7.46	−1.21	2.10	−2.03	−8.60	—	128.7
0.025~0.05	17.15	−2.23	−3.06	−0.22	−1.33	−6.84	—	139.8
0.05~0.10	10.88	0.14	−0.65	−1.76	0.05	−2.22	—	119.0
>0.10	3.69	0.21	0.80	0.35	0.36	1.72	78.9	—
全沙	44.82	−9.34	−4.12	0.47	−2.95	−15.94	—	126.2

注：三＋黑＋武指三门峡、黑石关、武陟之和。

表 1-5 是根据表 1-2~表 1-4 的基本数据汇总的 198 场洪水水文泥沙综合表，由表可以综合出一些基本的客观现象。多沙粗沙来源区洪水出现的概率不大，但含沙量大、泥沙粗，所以 $d>0.05$mm 粗沙淤积量几乎占总淤积量的一半。应当指出，粗沙区的洪水对黄河干流的影响远非 1960 年 7 月到 1990 年 12 月的 30 年内造成下游淤积 31.18 亿 t 泥沙，而且造成北干流的淤积和小北干流的削峰滞沙淤积。非汛期以低温效应为动力，北干流和小北干流龙门河段发生冲刷，引起潼关河段淤积，潼关高程抬升，造成小北干流全程游荡，又造成下游游荡河段年均淤积 0.7 亿 t 粗沙。粗沙区进入干流的泥沙就这样经北干流、小北干流的时空调节最终进入下游，使下游近 300km 的游荡河段达不到输沙平衡，总体上造成水库蓄清排浑下游河道集中淤积这样的无法解决的障碍。多沙细沙来源区洪水出现概率大，所以全沙、$d>0.05$mm 泥沙的淤积量均超过一半，分别为 66% 和 65%。少沙来源区洪水出现概率也较大，因含沙量较低，全沙是冲刷的，但 $d>0.1$mm 的泥沙仍是淤积的。

表 1-5　198 场洪水水文泥沙综合情况

洪水来源	出现场次		来水		来沙		全沙冲淤量		$d>0.05$mm 冲淤量		$d>0.1$mm 冲淤量	
	次数	占总次数比例/%	W/亿 m³	占总来水比例/%	W_s/亿 t	占总来沙比例/%	ΔW_s/亿 t	占全沙冲淤量比例/%	ΔW_s/亿 t	占 $d>0.05$mm 冲淤比例/%	ΔW_s/亿 t	占 $d>0.1$mm 冲淤量比例/%
不同来源区总合	198	100	5806	100	280.59	100	72.81	100	—	—	—	—
多沙粗沙区	14	7	258	4.4	44.82	16	27.96	38	9.30	46	3.62	43
多沙细沙区	108	55	2754	47.0	174.80	62	47.80	66	13.10	65	3.10	37
少沙区	76	38	2794	48.0	60.97	22	−2.95	—	−2.22	—	1.72	20

由表 1-5 分析说明，无论洪水来自哪个地区，都挟带 $d>0.05$mm 的粗沙进入下游河道。在集中治理粗沙来源区的同时，采取粗细泥沙分治是根本之策，是水库调水调沙长期兴利不可或缺的。

　　毕慈芬（2001）研究了砒砂岩地区土壤侵蚀基本规律，得出该地区产沙是由水蚀、冻融、风力综合作用产生的。每年 10 月至翌年 5 月，为非径流产沙，即在顶坡面、谷坡面和沟谷坡脚，冻融、风蚀把泥沙短距离搬运至沟谷坡脚，形成裙状堆积体，构成高含沙水流的前期储备物质。每年 6 月至 9 月，侵蚀以暴雨径流为主，形成高含沙水流把前期储备的泥沙输入黄河。黄河上游内蒙古河段孔兑来沙也如此，非汛期中冻融、风蚀将泥沙搬运至孔兑，汛期暴雨把非汛期存储在孔兑中的泥沙以粗沙高含沙水流输入黄河。黄甫川、窟野河等粗沙支流水流挟带的泥沙特别粗，含沙量很高，既有如上所述产沙过程的特殊性，又受地质特性差异的影响。钱善琪等（1993）、曹如轩等（1995）分析研究了窟野河的输沙特性和粗沙高含沙异重流，发现粗沙高含沙水流中的泥沙主要由 $d > 0.05\text{mm}$ 的粗沙组成，这就引起水沙关系、流变特性、沉降特性等均与细沙高含沙水流有诸多差别。

1.2　粗细泥沙分治

1.2.1　分治的必要性

　　集中治理粗沙产区对减少进入下游的沙量特别是粗泥沙量是有效的，20 世纪 90 年代以来黄河来水来沙量大幅减少，粒径细化，除自然因素降雨量减少外，水土流失区的治理取得成效也起了不小的作用。来水来沙减少只是缓解了下游河道、水库的淤积，水库如小浪底水库的库容总是有限的，当调沙库容淤满水库转为"蓄清排浑、调水调沙"运用后，下游河道又将回淤，这是由下游河道没有富余挟沙力这一输沙特性决定的。

　　1. 水库减淤和下游减淤不可兼得

　　费祥俊、傅旭东、张仁分析了黄河下游 1960～1996 年非漫滩洪水中下游河道冲淤资料，得出三门峡—艾山及三门峡—利津河段排沙比 η 与来沙系数 S/Q 的关系

$$\eta_{三-艾} = 0.106\ (S/Q)^{-0.50} \tag{1-1}$$

$$\eta_{三-利} = 0.108\ (S/Q)^{-0.53} \tag{1-2}$$

表明无论是分段排沙比还是下游全河段排沙比均与来沙系数成反比，其内在机理仍是粗沙影响。

　　费祥俊等（2009）根据式（1-1）、式（1-2）进一步得出入海沙量 $W_{s入海}$、下游淤积量 $W_{s下游}$ 与来沙系数 S/Q 的关系式

$$W_{s入海} = 86.4 Q_{进}^2 \left[0.108 \left(\frac{S}{Q} \right)_{进}^{0.47} \right] \Delta t \tag{1-3}$$

$$W_{s下游} = 86.4 Q_{进}^2 \left[\left(\frac{S}{Q} \right) - 0.108 \left(\frac{S}{Q} \right)_{进}^{0.47} \right] \Delta t \tag{1-4}$$

　　式（1-1）～式（1-4）实质上反映了粗沙的影响，实测资料表明，在流量一定的条件下，挟带的泥沙中值粒径 d_{50} 随含沙量的增大而增大，$d>0.05\text{mm}$ 的含量也随 d_{50} 的增大而增大，说明含沙量 S 越大，粗沙来量就越大，来沙系数 S/Q 与 d_{50} 的关系也越密切，而粗沙在特定条件下是河道淤积、游荡的根源。

　　韩其为（2009）根据三门峡水库不同运用方式的实测资料建立了下游河道排沙比 η_2 与水库排沙比 η_1 的关系

$$\eta_2 = 0.743\eta_1^{-0.833} \tag{1-5}$$

　　表 1-6 为韩其为（2009）分析计算的小浪底水库单独运用期间水库淤积与下游河道冲刷的关系。表明水库排沙比小于 0.70，下游河道冲刷；水库排沙比大于 0.70，下游河道淤积。下游河道冲淤分界的水库排沙比为 0.70，其物理本质也与粗沙有关。由于水库排沙比小于 0.7 时，粗沙大部分淤在水库中，进入下游河道的泥沙以细沙为主体；排沙比大于 0.7 时，大部分粗沙进入下游河道，受下游河道输沙特性的制约，下游发生淤积。这是有深刻的河流动力学根源的，根据水流挟沙力双值理论，冲刷挟沙力小于淤积挟沙力，所以粗沙易淤难冲。

表 1-6　小浪底水库单独运用期间水库淤积与下游河道冲刷的关系

水库排沙比 η_1	水库年淤积量/亿 t	出库沙量/亿 t	下游河道排沙比 η_2	利津输沙量/亿 t	下游河道年冲淤量/亿 t	水库淤积年限/a	减淤总量/亿 t	减淤年限/a	下游河道冲淤总量/亿 t
0.070	3.680	0.277	6.81	1.89	−1.610	27.15	70.3	71.6	−43.7
0.157	3.340	0.621	3.47	2.15	−1.530	29.9	75.1	76.4	−45.7
0.160	3.330	0.634	3.42	2.17	−1.530	30.1	75.6	76.9	−46.0
0.200	3.170	0.792	2.84	2.25	−1.460	31.5	76.9	78.3	−46.0
0.400	2.380	1.584	1.59	2.52	−0.935	42.1	80.6	82.2	−39.4
0.500	1.980	1.980	1.32	2.62	−0.634	50.5	81.6	83.1	−32.0
0.700	2.19	2.770	1.00	2.77	0.000	84.2	82.7	84.2	0
0.800	0.792	3.168	0.895	2.84	0.333	126.0	81.8	83.2	42.0
0.900	0.396	3.564	0.811	2.89	0.674	253.0	78.5	80.0	170.0

　　式（1-3）、式（1-4）说明只有在来沙系数很小时，下游河道不淤或稍有冲刷，这相当于水库蓄洪拦沙运用下泄水流含沙量小、粒径细的情况，否则来沙不能全部入海，一部分会淤在下游河道中。当来沙系数 $S/Q=0.055$ 时，入海沙量与下游河道淤积量相当；$S/Q>0.055$ 后，下游淤积量大于入海沙量，相当于水库蓄清排浑运用。这说明下游不淤或有冲刷是以水库拦沙损失库容为代价的，如三门峡水库 1960 年 9 月至 1964 年 10 月水库蓄水，库区淤积泥沙 44.7 亿 t，换来的是下游河道冲刷 25.1 亿 t，比值为 1.93∶1，代价很大。三门峡水库蓄清排浑运用后，下游河道持续淤积，水库减淤和下游减淤是不可兼得的。

2. 除害才能兴利

张晓华等（2008）统计了 1975～1996 年三门峡水库蓄清排浑运用期 31 场汛初洪水过程中潼关—三门峡河段及下游河道的冲淤情况，见表 1-7。31 场洪水中，潼关日均流量大于 3000m³/s 的 5 场，小于 1000m³/s 的 4 场，2000～3000m³/s 的 11 场，1000～2000m³/s 的 11 场。水库排沙时下游各河段的冲淤情况是不同的，潼关—三门峡库段 31 场洪水全冲，排沙比最小 107%、最大 786%、平均 257%；三门峡—花园口河段 30 场洪水淤仅 1 场冲；花园口—高村河段淤多冲少；高村—艾山河段和艾山—利津河段冲淤场次相当。从三门峡—利津全河段看则是 28 场淤，仅 3 场洪水冲，淤积比 53%，而且基本上全部淤在高村以上的游荡河段。这充分说明非汛期北干流、小北干流上段被水流冲刷挟带的泥沙进入三门峡水库后全部淤在库中，汛期水库排沙时几乎全部排出库外，53% 淤在下游河道中，仅有 47% 能排入大海。

汛初洪水淤积比大不完全是因为流量小，主要还是三门峡水库非汛期蓄清拦截了粗沙，汛期排沙时，大部分粗沙排出库外进入下游河道造成淤积。表 1-8 为 1984 年汛期潼关、三门峡站悬沙 d_{50} 和 $d>0.05$mm 泥沙含量百分比 $P_{d>0.05}$ 对比。可见汛期三门峡 d_{50}、$P_{d>0.05}$ 均比潼关大，说明汛期洪水下游河道淤积大的原因仍是粗沙淤积。

应当指出，北干流、小北干流对粗沙的滞控、时空调节是多年性的，三门峡水库的优化调度只能保持潼关河段以下河道的年内冲淤平衡，包括潼关断面上下的潼关河段中粗沙是持续淤积的，所以进入干流的粗沙是不可能通过水库调水调沙全部排入大海。

下游河道的输沙特性同样制约了小浪底水库的蓄清排浑运用。下游河道有 300km 没有富余挟沙力的游荡河段，水库下泄的浑水中有相当数量的 $d>0.05$mm 的粗沙，特别是 $d>0.1$mm 的更粗泥沙。粗沙集中淤积是河道游荡的根源，粗沙不但本身淤积，而且还影响一部分中、细沙，增加了中、细沙的淤积量。

分析说明下游河道不适应水库单独蓄清排浑运用，根源就是粗沙，因此，根治之策是粗细泥沙分治，不让粗沙进入下游河道，所以分治是除害，蓄清排浑调水调沙是兴利，除了害才能长期兴利。

3. 粗泥沙淤积是河道游荡的根源

龙毓骞、牛占在《黄河泥沙》书中写了一段有见解的文字"在潼关以上汇流区，每年非汛期平均冲刷约 0.67 亿 t，相应的下游河道每年非汛期平均淤积 0.79 亿 t。这两个数值比较接近的事实，不仅仅是一个偶合，而是反映了一种随机的规律，如果在非汛期没有从上游河道通过冲刷得到粗泥沙的补给，下游河道淤积状况将会好得多"。

表1-7 三门峡水库汛初小水排沙情况

时间（年-月-日）	潼关		三门峡				潼关—三门峡		下游河道冲淤量/亿t				三门峡—利津/亿t
	最大流量/(m³/s)	沙量/亿t	平均流量/(m³/s)	平均含沙量/(kg/m³)	来沙系数/(kg·s/m⁶)	沙量/亿t	排沙比/%	冲淤量/亿t	三门峡—花园口	花园口—高村	高村—艾山	艾山—利津	
1975-7-10~1975-7-14	2470	0.171	1740	86.8	0.0499	0.651	381	−0.48	0.44	0.019	−0.032	−0.001	0.426
1975-7-15~1975-7-21	1950	0.099	1760	58.5	0.0332	0.626	632	−0.527	0.443	−0.008	−0.0344	−0.0374	0.363
1976-6-30~1976-7-15	1840	0.208	1487	46.5	0.0313	0.956	460	−0.748	0.728	0.106	−0.04	0.0206	0.815
1976-7-16~1976-7-27	2040	0.275	1874	31.9	0.017	0.620	225	−0.345	0.274	0.001	−0.112	−0.07	0.093
1978-7-11~1978-7-19	2050	1.84	1481	207.0	0.14	2.38	129	−0.54	0.853	0.375	0.12	0.012	1.36
1978-7-20~1878-7-27	2730	2.04	1863	189.0	0.101	2.41	118	−0.37	0.515	0.349	0.208	−0.004	1.068
1979-6-30~1979-7-20	1090	0.387	741	60.2	0.0812	0.81	209	−0.423	0.414	0.128	−0.013	−0.022	0.507
1980-6-30~1980-7-13	2560	0.741	1089	85.7	0.0787	1.129	152	−0.388	0.492	0.133	−0.14	0.052	0.537
1980-7-14~1980-8-3	2390	1.178	1360	165.3	0.1215	2.021	172	−0.843	1.216	0.155	0.06	0.064	1.495
1981-7-3~1981-7-14	4250	1.231	2286	81.2	0.0355	2.086	169	−0.855	0.738	0.200	−0.287	0.054	0.705
1982-7-11~1982-7-28	1640	0.241	2760	28.3	0.0103	0.54	224	−0.299	0.307	−0.015	−0.004	−0.013	0.275
1983-6-23~1983-7-4	1660	0.196	1355	22.6	0.0167	0.318	162	−0.122	0.134	0.022	−0.038	0.062	0.18
1983-7-5~1983-7-14	1840	0.129	1296	35.9	0.0277	0.482	374	−0.353	0.765	0.003	−0.006	0.027	0.789
1984-7-2~1984-7-6	3320	0.186	1379	56.4	0.0409	0.604	325	−0.418	0.332	0.048	−0.165	−0.043	0.172
1984-6-30~1984-7-6	594	0.009	525	117.0	0.2229	0.037	411	−0.028	0.001	0.011	0.007	0.006	0.025
1985-6-23~1985-7-1	1830	0.281	1531	49.1	0.0321	0.585	208	−0.304	0.341	0.036	−0.051	−0.031	0.295
1986-7-2~1986-7-8	3140	0.416	1934	76.1	0.0393	0.890	214	−0.474	0.291	0.005	0.011	0.111	0.418
1986-7-9~1986-7-25	3690	0.937	2494	43.4	0.0174	1.588	170	−0.651	0.390	0.096	0.03	0.054	0.57

续表

时间（年-月-日）	潼关		三门峡				潼关—三门峡		下游河道冲淤量/亿t				
	最大流量/(m³/s)	沙量/亿t	平均流量/(m³/s)	平均含沙量/(kg/m³)	来沙系数/(kg·s/m⁶)	沙量/亿t	排沙比/%	冲淤量/亿t	三门峡—花园口	花园口—高村	高村—艾山	艾山—利津	三门峡—利津
1987-7-1~1987-7-30	1440	0.328	742	20.9	0.0282	0.403	123	-0.075	0.052	0.050	0.023	0.013	0.138
1988-7-1~1988-7-15	2760	1.152	1425	102.4	0.0719	1.892	164	-0.740	0.688	0.303	-0.023	0.065	1.033
1988-7-16~1988-7-19	2860	0.543	1707	110.0	0.0644	0.646	119	-0.103	0.255	0.143	-0.011	0.012	0.399
1989-6-30~1989-7-10	519	0.014	332	34.9	0.1052	0.110	786	-0.096	0.067	-0.036	-0.015	-0.091	-0.075
1990-6-30~1990-7-6	1990	0.185	1265	74.5	0.0589	0.570	308	-0.385	0.302	-0.271	0.04	0.005	0.076
1990-7-7~1990-7-14	4080	0.754	1918	94.6	0.0493	1.254	166	-0.500	0.467	-0.797	0.234	-0.057	-0.153
1991-6-27~1991-7-12	451	0.020	265	19.12	0.0721	0.110	550	-0.090	-0.011	-0.012	0.001	-0.030	-0.052
1992-6-30~1992-7-25	977	0.144	305	22.6	0.0741	0.154	107	-0.010	0.002	0.020	0.017	0.012	0.051
1993-6-30~1993-7-20	1360	0.497	637	80.2	0.1258	0.926	186	-0.429	0.453	0.060	0.019	-0.002	0.53
1993-7-21~1993-7-31	2800	0.549	1758	90.7	0.0516	1.516	276	-0.967	0.625	0.233	-0.101	-0.021	0.736
1996-7-16~1996-7-21	2720	1.510	1399	332.0	0.2373	2.410	160	-0.900	1.210	0.590	0.06	0.06	1.92
1996-7-22~1996-7-26	1800	0.340	1116	129.0	0.1156	0.620	182	-0.280	0.030	0.160	0.06	0.07	0.32
1996-7-28~1996-8-1	2290	2.160	1535	351.0	0.2287	2.330	108	-0.170	1.050	0.690	-0.08	-0.09	1.57

表 1-8　潼关、三门峡站汛期 d_{50}、$P_{d>0.05}$ 比较

水库	比较项目	7 月	8 月	9 月	10 月
潼关	d_{50}/mm	0.018	0.018	0.026	0.031
	$P_{d>0.05}/\%$	11.5	14.0	16.0	23.8
三门峡	d_{50}/mm	0.029	0.023	0.026	0.048
	$P_{d>0.05}/\%$	28.1	21.9	19.3	48.1

　　研究发现，非汛期对下游河道有害的粗泥沙主要来自北干流、小北干流汛期淤积的粗泥沙，这些粗沙在非汛期低温效应的动力因素作用下，大部分被低温水流冲刷挟带向下输送至小浪底—铁谢河段，三门峡至小浪底河段是峡谷河段比降 1.1‰，所以粗细泥沙都不会淤积，来沙只能输往铁谢以下的河道，由于铁谢以下河道比降缓，部分甚至大部分粗沙转为床沙及以沙波运动为主要形态的推移运动。1959 年在花园口河段测到的沙垄纵剖面，其移动速度仅 5m/h，这就是粗泥沙淤积比最大的根本原因。由于三门峡至小浪底河段比降大，粗沙不能淤积上延而是只能向下发展，为了适应粗沙作推移运动，河道一定要变得宽浅游荡以尽可能多的提高推移质输沙率。Khan（1971）在室内试验中采用 0.7mm 的泥沙，流量保持不变，随着模型进口推移质来量的增大，河流坡降不断加陡，断面也向宽浅方向发展，表明宽深比增大，推移质输沙率增大。花园口河段的粗沙主要作推移运动，所以河型宽浅、游荡，这种现状不仅黄河下游如此，小北干流、宁蒙河段、青铜峡库区等均如此。实测资料说明，三门峡至小浪底距离 132.8km，含沙量几乎无变化，小浪底至高村，含沙量快速递减，高村至孙口略有变化，孙口以下，含沙量几乎为常数，说明游荡使河道变坏，有利于推移质输移，不利于悬移质泥沙输移。表 1-9 为黄河下游"96.8"洪水最大含沙量沿程变化，说明游荡河段冲淤调整剧烈，过渡河段变化很小，平衡弯曲河段几乎没有变化。无论是长历时的冲淤量还是短历时的含沙量沿程变化，都是粗沙为适应水流的输沙能力，沿程迅速调整形成的结果。因而粗细泥沙分治，不使粗沙进入冲积平原河道是消除河道游荡的根本。

表 1-9　黄河下游"96.8"洪水最大含沙量沿程变化

项目	三门峡	小浪底	花园口	夹河滩	高村	孙口	艾山	泺口	利津
最大流量/（m³/s）	4130	5020	7860	7150	6810	5800	5030	4700	4130
最大含沙量/（kg/m³）	328.0	268.0	126.0	43.9	12.3	4.45	13.7	14.1	22.7
平均含沙量/（kg/m³）	125.6	—	75.0	61.8	34.6	24.3	24.1	21.5	25.2

　　三门峡水库建库后，出现的潼关高程问题，小北干流全程游荡问题，其根源均为粗沙。这些问题建库前就存在，只是建库后问题变得严重了，这些问题将在第 6 章、第 7 章和第 8 章中详述。

三门峡水库北洛河库区河道经过 40 多年的调整演变，淤积后的纵横断面都以垂向的平行抬高为主，河槽横向很少游荡摆动。洛淤 17 断面已处于峡谷区，虽然深槽有位移，但仍为单一河槽，滩槽分明，纵剖面的尾部段没有"翘尾巴"现象，河槽也不游荡。究其原因，就是不能作悬移质运动的粗泥沙包括卵石等物质在洛淤 23 断面（距坝 245.2km）附近的洛惠渠渠首被引走。洛惠渠渠首为有坝引水，溢流拱坝高 16m，洛惠渠每年岁修均要清除相当数量的砾石、卵石甚至大石块等物质，而由溢流坝下泄的未被渠首引走的剩余粗沙和细沙均为悬移质，且多以高含沙水流下泄，而高含沙水流黏性大、沉速小，进入库区后均能保持悬移状态，不会转为推移质，所以北洛河库区河道尾部段不会"翘尾巴"和游荡。

北洛河 1919~1960 年多年平均水量 6.85 亿 m³，多年平均沙量 0.833 亿 t，1960~2002 年多年平均水量 6.96 亿 m³，多年平均沙量 0.795 亿 t，可见建库前后来水来沙条件基本相似，洛惠渠渠首引走不能作悬移运动的粗颗粒物质对北洛河库区河床演变起了决定性作用。

黄河最大支流渭河是多沙河流，但挟带的悬移质粒径细，多年平均中值粒径 $d_{50} = 0.015$mm。虽然是多沙细沙河流，但仍有一定数量的推移质泥沙，这些粗泥沙既有来自宝鸡峡以上的干流，又有来自渭河南岸发源于秦岭北麓的几十条支流的粗沙，还有来自北岸的渭河最大支流泾河的粗沙。泾河汇入口以上河段，河槽游荡摆动，泾河汇入口以下河道则演变为过渡段及弯曲段，渭河下游华县以下经过 40 多年的冲淤演变，河床呈平行抬升。泾河汇入口以上的渭淤 28 是游荡河型横断面，泾河汇入口以下的渭淤 27 是过渡河型横断面，渭淤 21 断面以下纵向呈平行抬升。究其原因，是来水占渭河来水的 1/3、来沙占 2/3 的泾河几乎每场洪水均是高含沙洪水，汇入渭河后，高含沙量洪水将粗沙冲起以悬移质形式挟带输送至潼关以下，绝大多数高含沙洪水还能冲刷潼关河床，所以高含沙洪水的巨大输沙能力，维持了渭河下游单一主槽的河型，冲淤演变呈现为垂向的升降。

北干流的壶口至龙门河段两岸有山岭约束，是峡谷河道，但河段为沙质河床，覆盖层厚度 10~50m，河床有冲有淤，没有横向的摆动。龙门站在 1951~1977 年先后观测到 8 次"揭河底"冲刷，1970 年 8 月 1 日至 8 月 5 日龙门站最大洪峰流量 13800m³/s，最大含沙量 826kg/m³，龙门河段发生"揭河底"冲刷，龙门站河床冲深达 9m。正是几年一次的"揭河底"冲刷，使龙门河床有冲有淤不致持续淤高，1977 年至今再没有发生过"揭河底"冲刷，导致这些年来龙门河床持续淤高，淤积不断上延。

龙门站河床高程可认为是龙门至壶口河段的侵蚀基面，若龙门站只淤不冲，淤积上延将影响到壶口，抬高壶口瀑布下游的水位，减小瀑布落差，有可能影响瀑布景观。

因此，若在壶口以上布设自排沙廊道拦截粗沙，可改变小北干流的游荡面貌，保护壶口瀑布，对三门峡水库小浪底水库也有利，控制了小北干流的游荡摆动，可开发出大量耕地，拦截的粗沙可作为建筑材料，有良好的经济发展前景。

1.2.2　分治的技术系统

粗细泥沙分治需一套系统工程作为技术支撑。

1. 自排沙廊道排粗沙

自排沙廊道是谭培根（2006）的发明专利，2006 年已在陕西省东雷抽黄灌区建成运用，解决了总干渠粗沙严重淤积的长期困扰。2011 年山西省尊村抽黄灌区沉沙池也建成了规模较东雷大的自排沙廊道，把原来占地 986 亩①的沉沙池缩小为 14 亩。传统的排沙廊道顶部的进水进沙孔是开敞式的，进水时产生立轴旋涡，大量清水进入廊道，排沙效率很低，耗水量很大。自排沙廊道在顶部进水进沙孔上设置了排沙帽，杜绝了清水进入廊道，又在进水进沙孔设置了异形导流装置，廊道断面选择 U 形断面，使进入自排沙廊道的水流形成纵向三向螺旋流。顶部的进水进沙孔在廊道纵向间隔布置若干个，所以既能保持沿程增能维持螺旋流不衰减，又能扩大排沙范围。

西安理工大学先后有三名硕士研究生对自排沙廊道进行了物理模型试验及数学模型计算。两个物模试验得出的廊道出口泥沙粒径均较来流的泥沙粗，一个数学模型计算出东雷廊道水流的三向螺旋流流场。

自排沙廊道排粗沙效率高，耗水量很少，如东雷总干渠设计流量 60m³/s，目前引水流量 40m³/s，自排沙廊道设计流量 0.5m³/s，仅为渠道流量的 1.25%，可间隙排沙，又可以连续排沙，可以认为是一种性能良好的处理粗泥沙的建筑物，是泥沙粗细分治的系统工程中的主要建筑物。

关于自排沙廊道排沙及其物理模型试验和数学模型计算将在以后章节详述。

2. 低温期排沙

分析研究表明，同流量条件下低温水流的输沙能力大于高温水流的输沙能力。水文站的实测资料表明低温期水流挟带的泥沙颗粒比高温期水流挟带的泥沙粗。表 1-10 为龙门站、潼关站 1980～1990 年月均悬沙 d_{50} 变化，表 1-11 为龙门、潼关站月均水温变化。由表 1-10 和表 1-11 可见，温度最低的 12 月至翌年 2 月中，相应的泥沙粒径也最粗；11 月、3 月水温略有升高，粒径也略为变细；4 月、10 月水温进一步升高，泥沙粒径也同步变细；5 月水温更高，粒径也更细；6～9 月水温超过 20℃，泥沙粒径最细，但看不出粒径随温度的变化。这是水的黏性与水温的关系决定的，水温超过 20℃，水的动滞性系数已不随水温变

――――――――――
① 1 亩＝666.67 平方米。

化。分析表中的数据，说明低温是输送粗沙的动力，认识其本质加以利用，可节约水量，安排自排沙廊道在低温期排沙就可以提高排粗沙效率，降低耗水率。

表 1-10 黄河龙门站、潼关站 1980～1990 年月均悬沙 d_{50} 分布过程　　（单位：mm）

水文站	1 月	2 月	3 月	4 月	5 月	6 月	7 月	8 月	9 月	10 月	11 月	12 月
龙门	0.081	0.073	0.051	0.038	0.037	0.020	0.021	0.024	0.029	0.036	0.042	0.054
潼关	0.049	0.046	0.042	0.035	0.022	0.016	0.015	0.016	0.021	0.030	0.038	0.045

表 1-11 龙潼两站月平均水温变化值　　（单位：℃）

年份	监测站	1 月	2 月	3 月	4 月	5 月	6 月	7 月	8 月	9 月	10 月	11 月	12 月
1958	龙门站	0.3	—	5.2	13.3	18.9	23.5	25.5	23.2	20.6	12.4	4.9	0.5
	潼关站	0.4	3.4	8.2	14.3	18.3	22.9	25.6	23.5	21.2	14.1	8.4	2.7
1959	龙门站	0.3	1.1	6.4	11.9	18.0	23.0	25.7	24.0	19.3	14.8	4.7	0.7
	潼关站	0.6	3.8	8.7	14.4	18.1	24.1	26.3	25.3	20.9	16.1	7.6	—
1981	龙门站	0.38	0.90	5.61	13.8	16.8	24.2	25.0	23.3	19.3	9.5	2.46	0.42
	潼关站	0.44	1.92	8.70	14.4	19.6	25.8	26.1	24.1	19.7	11.5	5.04	1.37

3. 长距离输沙渠道

自排沙廊道排出的水流含沙量较高，而且主要为 $d>0.05$mm 的粗沙，若排出库外的粗沙直接排入下游，大部分粗沙将淤积，依靠水库下泄的发电流量是不可能将廊道排出的粗沙长距离输送入大海的，因而需要建一条长距离输送高含沙水流的渠道，将粗沙输送至用沙的地区如温孟滩等的放淤地。入库的细颗粒泥沙仍通过调水调沙排出库外，输入大海，维持下游河道的过洪能力，淤在库区的粗沙则通过自排沙廊道进入人工渠道，避免下游河道的淤积。

高含沙输沙渠道的形态尺寸要满足以下原则，即渠道中出现高含沙均质流时，浑水流动是均匀流，渠道中出现高含沙非均质流时，不产生持续性淤积。因此，在渠道流量设定后，渠道纵比降和断面形态要考虑浑水静切应力的影响，使渠道边壁不产生"贴边淤积"、"角隅不动层"，不出现非均匀流。习用的沿地面自然坡度开挖梯形断面渠道是不适用的，按不淤流速设计理念设计渠道也是不适用的。

U 形断面渠道是输送高含沙水流的最佳水力断面（钱善琪，1993），原型观测资料和水槽试验资料证实了这一点。齐璞等（1993）也提出了"窄深河槽有利于高含沙水流输送"的论断。

1.3 三门峡基岩天然落差的利用

1.3.1 三门峡基岩的溢流坝功能

潼关至三门峡谷河段，全长 113.5km，根据 20 世纪 60 年代修建铁路桥勘探资料，得出三门峡建库前潼关河床处于相对平衡又是微淤的结论（中国科学院地理科学与资源研究所渭河组，1983），即非汛期淤积潼关高程抬高，汛期冲刷潼关高程降低。潼关河段是冲积平原游荡河道小北干流的下段，又是峡谷型潼三河段的上段，所以潼关河段没有富余挟沙力。

三门峡至八里胡同至小浪底为均一比降 $J=11\times10^{-4}$。但潼关至三门峡不是均一比降，而是由性质不同的三段组成，潼关至太安（距坝 74.2km）河段比降 J 与流量 Q 成正比关系，$J=2.5\times10^{-4}\sim3\times10^{-4}$；潼关至北村（距坝 42.3km）河段 $J\text{-}Q$ 几乎没有关系；潼关至陕县（距坝 21.3km）至三门峡（上）、（下）河段 $J\text{-}Q$ 成反比关系，$J=3.5\times10^{-4}\sim3.8\times10^{-4}$（曹如轩，2006）。其原因是流量大时，潼关壅水，所以潼太河段 $J\text{-}Q$ 成正比关系，三门峡天然基岩阻断了侵蚀河段的发展，基岩河床过窄（仅 120m 宽）。流量小时，水流由高程低的神门，人门、鬼门下泄，小流量时发生的降水曲线可影响到陕县以上；流量大时，水流壅水，且壅水程度比潼关大得多，如 1843 年的千年一遇洪水形成的壅水曲线末端达到距潼关仅 25km 的岳村（韩曼华等，1986），所以 $J\text{-}Q$ 成反比关系。

建库前，三门峡（上）与三门峡（下）相距约 1.5km，但同流量水位差约 4m，可见三门峡基岩有一个天然落差，类似一个溢流低坝。因此，三门峡河段是有富余比降的，但未被人们认识，没有被利用。

1.3.2　根治渭河下游洪涝盐碱灾害

建库前，渭河下游是没有富余比降、没有富余挟沙能力的冲积平原河道，它之所以能长期维持无堤防的地下河，是由于咸阳以上干流的洪水和支流泾河高含沙洪水有巨大的造床作用，把渭河下游塑造成具有低滩和高滩的窄深河槽，河槽宽 400～500m，深 7～10m。

高含沙水流具有静态极限切应力，漫滩时会在岸滩处形成滩唇，漫过滩唇的水流水深不大，若水深小于克服静态极限切应力所要求的水深时，会整体停滞。与此同时，深槽流速大产生冲刷，所以漫滩的高含沙水流横向不会流远，尽管滩地的横比降很大。若是低含沙洪水漫滩，则在横向发生分选淤积，漫滩洪水可以流得很远，村民采取的防洪措施就是把房基抬高几米，大多数情况下，洪水 1～2 天就消退了。

历史上渭河汇入黄河的汇口多在潼关，若不遭遇黄河对渭河的顶托倒灌，渭河排水顺畅。渭河下游滩地横比降大，建库前就存在二华夹槽，因渭河是地下河，入黄顺畅，所以二华夹槽能够顺畅地自流排水入渭河，不存在渍涝盐碱问题。

建库后，渭河演变为地上悬河，渭河河口又上提 5km，大堤的临背差 2.2～4.0m。渭河堤防的薄弱环节主要是十几条南山支流的支堤，渭河洪水倒灌支流会引起支流决口，洪水决口后，二华夹槽受淹，但已不能自流排水，只能靠抽排解决，因而使得渭河下游的防洪、渍涝盐碱问题严重。

只有将潼关高程恢复到建库前天然状态的水平，渭河下游才能恢复昔日地下河的面貌。采用三门峡水库全年敞泄运用降低潼关高程，会受到河段输沙能力、纵比降双值理论和侵蚀基准面抬高等三个因素的制约，潼关高程不可能降低到建库前水平。分析比较三门峡枢纽泄流曲线与三门峡（上）水位流量关系线，可见小流量时水位抬高 10m，大流量则抬高了 40m，河段纵比降的减小是不可能使潼关高程恢复建库前天然状态的。若采用自排沙廊道工程，廊道布设于建库前河床高程以下，则可充分利用基岩的天然落差，把潼关高程降至建库前水平 323.4m。这样不但能消除小北干流、渭河下游和北洛河下游的水患，而且河槽下切后大片滩地可建成稳产高产田。自排沙廊道排沙扩大了三门峡水库库容，可与小浪底水库联合调水调沙运用，提高两库的兴利效益。自排沙廊道排出的粗沙不进入黄河而是通过渠道、管道直接输往温孟滩等放淤区加以利用，因而小浪底水库就可以长期蓄洪拦沙调水调沙运用，发挥巨大的社会经济效益，调水调沙是兴利，自排沙廊道排粗沙是除害，两者相辅相成。

此外，在小北干流以上合适位置，建自排沙廊道拦截粗沙，可使小北干流不再游荡，有利于两岸建稳产高产农田。

通过对粗沙链的分析，得出危害黄河下游的粗沙主要来源于粗沙主产区，即钱宁提出的黄甫川、窟野河、秃尾河、孤山川等北干流的粗沙支流，但粗沙副产区所产的粗沙也不可忽视。因为黄河下游输送粗沙的能力极低，洪水来自哪个源区，洪水的含沙量是大是小，粗沙在下游河道都是要淤积的，特别是 $d>0.1mm$ 的更粗泥沙。小浪底水库蓄水兴利，必然导致粗沙淤在库内，当调沙库容淤满，就要泄空水库冲沙恢复库容，造成粗沙集中下泄使下游河道回淤。因此，采取粗细分治，粗沙不进入下游河道，就可避免下游河道淤积。

自排沙廊道是一种排粗沙效率高的拦截、处理粗沙的建筑物，特别是它排沙时在廊道以上产生一个"动态槽库容"，因此它可连续排沙、也可间歇排沙。自排沙廊道的布设地点不一定非要建在小浪底水库内，可以布设在黄河下游上段某个合适位置，只要它能控制进入下游河道的粗沙即可。例如，桃花峪（西霞院）水库就是一个较理想的位置，该水库有一定的库容，可调节洪水期粗沙的悬浮判数，使粗沙集中淤积在库底而不下泄，由自排沙廊道排沙实现粗细泥沙分治。

第2章 黄河来水来沙特性

河流的来水来沙特性包括来水来沙总量、流量、含沙量、泥沙粒径组成及水沙匹配等内容，是与冲积平原河道边界条件、河口条件共同作用，塑造河流纵横剖面的重要因素之一。

2.1 流 域 概 况

黄河发源于青海省青藏高原巴颜喀拉山北麓海拔 4500m 的约古宗列盆地，流经青海、四川、甘肃、宁夏、内蒙古、陕西、山西、河南、山东等省（自治区），在山东垦利县注入渤海，干流全长 5464km，流域面积 75.2 万 km²。图 2-1 为黄河流域平面图。黄河从源头至内蒙古托克托县的河口镇段为上游，河长 3472km，水面落差 3496m，流域面积 38.6 万 km²；河口镇至河南郑州桃花峪段为中游，河长 1206km，水面落差 890m，区间流域面积 34.4 万 km²；桃花峪至入海口段为下游，河长 786km，水面落差 94m，流域面积仅有 2.2 万 km²。

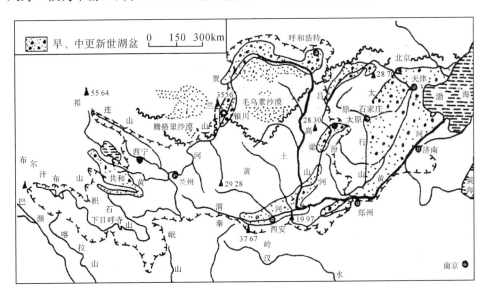

图 2-1 黄河流域平面图

黄河流域西起巴颜喀拉山、东临渤海、北抵阴山、南达秦岭、横跨青藏高原、内蒙古高原、黄土高原和华北平原四个地貌单元。上游有两个冲积平原河段，即银川裂谷盆地和呼和浩特裂谷盆地中的宁夏河段、内蒙古河段；中游有一个冲积平原河段，即汾渭裂谷盆地中的龙门潼关小北干流河段；下游有一个冲积平原河段，即华北裂谷盆地中的下游河段。

根据地质、地貌、河流特性及治理开发要求等主要因素，将黄河划分为11个河段（赵文林，1996），如表2-1所示。可见，黄河支流众多，流域面积大于1000 km²的支流有76条。其中，上游43条，占一半以上，并且上游大部地区降雨量比中下游多，所以上游产水多产沙少；中游支流30条，分布密度大，并且这些支流流经汾渭裂谷盆地水土流失严重的地域，所以中游为主要产沙地区，产水比例小于上游；下游支流仅有3条，流域面积小，产水产沙均不大。

表 2-1 黄河干流各河段河道特征值

河段	起止地点	流域面积/km²	河长/km	落差/m	比降/‰	大于1000km²的一级支流/条		
						合计	左岸	右岸
全河	河源至河口	752 443	5 463.6	4 480.0	0.82	76	32	44
上游	河源至河口镇	385 966	3 471.6	3 496.0	1.0	43	14	29
	1. 河源至玛多	20 930	269.6	265.0	0.98	3	0	3
	2. 玛多至龙羊峡	110 490	1 417.5	1 765.0	1.3	22	9	13
	3. 龙羊峡至下河沿	122 722	793.9	1 220.0	1.5	8	2	6
	4. 下河沿至河口镇	131 824	990.5	246.0	0.25	10	3	7
中游	河口镇至桃花峪	343 751	1 206.4	890.4	0.74	30	16	14
	1. 河口镇至禹门口	111 591	725.1	607.3	0.84	21	11	10
	2. 禹门口至潼关	184 584	125.8	52.5	0.42	4	2	2
	3. 潼关至桃花峪	47 576	355.5	230.9	0.65	5	3	2
下游	桃花峪至河口	22 726	785.6	93.6	0.12	3	2	1
	1. 桃花峪至高村	4 429	206.5	37.3	0.18	1	1	0
	2. 高村至陶城埠	4 668	165.4	20.2	0.12	1	1	0
	3. 陶城埠至利津	13 055	301.1	28.7	0.09	1	0	1
	4. 利津至河口	574	103.6	7.4	0.07	0	0	0

注：河源系约古宗列盆地上口。

2.2 径流、洪水特征

黄河上、中、下游自然条件差异很大，造成产流产沙的时空分布很不均匀。

2.2.1 年径流量

黄河流域中年降水量大于800mm的湿润区仅有1.3万 km²，年降水量400～800mm的半湿润区为48.9万 km²，年降水量200～400mm的半干旱区为20.9万 km²，年降水量小于200mm的干旱区为4.1万 km²。干旱、半干旱区面积为25万 km²，占流域面积的33%，半湿润区面积占流域面积的65%，湿润区面积仅占流域面积的1.73%（汪岗等，2002）。

近几十年来，黄河的引用水量迅速增加，因此黄河的径流量必须用加入引用水量还原后的天然径流量。表 2-2 为黄河干支流主要断面天然径流量。由表 2-2 可见，统计时段不同，同一断面的年径流量是不完全一样的。因此黄河的水资源量如何确定需要深入研究，近期以天然径流量 580 亿 m³ 为基础来制定供水量的分配管理（陈先德，1996）。

表 2-2　黄河干支流主要断面天然径流量

河名	站名	流域面积/km²	不同统计时段天然径流量/亿 m³			
			1919～1975 年	1956～1979 年	1919～1989 年	1950～1989 年
黄河	贵　德	133 865	202.8	209.9	204.4	216.5
	兰　州	222 551	322.6	340.0	332.0	348.0
	河口镇	385 966	312.6	344.0	324.0	346.0
	龙　门	497 552	385.1	411.0	391.0	408.0
	三门峡	688 421	498.4	544.0	507.0	538.0
	花园口	730 036	559.2	605.0	567.8	602.0
	利　津	751 869	580.0	621.5		
汾　河	河　津	38 728	20.1	26.6	20.4	24.4
北洛河	状　头	25 154	7.6	9.9	8.1	9.0
渭　河	华　县	106 498	87.4	73.1	88.3	96.3
洛　河	黑石关	18 563	35.9	34.7	—	—
沁　河	小　董	12 880	15.1	18.4	—	—

注：表中 1919～1975 年资料源于《黄河治理规划报告》；1956～1979 年资料源于《黄河流域片水资源评价》；1919～1989 年及 1950～1989 年资料源于《黄河水沙变化统计资料》。

黄河径流量时空分布不匀，兰州以上段占 55.6%，兰州至龙门段占 10.8%，龙门至三门峡段占 19.5%，三门峡以下段占 14.1%。径流量年际变化较大，如 1964 年龙、华、河、状四站总计 696.8 亿 m³，为最大，1997 年最小时四站仅为 157.6 亿 m³，最大为最小的 4.42 倍。图 2-2 为黄河干流主要测站不同时段年均径流量变化情况，可见，1986 年后，径流量沿程锐减，河源区也有减小，减小幅度沿程递增，下游花园口以下减少幅度最大（吴保生等，2010；姚文艺等，2007）。

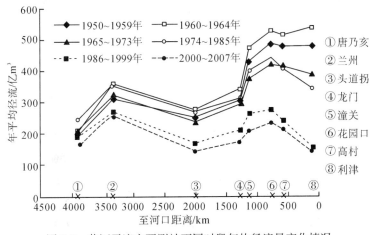

图 2-2　黄河干流主要测站不同时段年均径流量变化情况

2.2.2　洪峰流量

黄河上游大部地区只有大雨而无暴雨，降雨多为连阴雨，特点是强度不足 50mm/d，历时 10～30d，降雨面积 10 万～20 万 km²。龙羊峡以上地区草原广、湖泊多，源远流长，调蓄作用显著。所以上游洪水特点是洪峰低、历时长，过程为矮胖型。黄河中游大面积暴雨集中出现在 7 月、8 月，洪峰型式为尖瘦型，洪峰高、历时短。黄河下游区间加入洪水甚微，沿程削峰明显。

干流洪水对黄河下游防洪十分重要。表 2-3 为黄河干流主要站洪水频率成果。

表 2-3　黄河干流主要站洪水频率成果

站名	控制面积/km²	项目	均值	P		
				0.01%	0.1%	1.0%
贵德	133 650	Q_m	2 470	8 650	7 040	5 140
		W_{15}	26.2	86.5	71.0	55.0
兰州	222 551	Q_m	3 900	12 700	10 400	8 110
		W_{15}	40.8	131	108	84.0
河口镇	385 966	Q_m	2 882	10 300	8 420	6 510
		W_{12}	25.9	92.2	75.6	58.3
吴堡	433 514	Q_m	9 010	51 200	40 000	28 600
		W_{12}	28.9	95.7	79.2	62.0
龙门	497 552	Q_m	10 100	54 000	42 600	30 400
		W_{12}	32.2	103.0	86.0	68.0
三门峡	688 421	Q_m	8 880	52 300	40 000	27 500
		W_{12}	43.5	168.0	136.0	104.0
小浪底	694 155	Q_m	8 880	52 300	40 000	27 500
		W_{12}	44.1	172.0	139.0	106.0
花园口	730 036	Q_m	9 770	55 000	42 300	29 200
		W_{12}	53.5	201.0	164.0	125.0
三花间	41 615	Q_m	5 100	46 700	34 600	22 700
		W_{12}	15.0	161.0	132.0	96.5

注：Q_m 为洪峰流量（m³/s）；W_{12}、W_{15} 分别为 12d、15d 洪量（亿 m³）；P 为不同保证率设计值。

1980 年以来，黄河洪峰流量出现次数减少、峰值减小的现象，这和径流量减小的趋势一致。图 2-3～图 2-6 分别为黄河吴堡、龙门、潼关、陕县站历年洪峰流量过程。可见 1950～1979 年出现洪峰流量大于 10 000m³/s 的机遇多，而 1980～2000 年仅有一次。三门峡站 1980 年以后洪峰流量减少更多是受到水库调节的影响。

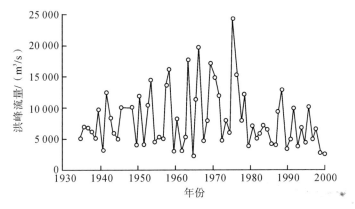

图 2-3　吴堡站历年洪峰流量过程

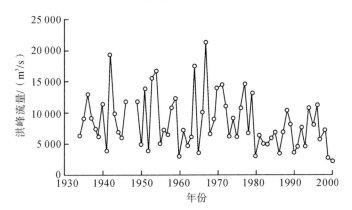

图 2-4　龙门站历年洪峰流量过程

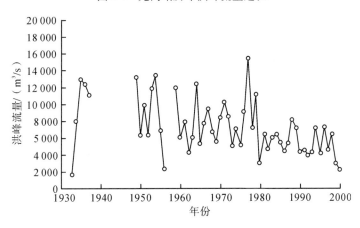

图 2-5　潼关站历年洪峰流量过程

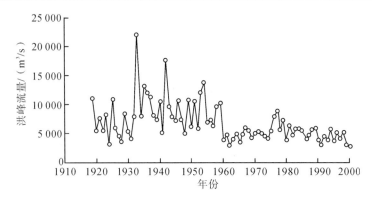

图 2-6　陕县站历年洪峰流量过程

2.3　泥沙特征

黄河流域年均降水量只有 400mm，流域中有面积宽广的黄土高原，水土流失严重，所以黄河的来沙有独有的特征。

2.3.1　沙量大，含沙量高

黄河实测多年平均径流量仅 464 亿 m³，来沙量却很大，实测多年平均来沙量 15.6 亿 t，可见黄河沙量之多，含沙量之高。表 2-4 为世界大江大河水沙量统计，可看出黄河的水沙突出特点是水量少、沙量多，含沙量居世界首位（武汉水利电力学院，1980）。

表 2-4　我国和世界大江大河的水沙量统计表

河流（国家）	测站	水　量		沙　量	
		流量/（m³/s）	径流量/亿 m³	含沙量/（kg/m³）	输沙量/万 t
黄河	陕县	1 350	426	36.900	157 000
长江	大通	29 200	9 211	0.541	47 800
嘉陵江	北培	2 130	672	2.490	17 000
岷江	高场	2 870	905	0.612	5 440
乌江	武隆	1 740	549	0.578	32 800
钱塘江	芦茨埠	1 037	327	0.150	500
湘江	湘潭	2 010	634	0.173	1 070
赣江	外洲	2 030	640	0.180	1 110
闽江	竹岐	1 740	547	0.135	751
红水河	迁江	2 130	672	0.628	4 250
澜沧江	允景洪	1 840	580	1.300	7 730
雅鲁藏布江	奴下	2 010	635	0.318	1 820
淮河	蚌埠	855	270	0.456	1 410
松花江	哈尔滨	1 210	382	0.156	751
亚马孙河（巴西）	河口	181 000	57 200	0.070	40 000

续表

河流（国家）	测站	水　量		沙　量	
		流量/（m³/s）	径流量/亿 m³	含沙量/（kg/m³）	输沙量/万 t
密西西比河（美国）	河口	17 820	5640	0.600	34400
科罗拉多河（美国）	大峡谷	155	49	30.40	14900
布拉马普特拉河（孟加拉国）	河口	12 190	3850	2.100	80 000
恒河（孟加拉国）	河口	11 750	3 710	4.300	145 100
印度河（巴基斯坦）	柯特里	5 500	1740	2.800	48 000
科西河（印度）	楚特拉	1 810	570	3.300	19 000
伊洛瓦底江（缅甸）	普朗姆	13 550	4 290	0.800	33 000
尼罗河（埃及）	格弗拉	2 830	895	1.400	12 200

图 2-7、图 2-8 分别为干流及主要水系控制站的实测输沙量比较图，对照表 2-4 可见国外的大河只有恒河的总沙量与黄河相当，但恒河的水量是黄河的 8.7 倍，含沙量比黄河小 8.6 倍，因此恒河的泥沙问题不突出。而黄河的泥沙主要产自中游北干流、小北干流及其多沙支流，这些多沙支流流经世界最大的黄土高原地区，暴雨洪水含沙量最高曾达 1700kg/m³，因此黄河的泥沙问题非常严重。

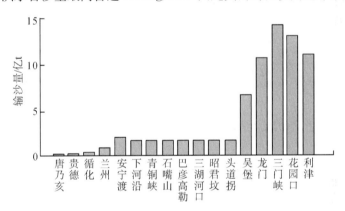

图 2-7　黄河干流控制站实测输沙量比较图

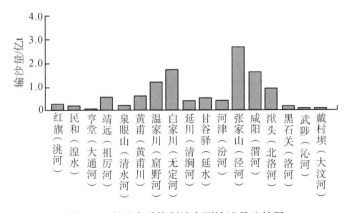

图 2-8　主要水系控制站实测输沙量比较图

2.3.2　水沙异源

黄河流域自然条件差异很大，导致产水产沙不平衡、不协调。表 2-5 为 1919 年 7 月～1985 年 6 月黄河下游水量、沙量来源统计，可见黄河上游产沙仅占全部沙量的 9%，中游河口镇至潼关区间是泥沙的主要产区，其间河口镇至龙门区间占全沙的 55%，龙门潼关区间占全沙的 34%，合计 89%，三门峡以下区间产沙量仅占全沙量的 2%。图 2-9 为黄河干流主要测站各时段年均实测输沙量变化情况，图 2-10 为黄河干流主要测站各时段年均含沙量变化情况。由图表可分析出黄河水沙时空变化特征：①兰州至头道拐段沙量缓慢增加，水量呈减小趋势，反映出增水少、用水多、用沙少；②头道拐至潼关段水量沙量均呈增加趋势，增水幅度小于增沙幅度；③三门峡、小浪底水库下泄清水期间，潼关至花园口段沙量呈下降趋势，花园口以下段沙量沿程又增加；④各时段总沙量在潼关以下段均呈下降趋势，反映了下游河道的淤积特性。

表 2-5　1919 年 7 月～1985 年 6 月黄河下游水量沙量来源统计

河段	流域面积 /km²	项目	水量/亿 m³			沙量/亿 t			含沙量/（kg/m³）		
			汛期	非汛期	全年	汛期	非汛期	全年	汛期	非汛期	全年
河口镇以上	36 1640	总量占三	152	100	252	1.14	0.27	1.41	7.5	2.7	5.6
		黑小/%	54	54	54	8.00	13.00	9.00			
河龙区间	132 830	总量占三	36	31	67	7.62	0.92	8.54	211.7	29.7	127.5
		黑小/%	13	17	14	56.00	44.00	55.00			
泾河、北洛河、渭河、汾河	213 518	总量占三	63	38	101	4.92	0.41	5.33	78.1	10.8	52.8
		黑小/%	23	21	22	36.00	20.00	34.00			
伊河、洛河、沁河	30 000	总量占三	31	18	49	0.27	0.04	0.31	8.7	2.2	6.3
		黑小/%	11	10	11	2.00	2.00	2.00			
三黑小（武）	715 270	总量	279	185	464	13.51	2.08	15.59	48.4	11.2	33.6

注：三黑小（武）指三门峡、黑石关、小董（武陟）之和。

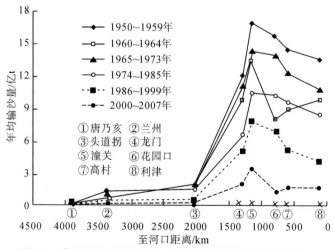

图 2-9　黄河干流主要测站各时段年均实测输沙量变化情况

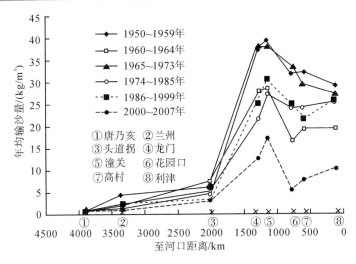

图 2-10　黄河干流主要测站各时段年均含沙量变化情况

表 2-6、表 2-7 为黄河北干流河口镇、府谷、吴堡、龙门站 1950～1989 年水文年平均水量、沙量、含沙量和流量、来沙系数统计。可看出，龙门站年均输沙量为河口镇的 6.8 倍，但水量仅为 1.24 倍，区间增水 59 亿 m³，而增沙却有7.9 亿 t，来沙系数沿程增大，这无疑对龙门以下河段及黄河下游的河床演变有很大影响（张仁等，1998）。

表 2-6　北干流 1950～1989 年水文年平均水量、沙量、含沙量统计

站名	水量/亿 m³			沙量/亿 t			含沙量/（kg/m³）		
	汛期	非汛期	水文年	汛期	非汛期	水文年	汛期	非汛期	水文年
河口镇	141.0	103.5	244.5	1.09	0.27	1.36	7.73	2.61	5.56
府　谷	147.1	110.4	257.5	2.45	0.41	2.86	16.72	3.71	11.15
吴　堡	157.0	118.1	275.1	4.90	0.75	5.65	31.21	6.35	20.43
龙　门	172.8	130.6	303.4	8.21	1.01	9.22	47.51	7.73	30.39

表 2-7　北干流 1950～1989 年水文年平均流量、来沙系数统计

站名	流量/（m³/s）			来沙系数/（kg·s/m⁶）		
	汛期	非汛期	水文年	汛期	非汛期	水文年
河口镇	1326.8	495.0	775.5	0.0058	0.0053	0.0072
府　谷	1384.2	526.0	816.0	0.012	0.0071	0.0140
吴　堡	1477.4	564.8	872.3	0.021	0.0110	0.0230
龙　门	1626.0	624.6	962.0	0.029	0.0120	0.0320

2.3.3　泥沙粒径组成

　　黄河悬移质粒径组成与产沙源地密切相关。表 2-8 为黄河中游干支流各站统计的经改正后的泥沙特征值资料（徐建华等，2000），可看出凡是沙量大或比较大的站，悬移质粒径均较粗。黄河各水文站实测悬移质粒径组成与产沙源地的地质条件密切相关，发源于黄土地区的支流悬移质组成主要为细粉沙和黏土。黄土粒径组成由北向南有逐渐变细的特征，因此位于陕西省西北地区的河流如无定河、清涧河、延河等的粒径组成较东南地区河流如渭河的粒径组成粗。陕西北部地区与沙漠毗邻，风蚀也是产沙的一种形式，因此该地区地表覆盖着粗颗粒的风沙土。陕北神木县境内的窟野河、黄甫川等支流流经砒砂岩地区和风沙区，挟带的泥沙粗，暴雨洪水含沙量很大。

表 2-8　黄河流域各水文站泥沙特征值统计

水系	站名	时段	多年平均输沙量/万 t	大于某粒径级泥沙量/万 t			中数粒径/mm	平均粒径/mm
				0.025mm	0.05mm	0.10mm		
黄河	头道拐	1958～1995 年	11 593	4 493.0	1 984.0	449.0	0.017	0.028
黄河	府谷	1966～1995 年	22 571	10 818.0	6 033.0	1 793.0	0.024	0.042
黄河	吴堡	1958～1995 年	51 216	26 872.0	15 359.0	4 698.0	0.028	0.044
黄河	龙门	1956～1995 年	81 300	44 235.0	22 066.0	5 766.0	0.028	0.042
黄河	潼关	1961～1995 年	112 800	52 762.0	22 488.0	3 712.0	0.022	0.031
黄河	三门峡	1954～1995 年	122 200	55 945.0	24 519.0	4 536.0	0.022	0.031
黄河	小浪底	1960～1995 年	105 500	46 385.0	19 824.0	3 530.0	0.021	0.030
黄河	花园口	1961～1995 年	108 200	45 819.0	19 615.0	3 041.0	0.019	0.028
黄河	高村	1954～1995 年	100 800	41 500.0	16 076.0	1 433.0	0.018	0.026
黄河	孙口	1961～1995 年	94 800	39 517.0	15 196.0	1 564.0	0.018	0.026
黄河	艾山	1961～1995 年	90 000	38 968.0	15 497.0	1 101.0	0.019	0.026
黄河	泺口	1961～1995 年	91 300	36 847.0	13 603.0	887.0	0.017	0.024
黄河	利津	1961～1995 年	82 400	32 747.0	12 011.0	559.0	0.017	0.024
黄甫川	黄甫	1957～1995 年	4 842	2 973.0	2 227.0	1 506.0	0.050	0.135
孤山川	高石崖	1966～1995 年	2 197	1 240.0	784.0	296.0	0.033	0.058
岚漪河	裴家川	1966～1985 年	1 221	666.0	366.0	187.0	0.030	0.047
窟野河	温家川	1958～1995 年	10 860	6 915.0	5 259.0	3 324.0	0.061	0.126
秃尾河	高家川	1965～1995 年	1 844	1 358.0	997.0	512.0	0.062	0.115
佳芦河	申家湾	1966～1995 年	1 356	850.0	548.0	245.0	0.046	0.101
湫水河	林家坪	1966～1995 年	1 900	913.0	428.0	76.7	0.023	0.039
三川河	后大成	1963～1995 年	1 892	851.0	350.0	50.6	0.021	0.031
无定河	白家川	1961～1995 年	11 368	7 095.0	3 661.0	857.0	0.034	0.050

续表

水系	站名	时段	多年平均输沙量/万 t	大于某粒径级泥沙量/万 t			中数粒径/mm	平均粒径/mm
				0.025mm	0.05mm	0.10mm		
清涧河	延川	1964～1995 年	3 565	1 949.0	830.0	117.0	0.028	0.037
昕水河	大宁	1965～1995 年	1 430	567.0	210.0	32.8	0.018	0.027
延水	甘谷驿	1963～1995 年	4 905	2 802.0	1 337.0	343.5	0.030	0.046
渭河	华县	1956～1995 年	36 286	13 233.0	4 075.0	714.0	0.016	0.025
北洛河	状头	1963～1988 年	8 613	4 654.0	1 628.0	197.0	0.026	0.032
伊洛河	黑石关	1956～1995 年	1 329	316.0	131.0	35.2	0.009	0.019
沁河	五龙口	1961～1995 年	472	115.0	51.7	16.8	0.008	0.021

黄河支流多发源和流经黄土地区，黄土的粒径组成具有明显的分带性，图 2-11 为黄河中游新黄土中径变化图，由图可知，从西北向东南，各带的中值粒径从大于 0.045mm 逐渐减小到小于 0.015mm。渭河南河川站 $d_{50}=0.014$mm 就是处于东南带，到华县站 $d_{50}=0.016$mm 就是加入了地处偏北的泾河泥沙所致。图 2-12 为无定河丁家沟站、渭河南河川站悬沙中径 d_{50} 与含沙量的关系。图 2-13 为窟野河各水文站的悬沙中径 d_{50} 与含沙量的关系。可见相同含沙量下，无定河的 d_{50} 比渭河的粗得多，而且渭河的粒径组成较均匀，无定河的粒径组成变幅大，这是由于无定河上游流经沙漠风沙区。窟野河、黄甫川的 d_{50} 又比无定河的粗得多，是地质条件的差异所致。

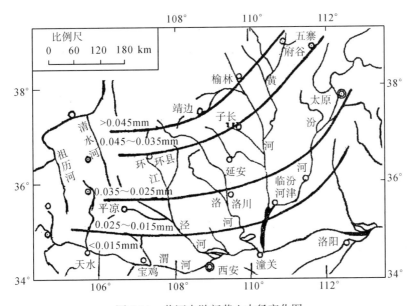

图 2-11　黄河中游新黄土中径变化图

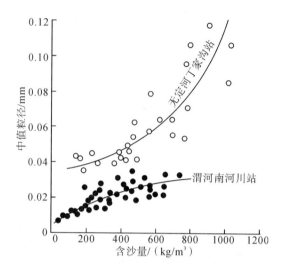

图 2-12　无定河丁家沟站、渭河南河川站 d_{50}-S 关系

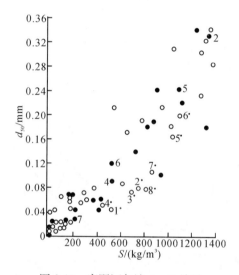

图 2-13　窟野河各站 d_{50}-S 关系

应当指出表 2-8 中的 d_{50} 值为多年平均值，高含沙洪水时，泥沙粒径随含沙量增大而变粗。表 2-9 为窟野河温家川站 1989 年 7 月 21 日至 22 日洪水过程中悬沙级配变化，可见当含沙量 $S=14.1$kg/m³ 时 d_{50} 远小于 0.005mm，$S=219$kg/m³ 时 $d_{50}=0.035$mm，当含沙量 $S=1350$kg/m³ 沙峰时 $d_{50}=0.35$mm，含沙量大于 500kg/m³ 的 d_{50} 一般均大于 0.1mm。

表 2-9　窟野河温家川站 1989 年 7 月 21～1989 年 7 月 22 日洪水过程中悬沙级配变化

时间		含沙量 /(kg/m²)	小于某粒径 d（mm）的百分数/%									d_{50}/mm
			0.005	0.010	0.025	0.050	0.10	0.25	0.50	1.0	2.0	
	4：00	14.1	63.7	65.7	79.8	86.4	96.9	100	—	—	—	<0.005
	15：00	1350.0	0.9	1.6	3.7	8.9	21.6	39.4	67.3	98.8	100	0.350
7 月	16：24	884.0	8.0	10.3	15.2	22.5	40.6	56.2	76.9	99.9	100	0.170
21 日	17：00	532.0	10.5	14.0	21.9	31.6	53.8	68.5	88.2	100		0.090
	18：00	1090.0	10.2	13.0	17.5	23.0	31.8	51.0	77.2	99.6	100	0.250
	20：00	520.0	15.0	19.0	27.0	35.0	48.5	65.5	88.5	100		0.110
7 月	0：00	219.0	23.1	30.0	43.8	57.2	79.3	92.5	99.1	100		0.030
22 日	12：42	174.0	24.3	32.1	49.3	71.2	90.8	95.8	99.9	100	—	0.025

　　泾河也常发生高含沙洪水，但泥沙粒径组成较窟野河泥沙细得多，最大含沙量也低得多。渭河高含沙洪水主要来自泾河，1981 年 6 月 22 日至 23 日渭河发生高含沙小洪水，临潼站最大流量 675m³/s，相应的含沙量 915kg/m³，洪水演进到华县站流量衰减为 $Q=422$m³/s、$S=722$kg/m³，演进到华阴站 $Q=279$m³/s，$S=486$kg/m³。表 2-10 为该场洪水临潼、华县、华阴站泥沙粒径组成，反映出水流没有漫滩，浑水流量沿程递减，泥沙粒径组成沿程细化，既有沿程分选淤积又有整体贴边淤积。流量沿程减小是整体贴边淤积的结果，粒径沿程细化是沿程分选淤积所致。

表 2-10　1981 年 6 月 22～1981 年 6 月 23 日临潼、华县、华阴高含沙洪水泥沙粒径组成

站名	流量 /（m³/s）	含沙量 /（kg/m³）	小于某粒径 d（mm）的百分数/%								
			0.005	0.010	0.025	0.050	0.10	0.25	0.50	1.0	2.0
临潼	675	915	11.4	16.6	34.8	75.2	93.4	97.0	98.9	100	—
	615	906	13.2	25.2	35.6	72.8	94.0	96.8	98.4	99.8	100
	583	897	14.3	19.7	38.2	77.3	96.2	98.0	98.9	99.8	100
华县	445	537	16.0	22.5	49.5	84.0	99.0	100	—	—	—
	422	722	16.5	21.7	41.5	79.7	98.2	100	—	—	—
	108	593	19.9	27.5	50.8	87.4	99.4	100	—	—	—
华阴	279	486	27.4	35.5	63.6	91.0	99.9	100	—	—	—
	237	383	20.7	27.6	52.1	90.3	100		—	—	—
	186	533	21.5	29.4	52.8	89.6	99.9	100	—	—	—

　　对比表 2-9 和表 2-10 可见，粗沙高含沙水流中 $d<0.005$mm 的黏粒含量小，$d>0.05$mm 的粗颗粒含量大，细沙高含沙水流则相反，这是二者的显著区别，二者相同之处是粗细颗粒的粒径组成范围一致，仅是含量不同。这就导致高含沙

水流的物理力学性质的明显差异，从而影响到水沙关系、输沙特性的极大差异，这将在第 5 章中详述。

表 2-11 为黄河干、支流主要站的 $d>0.05\text{mm}$ 泥沙所占百分数 $P_{d>0.05}$ 和中值粒径 d_{50} 统计表，可见北干流右岸支流如黄甫川、窟野河、秃尾河等来沙粗，粗沙含量大。

表 2-11　黄河干支流主要站 $P_{d>0.05}$ 和 d_{50} 统计

序号	河名	站名	$P_{d>0.05}$/%	d_{50}/mm	序号	河名	站名	$P_{d>0.05}$/%	d_{50}/mm
1	黄河	头道拐	17.1	0.017	16	岚漪河	裴家川	30.0	0.030
2	黄河	府谷	26.7	0.024	17	窟野河	温家川	48.4	0.061
3	黄河	吴堡	30.0	0.028	18	秃尾河	高家川	54.1	0.062
4	黄河	龙门	27.1	0.028	19	佳芦河	申家湾	40.4	0.046
5	黄河	潼关	19.9	0.022	20	湫水河	林家坪	22.5	0.023
6	黄河	三门峡	20.0	0.021	21	三川河	后大成	18.50	0.021
7	黄河	小浪底	18.8	0.019	22	无定河	白家川	32.2	0.034
8	黄河	花园口	18.1	0.018	23	清涧河	延川	23.2	0.028
9	黄河	高村	15.9	0.019	24	昕水河	大宁	14.7	0.018
10	黄河	孙口	16.0	0.019	25	延水	甘谷驿	27.3	0.030
11	黄河	艾山	17.2	0.017	26	汾河	河津	13.1	0.014
12	黄河	泺口	14.9	0.017	27	渭河	华县	11.2	0.016
13	黄河	利津	14.6	0.017	28	泾河	张家山	15.6	0.021
14	黄甫川	黄甫	46.0	0.050	29	北洛河	状头	18.9	0.026
15	孤山川	高石崖	35.7	0.033	30	伊洛河	黑石关	9.9	0.009

注：序号 1~13 为黄河干流水文站；14~30 为黄河支流水文站。

2.4　水沙协调性问题

黄河径流主要由降雨形成，流域的自然因素影响降雨的分布规律和产沙规律。黄河年来水来沙存在丰、平、枯三种情况，理论上讲就有九种水沙组合。黄河流域产沙与暴雨密切相关，黄河上游只有大雨而无暴雨，中游产沙地区多暴雨，而少有大雨，因此实际上丰水少沙年或枯水丰沙年极少出现。黄河水沙异源必然导致水沙不协调问题。

2.4.1　黄河上游水沙协调性分析

黄河青海境内每年 7~9 月常有大雨而无暴雨，降雨强度一般不足 50mm/d，降雨历时多为 10~30d，且降雨面积大，可达 10 万~20 万 km²，所以洪水的峰值不大、历时长、峰形矮胖，含沙量小。实测资料表明，上游大水与中游大洪水不遭遇，上游来水仅组成中游洪水的基流，上游水多沙少，不存在水沙协调性问题。

2.4.2　黄河中游水沙协调性分析

黄河中游的问题就复杂得多。中游河口镇至龙门北干流河段流经晋陕峡谷，黄河被约束在两岸山岭之间，比降大，即使水沙不协调，也不会造成累积性淤积，也不会引起突出的北干流河床演变问题。北干流的问题是沿岸多沙粗沙支流汛期产生的高含沙洪水汇入北干流后，大量粗泥沙淤积滞留在汇入口河段，甚至引起干流倒流。汛期淤积的粗沙在非汛期低温动力效应作用下，被冲刷输往小北干流和黄河下游，造成下游小水带粗沙的不利局面，使河道淤积。

1．粗沙高含沙水流的水沙关系

北干流两岸有 21 条支流汇入，右岸 10 条，左岸 11 条。右岸的 10 条支流如孤山川、窟野河、秃尾河，黄甫川等都流经多沙粗沙源区。窟野河是黄河的重要支流，多年平均水量 6.94 亿 m^3，沙量 1.086 亿 t，其中 $d > 0.05mm$ 的粗沙 0.526 亿 t，年均含沙量 170kg/m^3，悬移质中值粒径 0.061mm。北干流流域主要由砒砂岩丘陵区和盖沙黄土丘陵区组成，生态脆弱，窟野河比降陡峻，支流乌兰木伦河汇口以上河道平均比降约 40×10^{-4}，干流神木站至河口比降约 23×10^{-4}，每逢暴雨，即使是流量不足 2000m^3/s，流速可达 5m/s 左右，含沙量常高达 1000 m^3/s 左右，因此河床变形剧烈。

图 2-14 为窟野河神木站床沙级配曲线。距起点距 $L = 70m$ 的主槽内床沙中径 $d_{50} = 2.5mm$，可见床沙是很粗的。

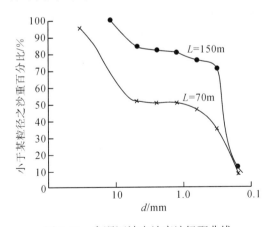

图 2-14　窟野河神木站床沙级配曲线

图 2-15 为窟野河各水文站含沙量 S 与流量 Q 关系，表明只要流域内主要是砒砂岩区、盖沙区，则 S-Q 关系均为变幅约 10 倍的一条带子，不像黄土丘陵区

的细沙产区那样小流量对应的含沙量变幅可以很大，Q 大时，S 为常数。图 2-16 为窟野河各站的输沙率 Q_s 与流量 Q 关系，表明窟野河的 Q_s-Q 关系也与黄土丘陵区不同。黄土丘陵区中，当流量超过某一临界流量后，高含沙水流的流态为均质流，Q_s-Q 关系符合 $Q_s = 0.55Q^{1.06}$（t/s）关系；而窟野河的 Q_s-Q 关系则不是，窟野河泥沙粗，即使出现含沙量很高的大洪水，也不会形成高含沙均质流，而是高含沙非均质流，符合不平衡输沙关系（钱善琪等，1993）。

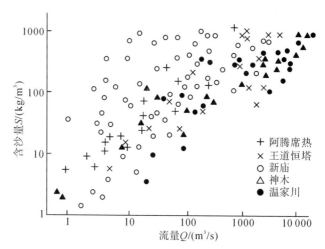

图 2-15　窟野河各站含沙量与流量关系

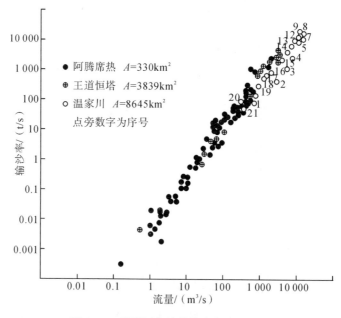

图 2-16　窟野河各站输沙率与流量关系

　　图 2-17 为窟野河温家川站、黄丘区岔巴沟曹坪站次洪沙量 W_s 和水量 W 关系，可见水沙关系也是明显不同的，曹坪站点群密集成线性关系，$W_s = KW^n$，$n \approx 1.0$，而温家川站的 W_s 除与本站 W 有关外，还与上站含沙量有关，$W_s = KW^n S_{上}^m$，实质上也反映了来沙粒径粗的影响。

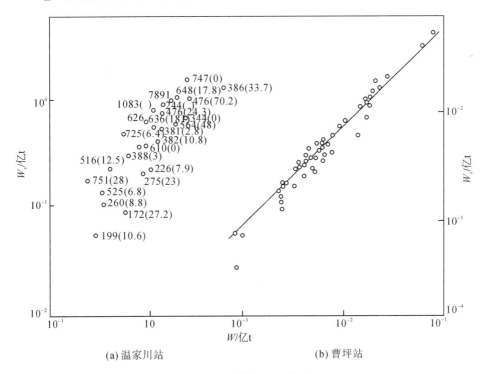

(a) 温家川站　　　　　　　　(b) 曹坪站

图 2-17　次洪 W_s-W 关系

圈旁数字为上站含沙量及区间雨量

2. 细沙高含沙水流的水沙关系

　　黄河中游有世界最大的黄土高原，暴雨把黄土高原切割成沟道，有的直接流入黄河，有的则流入黄河的二级、三级或四级支流，这些支流有其独特的水沙关系。图 2-18 为岔巴沟蛇家沟水文站实测含沙量与流量关系，并标明了一场洪水的时序。由图 2-18 可看出涨峰过程中，含沙量随流量增大而增大，当流量达到某个临界流量 Q_c 值时，含沙量趋于一个稳定值；落峰过程中，相同流量的含沙量变幅很大，小流量的含沙量可以较小也可以很大，这是由于暴雨洪水中，水峰陡涨陡落，而沙峰则陡涨缓落，导致小流量的含沙量可以相当大。图 2-19 为黄土丘陵沟壑区沟道输沙率与流量关系，表明了以临界流量为界，Q_s-Q 关系可区分为两个不同性质的流区，无论沟道流域面积是大是小，只要 $Q > Q_c$ 则 $Q_s = kQ^{1.06}$，高含沙水流流态为高含沙均质流。当 $Q < Q_c$ 则 $Q_c = kQ^n$ （$n > 1$），k、n

的数值与沟道流域面积大小有关，高含沙水流流态为高含沙非均质流（曹如轩等，1988）。

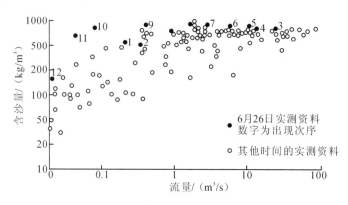

图 2-18　岔巴沟蛇家沟水文站实测含沙量-流量关系

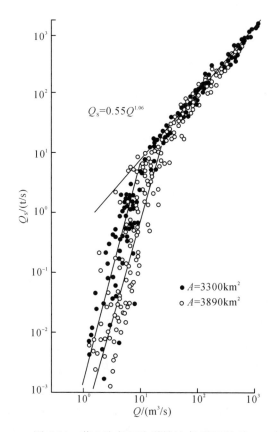

图 2-19　黄土沟壑区沟道输沙率-流量关系

3. 粗沙支流汇入后的水沙协调性问题

粗沙支流比降大，每逢汛期暴雨，就常发生含沙量高达 1000kg/m³、流速 4~5m/s 的粗沙高含沙水流，支流洪水汇入干流后，干支流水体的混合使流速骤降，支流水体被稀释，含沙量剧减，粗沙在汇口集中淤积，实测资料说明北干流汛期是淤积的。汛期 9 月~翌年 4 月的低温期中，低温效应提高了水流的输沙能力，5~8 月高温期淤积的粗泥沙被水流冲刷输出龙门，进入龙门至潼关小北干流河段。小北干流上段龙门河段比降大于小北干流下段潼关河段，上段水温低于下段，因此汛期上段淤、下段冲，非汛期上段冲、下段淤。非汛期低温期龙门河段冲刷的泥沙一部分在潼关河段淤积下来，潼关河床高程抬高，一部分泥沙以悬移质和推移运动形式输出潼关至三门峡河段进入下游。低温期流量小，出现小水带粗沙的不利局面，大部分粗沙淤积在黄河下游高村以上河段，形成了近 300km 的游荡河段，对下游河道淤积起了极不好的作用。汛期流量大，本应发挥冲刷、输沙入海的作用，但龙门河段削峰滞沙淤积影响了大水的输沙效率。因此，可以认为小北干流的水沙不协调是下游的水沙不协调的主要原因之一。

2.4.3 黄河下游水沙协调性分析

河床冲淤与来水来沙条件及河床边界条件包括河口条件、纵剖面尾部段条件、河床级配的粗细等，黄河下游的这些条件都有利于河床淤积，只有在极少数年份，来沙少尤其是粗泥沙量少，来沙系数小于 0.01 kg·s/m⁶ 的情况下，河床微淤甚至出现冲刷。图 2-20 为黄河下游来沙系数与河道淤积比的关系，反映了来沙系数小于 0.01kg·s/m⁶ 的 1961~1964 年河道处于冲刷状态；来沙系数为 0.01kg·s/m⁶ 或稍大一些时，河道可维持基本平衡；当来沙系数大于 0.02 kg·s/m⁶，下游淤积比大多数大于 0.5（潘贤娣等，2006）。

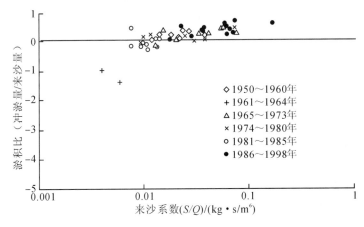

图 2-20 黄河下游汛期来沙系数与河道淤积比的关系

图 2-21 为黄河下游洪峰期河道冲淤量与来水平均含沙量关系，反映出洪峰的平均含沙量 $S \leqslant 50\text{kg/m}^3$ 时，河床微淤或冲刷。最不协调的水沙条件是高含沙水流，特别是多沙粗沙区来的高含沙水流进入下游后，与 300km 的游荡河段极不适应，致使粗、中、细各粒径组泥沙均淤积。

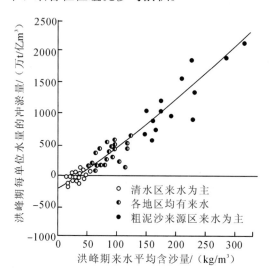

图 2-21　　黄河下游洪峰期河道冲淤量与来水平均含沙量关系

2.5　近期来水来沙减少原因分析

20 世纪 90 年代以来，黄河来水来沙呈明显减少趋势，究其原因，主要是自然因素与人为因素造成。自然因素包括气候、降雨等的改变；人为因素主要是过多的中小型水利工程、不合理用水、浪费等。

2.5.1　自然因素影响

黄河河源区平均气温增暖速率为 0.10～0.30℃/a，增温最显著的站点集中在海拔 2700～3300m，但变暖趋势与海拔之间并无显著关系。其中升幅最大的为位于流域东北侧的泽库站，最小的为位于流域东南部的久治站，自 1960 年来，两站气温分别上升 1.06℃ 和 0.09℃，平均递增速率分别为 0.027℃/a 和 0.002℃/a。到 2000 年，黄河上游气候变暖，冬、秋季气温上升明显，导致降雨量的变化，不仅上游气温变暖，中、下游的气温也呈变暖趋势。

黄河洪水和泥沙主要来自汛期暴雨的产流产沙，20 世纪 90 年代以来，黄河上、中游年均降水较多年平均减少 7.9%，径流量较多年平均减少达 27.1%，年均径流量仅有 415.9 亿 m³。降雨减少是来水减少的一个主要原因。降雨强度减弱使汛期暴雨历时减少，高强度大暴雨减少直接导致来沙量的减少。

姚文艺等（2011）的新著对近期黄河流域水沙变化作了分析与评价，认为水沙减少主要是由于降雨减少及人类活动的影响。1997～2006 年，黄河上、中游地区降雨量普遍减少，且降雨强度降低，与 1970～1996 年相比，河源区平均降雨量减少 3%，唐乃亥—兰州减少 4%，兰州—河口镇减少 11%，河口镇—龙门、龙门—三门峡均减少 5%。降雨量的减少，尤其是高强度雨量减少导致大流量级洪量减少，从而使径流量、沙量减少，与 1970～1996 年相比，1997～2006 年径流量减幅基本上沿干流由上至下增大，从唐乃亥的 20% 增大到潼关的 40%，三门峡达到 47%。沙量的减幅总体上呈现出沿程不断增大的趋势，减幅从唐乃亥的 35.3% 增大到河口镇—三门峡区域的 59.8%～86.5%。支流的沙量减幅大于干流，黄甫川、窟野河、无定河等的减幅达到 52.7%～88.4%。

窟野河水沙量锐减是典型的实例。窟野河多年平均实测径流量 6.94 亿 m^3、输沙量 1.086 亿 t，近十年下降为 1.688 亿 m^3 和 0.052 亿 t。多年平均最大洪峰流量 Q_m 为 3901m^3/s，近十年 Q_m 为 632m^3/s，2008 年 Q_m 为 89.8m^3/s，2009 年 Q_m 为 19.5m^3/s，2008 年输沙量仅为 39.0 万 t，2009 年输沙量只有 3.15 万 t。水沙锐减的原因一是降雨强度明显减小；二是植被恢复良好，生态蓄水能力增强；三是开矿出现裂缝渗漏和河道采沙形成坑洼；四是城市景观用水大增（马永来等，2011）。

2.5.2　人为活动影响

水是社会经济发展和人民生活不可或缺的资源，截至 2000 年，黄河流域建成大、中、小型水库，塘堰等工程 10 100 座，总库容 720 亿 m^3，建成引水工程 9860 处，提水工程 23 600 处，机井工程 36 万眼，灌溉面积由 1950 年的 80 万 hm^2 增加到近期的 480 万 hm^2，因而用水量不断增加。1990～2000 年平均耗水量 303.4 亿 m^3，较 1950～1970 年的平均耗水量 154.4 亿 m^3 增大了近一倍，再加上近万座水库、塘堰的渗漏、蒸发损失，必然导致来水量的减少。退耕还林、退牧还草、淤地造田等水土保持工程也造成了来沙量的大幅减少。黄河干支流存在"疯狂"挖沙现象，对输沙量也有不可忽视的影响。

第3章　黄河低温输沙特性研究

黄河流域位于东经 96°～118°、北纬 32°～42°，东西跨越 22 个经度，南北相隔 10 个纬度，流域绝大部分处于我国北方河流冬季产生冰冻的过渡地带，大部分河段具有不稳定的封冻特点。

无论是在黄河上、中、下游的冲积平原河段，还是在北干流峡谷河段，低温期河道输沙都具有特别的性质，即流量小、输沙量并不小，而且挟带的泥沙粒径粗，水温越低、粒径越粗，与汛期挟带的泥沙粒径相比，可以成倍甚至数倍的增大。粗沙淤积是黄河下游历史上灾害频繁的症结所在，三门峡水库建库前，黄河下游非汛期年均淤积 0.79 亿 t 泥沙，淤积部位在高村以上的游荡河段，且全部淤在主槽中，使河道状况变坏，许多有识之士早就注意到这一问题，如龙毓骞、牛占等在《黄河泥沙》书中写到"在潼关以上汇流区，每年非汛期平均冲刷约 0.67 亿 t，相应的下游河道每年非汛期平均淤积 0.79 亿 t。这两个数值比较接近的事实，不仅仅是一个偶合，而是反映了一种随机的规律，如果在非汛期没有从上游河道通过冲刷得到粗泥沙的补给，下游河道淤积状况将会好得多"。

非汛期北干流冲刷下移最终进入下游的粗沙，既有汛期粗沙支流洪水淤积的泥沙，也有河口镇以上汛期、非汛期来沙中淤积在北干流的粗沙，还包括汛期小北干流龙门河段淤积的粗沙。因此，"粗沙链"的形成有主有次，时空、地域既长又大，很难仔细查清。无论如何，低温效应起到重要的动力作用，故研究分析低温输沙特性，对"粗沙链"的生成、发展、消退等均有意义。

3.1　黄河上、中、下游凌情概况

3.1.1　黄河上游宁蒙河段

宁蒙河段是冲积平原河道，其中内蒙古河段地理位置所处纬度为黄河最高纬度，所以凌期最长。

冰凌生消过程可分为流凌、封河、开河三个阶段。每个阶段的衔接不是突变的，而是由量变到质变发展。为此水文测验规范定出 11 种类型，以便更贴切的描述冰凌生消过程，它们分别为冰淞及微冰、流冰花、封冻、冰塞或冰坝、岸冰、稀疏流冰、冰上流水、冰滑动、稀疏流冰花、流冰、岸边融冰或冰层浮起。

描述冰情的水文现象，有的性质特征虽然相同，但有不同程度的差别，这是由于冰期水文现象的随机性很强，而且不易量化。影响因素主要为热力因素、水动力因素、地形和人类活动等，因此每个水文站各年的流凌日期、封河起止日期、稳封河段长度大小、开河日期、可能形成的冰塞、冰坝个数、槽蓄水增量大小及释放快慢形成凌峰的大小均不相同。

宁蒙河段多年平均凌汛期流凌、封河、开河日期见表 3-1。

表 3-1　1950～2005 年各站平均流凌、封河、开河日期

站　名	流凌日期 （月-日）	封河日期 （月-日）	开河日期 （月-日）	封冻天数/d
石嘴山	12 - 1	1 - 3	3 - 3	60
巴彦高勒	11 - 26	12 - 13	3 - 15	93
三湖河口	11 - 18	12 - 5	3 - 21	108
头道拐	11 - 19	12 - 14	3 - 22	100

内蒙古河段多年平均封冻天数 107d，最长可达 150d，最短 60d，表明内蒙河段热力资源丰富。

最大槽蓄水增量是低温条件下上游来水以冰的形式储存在河道的滩槽中，待气温升高开河时融冰生成。由表 3-1 可见，封河是以三湖河口为起点上、下游延伸传递，开河是自上而下传播，这是由于三湖河口纬度最高。因此，最大槽蓄水增量及凌峰流量都是沿程递增的。表 3-2 为多年平均最大槽蓄水增量及凌峰流量统计值。

表 3-2　内蒙古河段最大槽蓄水增量及凌峰流量统计

河段	最大槽蓄水增量 $W_c/(\times 10^8 \text{m}^3)$	站名	凌峰流量 $Q_c/(\text{m}^3/\text{s})$
石嘴山—巴彦高勒	3.01	石嘴山	815
巴彦高勒—三湖河口	3.58	巴彦高勒	800
三湖河口—头道拐	4.14	三湖河口	1 350
石嘴山—头道拐	10.73	头道拐	2 282

3.1.2　黄河中游河段

黄河中游由内蒙古左托克托至河南桃花峪，河长 1235km，该河段纬度由高渐低，凌情由上而下逐渐减轻。中游先后建成三门峡、天桥、万家寨、小浪底、龙口等水库，水库的运用方式对凌情有较大影响。如万家寨水库冬季下泄水流的水温较未建成时的高，使以下河段的冰情减轻，最大槽蓄水增量相应减小，导致潼关桃峰流量明显减小。表 3-3 为头道拐站、潼关站低温期水流参数比较，可看出万家寨水库 1998 年 10 月下闸蓄水后，潼关桃峰流量减小甚多（黄河水利委员会，2006）。

表 3-3　头道拐站、潼关站低温期水流参数比较

时间	头道拐			潼关		
	最大十日水量/亿 m³	桃峰流量/（m³/s）	最大日均流量/（m³/s）	最大十日水量/亿 m³	桃峰流量/（m³/s）	最大日均流量/（m³/s）
1994~1995 年	11.3	2170	2040	13.2	3390	2340
1995~1996 年	11.7	2680	2600	12.1	2890	2420
1996~1997 年	10.8	2990	2850	13.4	3000	2660
1997~1998 年	11.7	3350	3270	12.5	3200	2790
1998~1999 年	12.3	1790	1780	12.9	1960	1210
1999~2000 年	15.2	2220	2180	14.2	2050	1790
2000~2001 年	11.6	2430	2280	7.5	1640	980
2001~2002 年	10.7	2160	1960	7.7	1280	1250
2002~2003 年	8.3	1920	1870	6.7	1130	885
2003~2004 年	13.1	2850	2520	11.5	1500	1360
2004~2005 年	11.6	1990	1960	10.6	1650	1600

三门峡水库不同运用时期的运用方式影响小北干流的冰情，从有时流凌有时封冻，到个别年份如 1996 年出现较为严重的凌汛灾害。潼关至三门峡大坝河段，一般都在元月份在坝前出现封冻，封冻长度几十公里，但也有全河段封河的年份。

3.1.3　黄河下游河段

黄河下游自河南桃花峪至山东垦利入海口全长 791km，处于我国北方河流冬季产生冰凌的过渡地带，在冬季有的年份封冻，有的年份不封冻，封冻年中有的年度一封一开，有的两封两开甚至三封三开，且封冻河长和封冻时间差别很大，故黄河下游属于不稳定封冻河段。黄河下游大部分河段的纬度与北干流相当，但经度不同，地势低，又有海流调节，是比较平缓的冲积平原河道，因此下游凌情较北干流轻，但凌情比较复杂。1950~2005 年的 55 年中，封冻年份 47 年占 85%，每年 12 月上旬开始流凌，翌年 2 月下旬结束，多年平均流凌日期历时 13d，封河日期历时 49d，封冻自下游向上游传递，开河则自上游向下游推进，多年平均封冻河长 291km，1968~1969 年封冻河长最大为 703km，而 2003~2004 年封冻河长最短仅 1.5km（黄河水利委员会，2006）。

3.2　低温期河道输沙特征

3.2.1　已有成果简介

20 世纪 50 年代钱宁（1990）介绍了美国科罗拉多河胡佛坝下游泰勒渡口站

在水库下泄清水时的水文资料，指出了在相同流量下冬天水温 11.6℃ 的含沙量是夏天水温 28℃ 的 2.5 倍，并且分析了水温下降对悬移质垂线分布、近壁层流层厚度的影响等问题。

洪柔嘉等（1983）在冰冻实验室进行了水槽试验，水槽中铺设 $d_{50}=0.11$mm 的泥沙。试验得出，当河槽边界雷诺数大于某一临界值时，沙质河床质的输沙量随水温降低而增加；水温在 20～30℃，温度对输沙量的影响不明显；水温低于 20℃ 时，温度影响不能忽视；水温低于 4℃ 接近冰冻点时，温度对输沙量的影响最大。

尹学良（1996）分析嫩江河型时，认为岸冰起护岸作用，冰盖使近底流速增大，水温低使泥沙沉速减小，故冰期输沙能力强。如嫩江后桥站，1960 年 7 月平均流量 3530m³/s、含沙量 0.0164kg/m³，而当年 4 月开河时，流量 291m³/s、含沙量 0.1893kg/m³。

Calby 等（1965）发现水温对中罗泊河的影响十分可观，夏天的床面形态比冬天更为显著，因而摩擦系数明显地受水温的影响。美国工程兵团（1969）报道了奥马哈附近密苏里河水温、水位-流量关系变化及床面糙率之间的明显相关，该兵团奥马哈分部进行的大量研究表明，秋季温度下降，在流量不变情况下，沙垄被逐渐冲蚀，床面变得平坦，同时，由于摩擦阻力减小，水位下降。张海燕（1990）认为，由于水温会改变泥沙的起动条件，因此会影响输沙率。

Hong 等（1984）用 $d_{50}=0.11$mm 的泥沙做实验，温度从 0℃ 到 30℃。在弗劳德数（Fr）为 0.5 和 0.8 的较高流速时，温度降低导致底层泥沙浓度较大的增加、悬移质沿垂线分布较为均匀、阻力系数较小但仍明显的增加，但对刚好在泥沙起动条件以上的水流（Fr=0.3），测量结果表明水温对输沙没有较大的影响。

索撒德（1988）介绍了泰勒、沈学文等的水温对床面形态影响的试验资料和观测资料，提出了一个统一的分析温度对床面形态影响的模式，这个模式包括了无量纲水深、无量纲流速和无量纲粒径，将水温的影响问题概化为：任何不同的无量纲床面形态在最初的位置上互不相同的问题，为预测水温对床面形态的影响提供了一个有用的方法，尽管其力学原理尚不清楚。

黄河上中下游低温、冰凌期都较长，广见防凌减灾的研究和报道，而有关低温输沙特性的分析研究甚少。

3.2.2 黄河上、中、下游低温时空分布

上游宁蒙河段低温期长，表 3-4 为 1986 年宁蒙河段各站月均水温统计表，可以看出，需要考虑水温对输沙影响的时段为 9～10 个月，其中封河期 4 个月。

表 3-4　1986 年宁蒙河段各站月均水温统计表　（单位：℃）

站名	1月	2月	3月	4月	5月	6月	7月	8月	9月	10月	11月	12月
黑山峡	2.4	3.1	4.5	9.4	14.7	18.8	21.1	22.1	19.6	15.4	9.7	2.9
下河沿	1.2	2.0	4.3	9.2	14.4	17.7	19.7	20.4	18.1	12.6	7.4	2.8
青铜峡	0.1	1.2	3.2	7.6	13.9	19.5	21.3	21.7	18.5	13.3	5.9	1.4
石嘴山	—	0.2	3.3	10.3	16.8	20.2	21.8	21.5	17.2	11.0	2.7	0.3
磴口	—	—	2.3	10.0	17.0	20.2	21.8	21.1	18.5	10.3	2.6	—
巴彦高勒	—	—	—	10.1	17.9	21.0	22.1	21.7	17.5	11.0	2.3	—
三湖河口	—	—	—	7.9	16.1	20.2	21.9	21.2	16.2	8.4	0.6	—
昭君坟	—	—	—	8.5	16.7	20.5	22.3	21.4	16.6	8.4	0.5	—
头道拐	—	—	—	7.7	15.8	20.7	22.3	21.5	16.0	8.5	—	—

表 3-5 为 1981 年小北干流龙门、潼关站月均水温、悬沙中径 d_{50} 统计。由表 3-5 可看出，两站需考虑水温对输沙影响的时段分别为 8 个月和 7 个月，龙门站的水温比潼关站一般低 0.1~3℃，这对小北干流的河床演变包括潼关高程有显著影响，也对黄河下游的淤积有直接影响。

表 3-5　1981 年龙门站、潼关站月均水温、d_{50} 统计

站名	项目	1月	2月	3月	4月	5月	6月	7月	8月	9月	10月	11月	12月	年平均
龙门站	d_{50}/mm	0.070	0.079	0.044	0.046	0.053	0.020	0.019	0.021	0.042	0.036	0.044	0.058	0.026
	T/℃	0.38	0.90	5.61	13.80	16.80	24.20	25.00	23.30	19.30	9.50	2.46	0.42	—
潼关站	d_{50}/mm	0.047	0.045	0.034	0.042	0.044	0.016	0.016	0.018	0.026	0.036	0.044	0.051	0.023
	T/℃	0.44	1.92	8.70	14.40	19.60	25.80	26.10	24.10	19.70	11.50	5.04	1.37	—

表 3-6 为 1962 年黄河三门峡水库以下各主要站的水温月均统计表。可见需要考虑水温对输沙影响的时段为 6~7 个月。同一河段中水温的差异可以对泥沙的冲淤时空分布造成甚大的影响。

表 3-6　1962 年黄河三门峡水库以下各主要站月均水温统计表　（单位：℃）

站名	1月	2月	3月	4月	5月	6月	7月	8月	9月	10月	11月	12月
三门峡	—	—	6.2	13.1	19.6	23.8	26.2	26.1	21.4	14.7	7.4	2.3
小浪底	2.3	4.7	7.4	14.1	19.6	24.0	26.5	26.5	22.2	15.4	8.3	3.3
花园口	1.4	3.9	7.0	14.0	19.7	23.6	26.6	26.3	21.9	15.4	8.3	3.3
高村	0.9	3.1	7.0	12.9	20.0	22.9	27.2	26.4	22.0	15.1	7.4	3.2
孙口	—	1.5	5.0	8.6	14.9	19.6	25.9	24.9	19.3	13.9	6.6	2.4
艾口	0.4	2.5	6.9	11.2	17.9	21.7	27.0	26.1	21.8	15.1	8.1	2.6
洛口	0.6	2.8	6.9	12.3	19.0	23.2	27.4	26.5	22.7	15.6	8.1	3.3

3.2.3　宁蒙河段低温期输沙特性

1. 封河期河道输沙特性

冰凌生消过程是以水温为代表的热力因素及以流量为代表的动力因素相互作用、相互响应的过程。水温 0℃ 本该封河，若流量大、水动力条件强，就不一定封河，而是以岸冰流冰花替代，因此各年的冰情复杂多变，对输沙的影响也不尽相同。

气温的不断下降河道进入封河阶段，封冻河段表面形成冰盖，但封冻点上游仍有冰花流动，带冰花的水流进入封冻河段形成冰塞体。冰塞多在初封期形成，当封冻冰盖前缘向上游延伸时，冰盖前缘处的流速大于冰花下潜流速时，大量冰花潜入冰盖下堆积、冻结，形成冰塞。图 3-1 为冰塞示意图。冰盖下水流为压力流，冰塞体使过水面积减小，阻力增大，流速降低，不能造成河床的冲刷，水流含沙量很小，封冻期同流量输沙率较畅流期小，更比开河期凌洪的输沙率小得多。

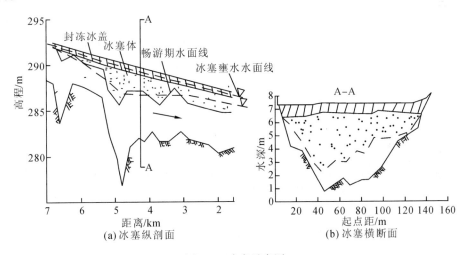

图 3-1　冰塞示意图

图 3-2（a）、图 3-2（b）为内蒙古河段巴彦高勒站、头道拐站日平均输沙率 Q_s 与日平均流量 Q 的关系，可见，封河期点群独成一簇，同流量的输沙率较开河期小 10 倍之多。

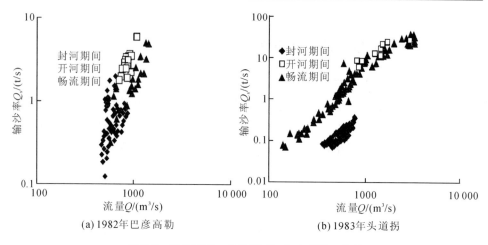

(a) 1982年巴彦高勒　　　　　　　　(b) 1983年头道拐

图 3-2　巴彦高勒、头道拐 Q_s-Q（对数）关系

2. 开河期河道输沙特性

封河期河道中储存了冰，开河时冰融化汇集成槽蓄水增量融入来流中，从而生成凌汛洪水。内蒙古河段的凌洪历时一般为 5～10 天。在封河期间，河床、滩地均冰冻，河槽则冻成冰盖，开河时，滩地上的冰消融成水，形成串沟流向河槽，产生由河槽向岸滩发展的溯源冲刷，若岸滩的冰多，凌洪就能冲刷岸滩，冲刷汇入河槽的泥沙，部分被水流挟带输移，一部分淤在岸边，河槽变宽浅，而后的低温常流量仍能把淤在岸边的泥沙冲走恢复原河床。

凌洪冲刷的物理过程，可由两年的实测资料予以阐明。图 3-3（a）、图 3-3（b）为头道拐站 1978～1979 年、1982～1983 年低温期水位流量关系。可看出：①水位流量关系的绳套很窄，甚至只有绳套雏形，这是因为凌洪为非恒定流，侧向汇入的流量使河道流量沿程递增，凌洪涨落时的附加比降不同于伏汛洪水。②虽然这两年的冰情均为岸冰、流冰花，但冰情的程度有明显不同。1982～1983 年凌洪前的水位流量关系有封河特征，说明该年岸冰又多又厚，河槽接近全封；1978～1979 年水位流量关系没有封河特征，而与畅流期相近。这两种情况的冲淤效果是不同的。1978～1979 年凌峰流量 Q_m＝2200 m³/s，但冲刷量仅有 0.0459 亿 t；1982～1983 年凌峰流量 Q_m＝1790 m³/s，较 1978～1979 年少 410 m³/s，但冲刷量 0.0668 亿 t，较 1978～1979 年大。究其原因，一是 1978～1979 年凌峰主要在头道拐河段形成，大流量影响范围小，而 1982～1983 年三湖河口—头道拐 300km 凌峰流量都较大，其影响范围大。表 3-7 为这两年凌峰流量沿程变化过程，反映了上述特征。

表 3-7　1978～1979、1982～1983 年内蒙河段各站凌峰流量　　　（单位：m³/s）

时间	石嘴山	巴彦高勒	三湖河口	头道拐
1978～1979 年	910	843	920	2200
1982～1983 年	775	528	1590	1790

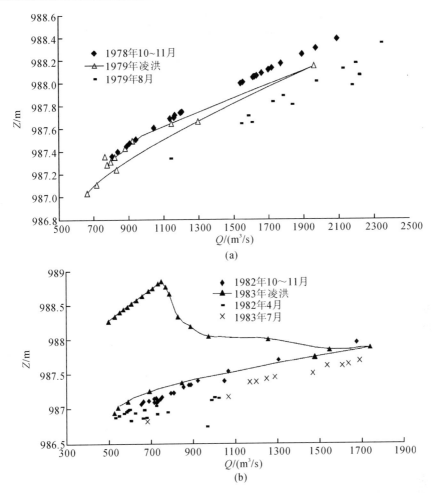

图 3-3　头道拐站 1978～1979 年、1982～1983 年低温期水位流量关系

低温期各月最高水位既受流量的制约，又受横向冰冻情况的影响。表 3-8 为头道拐站 1978～1979 年、1982～1983 年低温期各月最高水位，可看出 1978～1979 年低温期仅 11 月最高水位较 1982～1983 年同期高 0.53m 外，其余的 12 月、1 月、2 月、3 月均低，最大低 1.19m。这表明 1978～1979 年冰冻范围主要在河槽，而 1982～1983 年河槽、滩地均结冰，滩地在开河解冻时冲出串沟，滩地、河岸、河槽融冰时全面冲刷，当凌洪落峰时，纵横向冲起的泥沙部分落淤，形成淤积体，表现为凌洪落峰时同流量水位升高。而后低温期常流量将淤积体陆续冲走，至 1983 年 4 月 22 日头道拐站 $Q=724 \mathrm{~m}^3/\mathrm{s}$、$Z=987.04\mathrm{m}$，低于 1982 年 11 月 6 日 $Q=724 \mathrm{~m}^3/\mathrm{s}$、$Z=987.14 \mathrm{~m}$。实际上，1983 年 4 月 5 日头道拐站 $Q=525 \mathrm{~m}^3/\mathrm{s}$、$Z=986.94\mathrm{m}$，已低于上年汛末同流量水位，说明凌洪流量突降时滞留在河床的淤积体已被低温期常流量冲刷挟带出头道拐站。

表 3-8　头道拐站 1978～1979 年、1982～1983 年低温期最高水位　（单位：m）

时间	11 月	12 月	1 月	2 月	3 月
1978～1979 年	987.57	987.61	987.47	987.94	987.66
1982～1983 年	987.04	988.65	988.19	988.75	988.85

　　为进一步论证凌洪输沙能力大的现象，统计分析了三湖河口至头道拐河段 14 场历时相同的夏洪、凌洪冲刷量，见表 3-9。分析发现夏洪有冲有淤，而凌洪均为冲刷。

表 3-9　历时 10 天的夏季洪水冲刷量与凌洪冲刷量比较

洪号	三湖河口—头道拐河段平均流量/（m³/s）	三湖河口—头道拐河段冲淤量/（×10⁸t）	内蒙古河段冲淤量/（×10⁸t）	三湖河口—头道拐凌洪冲淤量占内蒙古河段比例/%
夏洪 761014	1930	−0.0381	−0.0708	34.61
凌洪 760302	936	−0.0245		
夏洪 770917	1300	−0.03	−0.0478	133.05
凌洪 770319	1020	−0.0636		
夏洪 780919	3600	0.0327	−0.0137	220.44
凌洪 780323	813	−0.0302		
夏洪 791005	2190	−0.0532	−0.0081	693.83
凌洪 790321	945	−0.0562		
夏洪 811019	1870	0.0094	0.0146	—
凌洪 810318	951	−0.0429		
夏洪 821002	1950	−0.0658	−0.0424	37.26
凌洪 820321	911	−0.0158		
夏洪 831010	2230	−0.0352	−0.0728	89.42
凌洪 830323	871	−0.0651		
夏洪 840727	2820	−0.0219	−0.074	74.05
凌洪 840303	1190	−0.0548		
夏洪 850919	3130	−0.0192	−0.0672	48.51
凌洪 850331	1050	−0.0326		
夏洪 860715	2430	−0.02	−0.0008	5150.00
凌洪 860328	1030	−0.0412		
夏洪 890920	2680	0.0001	−0.0371	—
凌洪 890323	1020	−0.0481		
夏洪 940816	1640	0.0049	0.1598	—
凌洪 940319	947	−0.0421		
夏洪 20050915	1060	0.0064	0.0183	—
凌洪 20050319	1070	−0.0232		
夏洪 20060911	1280	−0.0182	−0.0065	687.69
凌洪 20060314	1020	−0.0447		

注：负号表示冲刷。

张晓华等（2008）分析研究了宁蒙河段夏季洪水输沙特性，建立了各站洪水输沙率计算公式。

巴彦高勒站　　$Q_{sba} = 0.000164 Q_{ba}^{1.24} S_{shi}^{0.412}$　　　　　　　　（3-1）

三湖河口站　　$Q_{ssan} = 0.000159 Q_{san}^{1.377} S_{ba}^{0.489}$　　　　　　　（3-2）

头道拐站　　　$Q_{stou} = 0.000064 Q_{tou}^{1.482} S_{san}^{0.609}$　　　　　　　（3-3）

式中，Q、Q_s、S分别为流量、输沙率、含沙量；足标"shi"、"ba"、"san"、"tou"分别表示石嘴山、巴彦高勒、三湖河口、头道拐站。

式（3-1）、式（3-2）、式（3-3）的相关系数分别为 0.96、0.98 和 0.93，表明公式精度较高。将凌洪实测 Q、S 资料代入式（3-2）、式（3-3）计算输沙率，再与凌洪的实测输沙率比较，见图 3-4。由图 3-4 可见，三湖河口实测输沙率与计算值比较有大有小，点群分布在 45°线两侧；头道拐站实测输沙率均大于计算值，其中最大 2.7 倍，最小 1.1 倍，平均 2.1 倍，点群均在 45°线上方。比较结果表明头道拐站凌洪与夏洪在相同流量、含沙量的水流条件下，凌洪输沙率大于夏洪输沙率，与表 3-9 的结论一致。三湖河口因凌洪流量小，只相当于夏洪的常流量，水动力条件小一个量级，所以低温效应不及头道拐站大，但仍较夏洪高一个量级。

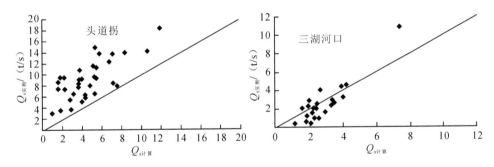

图 3-4　头道拐、三湖河口站凌洪实测和计算输沙率比较

3. 低温期常流量输沙特性

石嘴山至巴彦高勒河段比降较大，河床组成比三湖河口至头道拐河段粗，纬度比三湖河口至头道拐河段低，所以每年低温期凌峰流量较小。据统计 1954～2005 年的 51 年中，石嘴山站凌峰流量大于 1000m³/s 的仅有 5 年，巴彦高勒站凌峰流量大于 1000m³/s 的仅 9 年，三湖河口站头道拐站凌峰流量超过 1000m³/s 的分别为 43 年和 51 年。若以凌峰平均流量计，石嘴山、巴彦高勒两站均小于 1000m³/s，只能按常流量对待。从石嘴山、巴彦高勒站低温期日平均 Q_s 与 Q 的关系与 7 月、8 月的数值比较，仍可看出同流量的输沙率低温期较 7 月、8 月大。

表 3-10 为宁蒙河段一些水文年低温期 11 月、12 月、1 月、2 月、3 月、4 月

冲淤量统计，可看出，各河段有冲有淤、冲淤交替。这主要是由于昭君坟河段比降仅为0.09‰左右，常流量水动力弱，粗泥沙只能做推移运动，上段冲刷的泥沙粒径粗，恢复饱和的距离短，进入昭君坟河段的粗泥沙已达到超饱和，部分泥沙就会淤积下来。

表 3-10　内蒙古河段低温期月冲淤量　　　（单位：10^4 t）

时　间	下河沿—青铜峡	青铜峡—石嘴山	石嘴山—巴彦高勒	巴彦高勒—三湖河口	三湖河口—昭君坟	昭君坟—头道拐
1980 年 11 月	27.48	−329.50	−51.84	31.11	103.68	44.84
1980 年 12 月	7.23	−254.72	−43.12	231.95	−17.14	39.64
1981 年 1 月	34.82	−64.87	24.91	4.02	−26.79	61.61
1981 年 2 月	2.66	−15.73	−32.42	13.79	−16.94	−0.24
1981 年 3 月	16.07	−244.54	34.28	−103.92	−188.83	−503.54
1981 年 4 月	43.29	−245.72	−134.79	54.43	64.80	−165.89
1986 年 11 月	4.41	−181.44	−232.5	316.67	−15.81	59.10
1986 年 12 月	−0.27	−194.19	112.3	58.12	7.23	8.84
1987 年 1 月	4.02	−39.91	−4.02	22.50	−17.95	17.68
1987 年 2 月	6.05	−138.86	104.51	12.82	−9.19	9.92
1987 年 3 月	12.86	−293.55	125.89	185.61	−22.5	18.48
1987 年 4 月	17.89	−157.85	166.93	33.70	49.25	−31.11
1988 年 11 月	−12.7	−229.65	−121.83	−136.60	66.62	73.10
1988 年 12 月	−89.46	−493.63	−332.12	846.64	63.48	24.11
1989 年 1 月	−34.82	−245.61	207.84	21.43	6.07	−2.14
1989 年 2 月	−21.29	−293.45	238.05	30.48	4.11	−12.34
1989 年 3 月	−17.68	−311.50	−99.10	182.13	43.12	−635.05
1989 年 4 月	−202.18	12.96	−383.62	163.32	−95.91	31.11
1989 年 11 月	58.06	−792.38	−248.83	266.98	155.52	269.57
1989 年 12 月	18.48	−748.88	−238.38	174.10	270.52	233.02
1990 年 1 月	9.64	−343.64	83.03	229.81	26.52	13.39
1990 年 2 月	175.39	−397.96	255.47	74.27	16.93	14.76
1990 年 3 月	95.62	−408.19	−139.28	58.93	10.71	−516.93
1990 年 4 月	3.63	−540.43	−57.03	−67.0	−36.88	−57.03

注：负号表示冲刷。

　　图3-5为1965～1966年、1989～1990年巴彦高勒站非汛期月平均流量、输沙率对应关系。可见20世纪60年代低温期常流量小，故输沙率也小，龙羊峡水库、刘家峡水库联合调节后，低温期下泄流量大，所以1990年输沙率比1966年的大。

　　低温期常流量冲刷强度小于凌洪的冲刷强度，但常流量历时长，所以冲刷量仍是可观的，对维持内蒙古河段的冲淤平衡是不可或缺的。如1982～1983年三湖河口至头道拐河段，凌洪冲起的泥沙在落峰时形成的水下"沙尘暴"淤积体，就是依靠低温期常流量冲掉的。

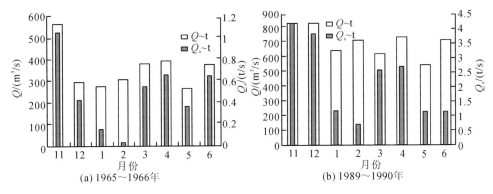

图 3-5　1965～1966、1989～1990 年巴彦高勒非汛期月平均 Q、Q_s 过程

　　黄河宁蒙河段流经河东沙地、乌兰布和沙漠和库布齐沙漠，沙漠沙以降尘、塌岸及孔兑来沙进入黄河。1966 年、1989 年孔兑的粗沙高含沙洪水进入黄河后，淤堵了黄河，迫使黄河倒流。可见宁蒙河段区间来沙很不稳定，不能确切定量，所以宁蒙河段床沙和悬沙粒径均较黄河中下游粗，而在凌洪期、低温期，河段进出口断面泥沙组成都比高温期粗。表 3-11 为内蒙古河段凌洪、夏洪期悬沙级配比较，可见无论是洪水平均还是月平均凌洪悬沙级配均较夏洪粗。

表 3-11　凌洪、夏洪冲刷期悬沙级配比较

站名	时间	小于 d（mm）的百分数/%							备注
		0.005	0.01	0.025	0.05	0.10	0.25	0.50	
头道拐	1981-3-21～1981-3-26	11.70	19.90	39.80	72.60	93.50	99.69	100	凌洪
头道拐	1981-7-18～1981-7-24	26.50	38.70	57.40	88.70	98.90	100	—	夏洪
头道拐	1990 年 3 月平均	20.00	30.10	48.30	71.60	91.50	99.60	100	凌洪
头道拐	1990 年 7 月平均	36.80	45.80	67.00	84.40	96.30	99.80	100	夏洪
巴彦高勒	1980-3-10～1980-4-1	13.40	22.90	47.70	77.10	94.00	99.90	100	凌洪
头道拐	1980-3-25～1980-4-3	17.00	26.00	47.20	71.30	89.70	99.90	100	凌洪

3.2.4　北干流低温期冲淤特性

　　黄河河口镇至龙门河段亦称北干流，河长 725km，比降 0.84‰，区间流域面积 11.6 万 km²，两岸有 390 条大小支流汇入，其中流域面积大于 1000 km² 支流有 22 条。多沙粗泥沙支流黄甫川、窟野河、秃尾河等产沙量大、泥沙粗，均系猛涨陡落的暴雨洪水产生，大量粗泥沙进入黄河干流后会形成沙坝阻断干流。汛期支流进入干流淤积的大量粗泥沙为北干流低温期的冲刷储备了沙源。

　　表 3-12 为张仁等（1996）统计的府谷至吴堡、吴堡至龙门河段冲淤量，可

看出，5~8月府谷至吴堡、吴堡至龙门两河段各年有冲有淤，有的年两河段都冲，有的年一个河段冲，但总计是淤积的，这是因为多沙粗泥沙支流暴雨产沙进入干流淤积造成。府谷至吴堡河段淤积量4.9612亿t，较吴堡至龙门河段淤积量3.8261亿t大，是因为府吴河段汇入了多条多沙粗沙支流，如窟野河、秃尾河、佳芦河等，这些粗沙支流比降大，每逢暴雨，就发生粗沙高含沙洪水，含沙量常达1000kg/m³以上，而且泥沙组成粗，其流型可以是宾汉体，但仍是非均质两相流，汇入干流后被稀释后淤积，故淤积量多。吴堡至龙门河段汇入的支流来沙较府吴河段细，多为输沙能力大的细沙高含沙水流，落峰时若上游段来水为低含沙水流，河段一般为冲刷，因此吴龙河段的淤积量小于府吴河段。

表3-12　府谷至吴堡和吴堡至龙门河段分期冲淤量（单位：×10⁴t）

水文年	5~8月		9月~翌年4月		总计	
	府谷—吴堡	吴堡—龙门	府谷—吴堡	吴堡—龙门	府谷—吴堡	吴堡—龙门
1958~1959	−5 708	−1 054	−10 606	−1 507	−16 314	−2 561
1959~1960	−1 823	31 472	−3 047	691	−4 870	32 163
1960~1961	−64	−2 727	−1 351	−2 421	−1 415	−5 148
1961~1962	7 710	−1 655	−8 832	7 171	−1 121	5 516
1962~1963	−1 724	−5 684	−1 821	−350	−3 545	−6 035
1963~1964	3 817	4 107	−7 473	1 189	−3 656	5 296
1964~1965	−4 475	1 600	−8 456	4 483	−12 390	6 083
1965~1966	679	−1 946	−1 372	−229	−692	−2 175
1966~1967	26 461	−1 835	−5 800	896	20 662	−939
1967~1968	−14 712	16 014	−10 873	−3 059	−25 585	12 955
1968~1969	1 027	2 991	−4 708	1 111	−3 681	4 102
1969~1970	4 367	−666	−4 715	−426	−348	−1 092
1970~1971	2 494	−10 149	−5 260	787	−2 767	−9 362
1971~1972	6 687	1 737	−7 610	−1 781	−923	−45
1972~1973	10 405	−5 414	−2 402	441	8 003	−4 973
1973~1974	−146	3 747	−8 887	803	−9 033	4 549
1974~1975	779	−792	−6 287	−395	−5 508	−1 186
1975~1976	−1 395	9 638	−3 300	−3 212	−4 694	6 426
1976~1977	5 340	3 052	−3 951	−762	1 389	2 290
1977~1978	7 850	−5 641	−5 054	−2 055	2 797	−7 695
1978~1979	5 274	1 017	−5 336	−1 762	−62	−745
1979~1980	3 167	824	−4 525	−1 460	−1 358	−637
1980~1981	−17	1 058	−2 221	−1 640	−2 238	−2 698

续表

水文年	5～8 月		9 月～翌年 4 月		总计	
	府谷—吴堡	吴堡—龙门	府谷—吴堡	吴堡—龙门	府谷—吴堡	吴堡—龙门
1981～1982	10 775	−5 729	−5 930	−2 019	4 845	−7 748
1982～1983	4 324	−763	−4 399	−922	−75	−1 684
1983～1984	4 399	−7 273	−1 314	−2 916	3 085	−10 189
1984～1985	1 426	−1 976	−1 872	666	−446	−1 310
1985～1986	−3 087	7 998	−8 049	−499	−11 135	7 499
1986～1987	−9 743	−35	−575	−608	−10 317	−634
1987～1988	−3 163	−2 970	−1 982	−744	−5 145	−3 713
1988～1989	−8 979	6 808	−5 174	−469	−14 153	6 339
1958～1989	−2 334	4 622	−5 285	−689	−7 618	3 933
总计	49 612	38 261	−158 463	−11 688	−108 851	26 573

注：负号表示冲刷。

每年 9 月至翌年 4 月低温期，府谷至吴堡河段无论是常流量还是洪水均为冲刷，1958～1989 年总计冲刷泥沙 15.8463 亿 t。吴堡至龙门河段有冲有淤，冲多淤少，1958～1989 年总计冲 1.1688 亿 t，冲刷仅为府吴河段的 7.5%，这是因为低温期流量小，府吴河段冲刷量大，进入吴龙河段的含沙量已接近饱和，此外吴龙河段纬度比府吴河段低，低温效应的动力作用不及府吴河段。

张仁等（1998）统计了 1958～1989 年汛期 193 场洪水北干流的冲淤情况。指出了凡在九月份出现的洪水，全河段都是冲刷的，分河段有很少场次是淤积的，其他月份的场次洪水以淤积为主，少数场次洪水是冲刷的。

3.2.5　小北干流低温期的冲刷特性

龙门至潼关河段亦称小北干流，河长 134km，龙门河段比降约为 0.5‰，下段潼关河段比降约为 0.35‰。龙门纬度较潼关高 1°，低温期龙门水温较潼关低，导致低温期龙门河段冲刷，潼关河段淤积。统计分析了三门峡水库建库前 1950～1953 年水文年龙门、华县、河津、状头四站至潼关月均冲淤量，见表 3-13。由表 3-13 可以计算出 10 月至翌年 5 月低温期，四站至潼关年均冲刷 0.8727 亿 t，该时段流量不大，必然出现黄河下游小水带粗沙，造成淤积，这与黄河下游非汛期年均淤积 0.71 亿 t 泥沙的结果是一致的；6～9 月四站至潼关年均淤积 2.249 亿 t，汛期有大水却不能发挥输沙入海的作用。1950～1953 年水文年的资料表明，潼关—三门峡河段年均冲刷 1.117 亿 t 泥沙，非汛期年均冲刷 0.6069 亿 t 泥沙。三门峡基岩使潼关至三门峡不可能持续冲刷也不可能持续淤积，区间只有小支流宏农河汇入，故潼关—三门峡河段不可能年产 1.117 亿 t 泥沙，非汛期更不能产

0.6069 亿 t 泥沙，合理的解释只能是受测沙仪的局限，潼关站缺测了推移质输沙量，漏测了临底粗沙，缺测的和漏测的推移质沙量在三门峡河段转化为悬移质被陕县站测到。

表 3-13　1950～1953 年龙华河状四站至潼关月均冲淤量　（单位：亿 t）

时段	站名	9月	10月	11月	12月	1月	2月	3月	4月	5月	6月	7月	8月
1950 年 9 月	四站 W_s	2.017	1.228	0.460	0.039	0.025	0.040	0.135	0.239	0.270	0.249	1.564	6.111
～	潼关 W_s	1.810	1.649	0.582	0.114	0.112	0.143	0.203	0.260	0.246	0.216	1.101	4.079
1951 年 8 月	ΔW_s	0.207	-0.421	-0.122	-0.075	-0.087	-0.103	-0.068	-0.021	0.024	0.033	0.463	2.032
1951 年 9 月	四站 W_s	1.490	0.714	0.170	0.027	0.012	0.024	0.075	0.379	0.591	0.210	2.794	2.123
～	潼关 W_s	1.858	0.941	0.333	0.134	0.085	0.103	0.179	0.524	0.634	0.191	1.852	2.096
1952 年 8 月	ΔW_s	-0.368	-0.227	-0.163	-0.107	-0.073	-0.079	-0.104	-0.145	-0.043	0.019	0.942	-0.273
1952 年 9 月	四站 W_s	1.153	0.162	0.113	0.012	0.009	0.019	0.099	0.065	0.100	0.443	3.632	12.97
～	潼关 W_s	1.141	0.435	0.258	0.106	0.093	0.083	0.242	0.091	0.087	0.356	2.348	10.42
1953 年 8 月	ΔW_s	0.012	-0.273	-0.145	-0.085	-0.084	-0.064	-0.143	-0.026	0.013	0.087	1.284	2.55
1950 年 9 月 ～ 1953 年 8 月	$\Sigma \Delta W_s$	-0.149	-0.921	-0.430	-0.267	-0.244	-0.246	-0.315	-0.192	-0.006	0.139	2.689	4.309

注：负号表示冲刷。

表 3-13 代表自然情况下的河段冲淤量，每年 6～9 月高温洪水期特别是高含沙洪水引起小北干流淤积，10 月至翌年 5 月低温期的低温效应使小北干流冲刷，冲起的泥沙部分淤在潼关河段，使潼关高程抬高，部分通过陕县站输往下游，形成下游小水带大沙的局面，是黄河下游河道游荡、河道状况变坏的原因之一。

表 3-14 为三门峡水库蓄清排浑运用期间四站至潼关至三门峡站的冲淤量。可见 1975～1980 年、1980～1985 年、1985～1990 年四站至潼关的冲淤规律相同，即 10 月至翌年 5 月的低温非汛期冲，6～9 月高温汛期淤。1980～1985 年四站至潼关汛期、非汛期均为冲刷，与自然情况下和 1975～1980 年、1985～1990 年的非汛期冲汛期淤的情况不同，这是由于 1980～1985 年丰水年多的原因。三门峡建库后潼关至三门峡冲淤特征与建库前不同，但三个时段的冲淤特征是相同的，这是因为非汛期蓄水所致。

人们原本想既然非汛期下游河道淤积的 0.7 亿 t 粗沙是因为下游非汛期流量小造成的，那么三门峡水库非汛期蓄水将这些粗沙暂时拦截淤在库内，在汛期水库排沙时，因下泄的流量大，可排沙入海，缓解下游的淤积。实践证明，汛期排沙时，非汛期淤在库内的粗沙集中下泄，再加上来水挟带的泥沙，挟沙水流含沙量已处于超饱和状态，而下游又没有富余挟沙力，因此不可能将全部泥沙排入大海，而是主要淤积在高村以上的游荡河段。

表 3-14　1975~1990 年四站至潼关至三门峡站冲淤量

时段	水文站	10 月~翌年 5 月总 W_s	10 月~翌年 5 月年均 W_s	6~9 月 总 W_s	6~9 月 年均 W_s	总 W_s	年均 W_s
1975 ~ 1980 年	龙、华、河、状四站	4.9845	0.9969	59.868	11.9736	64.8525	12.9705
	潼关	7.4848	1.4970	55.693	11.1386	63.1778	12.6356
	三门峡	1.1943	0.2389	63.992	12.7984	65.1863	13.0373
	四站—潼关	−2.5003	−0.5006	4.175	0.835	1.6747	0.3349
	潼关—三门峡	6.2905	1.2581	−8.299	−1.6598	−2.0085	−0.4017
1980 ~ 1985 年	龙、华、河、状四站	6.3291	1.2648	34.3648	6.8730	40.6939	8.1388
	潼关	7.7334	1.5467	34.636	6.9272	42.3694	8.4739
	三门峡	1.7112	0.3422	45.974	9.1948	47.6852	9.5370
	四站—潼关	−1.4043	−0.2809	−0.2712	−0.0542	−1.6755	−0.3351
	潼关—三门峡	6.0222	1.2044	−11.338	−2.2676	−5.3158	−1.0632
1985 ~ 1990 年	龙、华、河、状四站	6.6134	1.3227	34.6369	6.9274	41.2503	8.2501
	潼关	8.3898	1.6780	28.7416	5.7483	37.1314	7.4263
	三门峡	1.6889	0.3378	35.8752	7.1751	37.5641	7.5128
	四站—潼关	−1.7764	−0.3553	5.8953	1.1791	4.1189	0.8238
	潼关—三门峡	6.7009	1.3402	−7.1336	−1.4267	−0.4327	−0.0865

注：负号表示冲刷。

北干流及小北干流的上段龙门河段低温期冲、高温期淤，这种对泥沙的时空调节作用，造成黄河下游小水淤积的严重局面。低温期何以能冲约 0.7 亿 t 的泥沙下泄。联解水流运动方程、连续方程、双值挟沙力公式，可得出口断面输沙率 Q_s（曹如轩，2006）为

$$Q_s = \frac{k'}{gn^{2.4}\omega_{ms}\eta^3 B^{0.6}} Q^{1.6} J^{1.2} = KQ^{1.6}J^{1.2} \qquad (3\text{-}4)$$

式中，Q 为流量；J 为比降；ω_{ms} 为沉速；n 为糙率；B 为河宽；g 为重力加速度；k' 为系数；$\eta = \dfrac{U}{U-U_0}$，η 是代表初始条件下水流动力比系数；U 是初始条件下相应流量的平均流速；U_0 为挟动流速，冲刷时 U_0 取床沙的起动流速 U_K 或扬动流速 U_S，淤积时 U_0 取悬沙的止动流速 U_H。$d > 0.04$mm 的泥沙 $U_S > U_H$，因而 η 值体现了冲淤的差别及冲刷挟沙力小于淤积挟沙力的"双值"理念。

为反映河道不平衡输沙理念，式（3-4）中根据实测资料考虑上站含沙量 $S_{\text{上}}$，这样式（3-4）可改写为

$$Q_s = KQ^{1.6}J^{1.2}S_{\text{上}}^{0.8} \qquad (3\text{-}5)$$

为比较潼关站低温期输沙率和高温期输沙率的大小，以"龙、华、河、状"四站为进口，潼关站为出口，根据 1980~1990 年的 6 年资料点绘 Q_s 与 $KQ^{1.6}J^{1.2}S_{\text{上}}^{0.8}$ 的关系，见图 3-6。可看出，包括桃汛期洪水在内的低温期 Q_s 点子分布在 45°线

旁侧，而高温期 6 月、7 月、8 月尽管流量大，但 Q_s 点子在 45°线下方，说明相同水流条件下，低温区输沙率大。

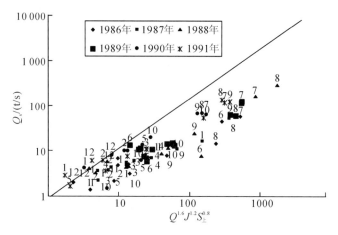

图 3-6　潼关站 Q_s 与 $KQ^{1.6}J^{1.2}S_{\pm}^{0.8}$ 的关系

潼关站非汛期各月的输沙特性有所不同，李保如（1994）认为，潼关非汛期水沙主要来自龙门，且含沙量较小，龙华河状四站至潼关为冲刷状态，潼关的输沙率可以不考虑不同的水沙来源与四站的来沙系数。但由于非汛期有畅流期及封冻期，因此，需要根据各月的具体情况确定计算关系式的系数和指数。戴明英也指出，潼关非汛期月输沙量的计算关系式中的系数和指数应按月选取。这实际上是说明 12 月、1 月、2 月水温最低，低温效应最强，月均输沙率或月输沙量最大。

3.2.6　黄河下游低温期输沙特性

图 3-7 为三门峡蓄清期高村以上冲刷量与来水量关系（赵业安等，1998）。可见，桃汛前和桃汛期的点子均位于桃汛后之上，说明了低温效应的作用。桃汛前、桃汛期水温低于桃汛后，在相同来水量的情况下，对 $d \leqslant 0.1mm$ 的泥沙，桃汛前桃汛期的冲刷量大于桃汛后冲刷量。唯有 $d \geqslant 0.1mm$ 的点，桃汛前、桃汛期、桃汛后混杂在一起，这是因为三门峡水库防凌蓄水，12 月、1 月、2 月下泄流量很小，不少天数下泄流量不足 $100m^3/s$，流量小、泥沙粗、水流流速小于扬动流速 U_S，所以混杂在一起。

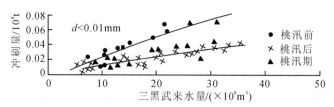

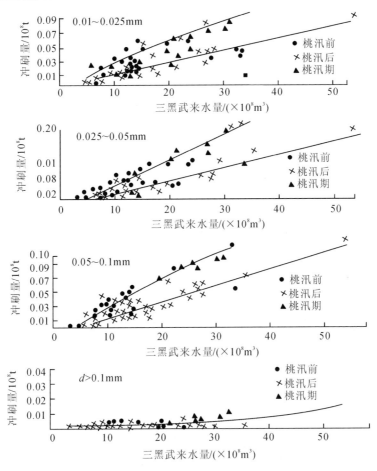

图 3-7　三门峡蓄清期高村以上冲刷量与来水量关系

3.3　塑就低温输沙特性的机理

相同水流条件下低温期河道输沙率较高温期大、输送的粒径较高温期粗，分析其机理对水库防凌调度、节约排沙水量以及泥沙的利用均有意义。

3.3.1　低温效应

根据泥沙运动基本理论，冲积河流水流挟沙力并非单值，应是双值的，并非有一流速就有相应的挟沙力，这是因为决定泥沙运动状态的临界流速是不同的。

河床上静止的泥沙要做推移运动，水流流速 U 应大于泥沙起动流速 U_K；泥沙要扬起悬浮水中，水流流速 U 应大于泥沙的扬动流速 U_S；水流挟带的泥沙要落淤，水流流速 U 应小于泥沙的止动流速 U_H。因而，习用的单值挟沙力公式中

的水流流速 U 应以 $(U-U_0)$ 代替，物理图形才清晰。故存在三种挟沙力、两种挟沙力双值关系，即起动与止动、扬动与止动双值关系。

邓贤艺等（2009）分析实测资料得出的双值挟沙力公式为

$$S_* = K \frac{\gamma_m}{\gamma_s - \gamma_m} \frac{(U-U_0)^3}{gH\omega_{ms}} \tag{3-6}$$

根据管道、水槽实测资料和大禹渡、土城子站实测资料，分析整理后得出以体积比计算的临界淤积挟沙力 S_{vH} 和临界冲刷挟沙力 S_{vK} 的计算式。

$$S_{vH} = 0.0005 \frac{\gamma_m}{\gamma_s - \gamma_m} \frac{(U-U_0)^3}{gH\omega_{ms}} \tag{3-7}$$

$$S_{vK} = 0.0002 \frac{\gamma_m}{\gamma_s - \gamma_m} \frac{(U-U_0)^3}{gH\omega_{ms}} \tag{3-8}$$

式中，S_* 为水流挟沙力；U 为水流流速；U_0 为挟动流速；H 为水深；ω_{ms} 为泥沙群体沉速；γ_s、γ_m 为泥沙、浑水容重；K 为系数。

当泥沙由静止转为悬移运动，在计算冲刷挟沙力时若泥沙粒径 $d < 0.04$mm，因其起动流速 U_K 大于扬动流速 U_S，所以挟动流速应取起动流速；若 $d > 0.04$mm，其扬动流速大于起动流速，所以挟动流速应取扬动流速。悬浮泥沙落淤，U_0 取止动流速 U_H。U_K、U_S、U_H 的简化公式为

$$U_K = \left[1.1 \frac{(0.7-\varepsilon)^4}{d} + 0.43 d^{3/4}\right]^{1/2} R^{0.2} \tag{3-9}$$

$$U_S = (0.66 d^{4/5}\omega^{2/5})^{1/2} R^{0.2} \tag{3-10}$$

$$U_H = (0.0011 + 0.39 d^{3/4})^{1/2} R^{0.2} \tag{3-11}$$

式中，d 为泥沙粒径（mm）；ω 为泥沙沉速（mm/s）；ε 为空隙率，一般可取 0.4~0.5；R 为水力半径；U_K、U_S、U_H 的单位为 m/s。

挟沙力公式中与温度有关的因子为泥沙沉速 ω 和挟动流速 U_0。沉速的计算要考虑沉降所处的流区，层流区沉降阻力为黏滞力，斯托克斯从理论上推导出层流区沉速公式

$$\omega = \frac{g}{18v} \frac{\gamma_s - \gamma}{\gamma} d^2 \tag{3-12}$$

式中，v 为浑水的运动黏滞系数。

介流区沉降的阻力除黏滞力外，还要考虑绕流阻力，两个阻力的比率随粒径 d 及 v 变化，所以介流区沉速尚无理论解。

规范规定介流区沉速公式采用沙玉清公式，沙玉清（1965）引入两个无因次判数即沉速判数 S_a 和粒径判数 ϕ，S_a 是沙粒雷诺数 $\omega d/v$ 及阻力系数的函数，ϕ 是沙粒雷诺数与沉速判数的函数。

$$S_a = \frac{\omega}{g^{1/3}\left(\frac{\gamma_s - \gamma}{\gamma}\right)^{1/3} v^{1/3}} \tag{3-13}$$

$$\phi = \frac{g^{1/3}\left(\dfrac{\gamma_s - \gamma}{\gamma}\right)^{1/3} d}{\upsilon^{2/3}} \tag{3-14}$$

利用精度高的实测资料，在双对数坐标上点绘 S_a、ϕ 的关系，在介流区成一圆弧，其经验方程为

$$(\lg S_a + 3.665)^2 + (\lg \phi - 5.777)^2 = 39 \tag{3-15}$$

利用式（3-15）在求 ω 或 d 时，就不需试算。

紊流区沉降黏滞阻力可以忽略，阻力为绕流阻力，阻力系数为常数，沉速与水流黏滞系数无关，沉速公式为

$$\omega = 1.72\sqrt{\frac{\gamma_s - \gamma}{\gamma} g d} \tag{3-16}$$

表 3-15 为沙玉清联解不同流区沉速公式的界限值表。

表 3-15　沉速流区界限值

判数	层流区	介流区	紊流区
S_a	<0.1342	0.1342～13.83	>13.83
ϕ	<1.554	1.554～61.68	>61.68
Re_d	<0.2085	0.2085～853.0	>853.0

水的运动黏滞系数 υ 与温度 t（℃）的关系为

$$\upsilon = \frac{0.00\,000\,178}{1 + 0.033\,7t + 0.000\,221t^2} \tag{3-17}$$

可见 υ 与 t 并非线性关系，越接近 0℃，υ 值越大。这解释了"水温低于 4℃时影响最大，水温大于 20℃时可忽略影响"的机理。如水温为 1℃时，进入紊流区沉降的临界粒径为 3.52mm，而 $t=23$℃时，进入紊流区沉降的临界粒径为 2.34mm，这正是黄河上、中、下游水文站冬季时泥沙粒径较夏季粗的原因。

低温效应的物理本质表现在以下四个方面。

（1）水温低，水流运动粘滞系数增大，层流区、介流区的沉速减小，导致双值挟沙力公式的分母值减小，挟沙力增大。作跃移运动的推移质，因沉速减小增大了作悬移运动的机会。

（2）水温低，泥沙扬动流速减小，有效流速 $U-U_s$ 增大，导致冲刷挟沙力增大，水温低，泥沙的止动流速计算应对粒径进行温度校正，导致校正后的当量粒径变小，使 $(U-U_H)^3$ 增大，同样导致淤积挟沙力增大。

（3）床面泥沙扬起做悬移运动后，控制其运动的是止动流速 U_H，临淤挟沙力大于临冲挟沙力。

（4）低温效应改变了床面形态，降低阻力。根据沈学文等（1978）的研究成

果，低温使河床为沙垄覆盖的百分数剧减，降低了形状阻力，使动床阻力减小从而提高了流速。图 3-8 为龙门站 1981 年凌洪、夏洪中 v 与 Q 关系，可见同流量下，凌洪流速大于夏洪流速。图 3-9 为 1982 年头道拐站凌洪、夏洪中的 v 与 Q 关系，同流量下，凌洪流速与夏洪流速差值小，这可能是与内蒙古河段开河时水流不完全是畅流仍有流冰有关。同流量下龙门站凌洪流速明显大于夏洪反映了低温效应使动床阻力减小。多年的实测资料表明，龙门、潼关站低温期悬沙 d_{50} 及粗沙含量 $P_{d>0.05}$ 均大于高温期，龙门站水温低于潼关水温，导致龙门河段冲刷，潼关河段淤积，龙门的悬沙粒径比潼关粗。

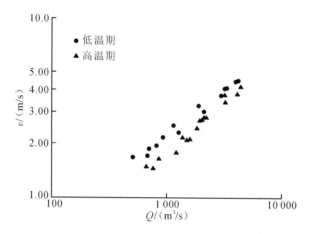

图 3-8　1981 年龙门站凌洪、夏洪 vQ 关系

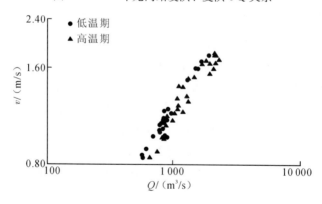

图 3-9　1982 年头道拐站凌洪、夏洪 vQ 关系

3.3.2　沿程增能效应

气温升高河流水温也随之升高，封冻期以冰的形式沿程储存在河槽中的槽蓄水增量被释放，形成凌汛洪水，洪水流量沿程递增。据 1954～2005 年 51 年的资料统计，除了 1957 年因三湖河口上游冰坝溃决，使三湖河口凌峰流量为

1820m³/s 大于头道拐的 1000m³/s 外，其余年份头道拐凌峰均大于三湖河口凌峰。图 3-10 为 1989 年巴彦高勒、三湖河口、头道拐三站凌峰流量、含沙量过程，可见流量沿程递增现象明显，完全不同于夏洪在无区间来水时流量因槽蓄而沿程减小的现象。

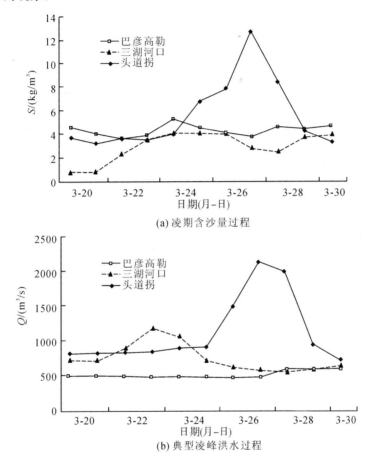

图 3-10　1989 年内蒙河段各站凌峰流量、含沙量过程

单位河长中水流提供的功率或能耗率为 γQJ，在不太长的河段内，河流比降可认为基本不变，所以凌洪沿程递增使 γQJ 沿程增大，而输沙率 Q_s 与 QJ 成正比关系，可见流量沿程递增使输沙率沿程增加是有理论基础的。

河流输沙符合不平衡输沙理论，河段出口断面含沙量 S_0 与河段水流挟沙力 S_*、进口断面含沙量 S_i、泥沙沉速 ω、单宽流量 q 及河段长度 Δl 有关。窦国仁（1963）、张启舜（1980）等从不同角度推导出计算 S_0 的公式为

$$S_0 = S_* + \sum_{k=1}^{n} \Delta p_k e^{\frac{\alpha \omega_k \Delta l}{q}} (S_i - S_*) \tag{3-18}$$

流量沿程递增使含沙量恢复饱和距离增长、S_0 增大，从而使输沙率沿程增大。

凌洪的演进是非恒定缓变流，其连续方程和运动方程为

$$\frac{\partial A}{\partial t}+\frac{\partial Q}{\partial S}=q \tag{3-19}$$

$$Z_1+\frac{U_1^2}{2g}=Z_2+\frac{U_2^2}{2g}+\frac{1}{g}\int_0^{\Delta l}\frac{\partial U}{\partial t}\mathrm{d}l+\overline{J}\Delta l \tag{3-20}$$

凌洪连续方程中，单位长度上的傍侧入流量 q 可近似认为

$$q=\frac{Q_{出}-Q_{进}}{\Delta l} \tag{3-21}$$

沿程傍侧入流各年各时段各地均不同，时空均是随机变量，而且无实测资料，所以要建立凌洪的泥沙数学模型是尚需深入研究的问题。

3.3.3　冻融效应

冻融效应是指气候的日、年和多天变化可能导致特定气候区域地表一定范围内土的冻结和融化现象。河流两岸及滩地的部分土壤空隙间通常会充满水，或说土壤含水量接近饱和，在冬季河流的冻结过程中，冻结的水分因膨胀产生形态变化，使土体发生机械变化，破坏了原有的土体结构，迫使土体松动，降低了土壤强度；随着气温升高，河流进入解冻过程，冻结的土壤融化时，松动的土体因抗剪强度迅速降低而极易被融冰水流挟带。滩上的融冰成水后水流归槽，从而产生溯源冲刷，在河槽两岸，冻结的针状冰消融开河时，河岸产生冲刷，甚至坍岸。这些消融作用产生的大量泥沙可直接被带入河道，提高水流含沙量和输沙率，此即为冻融效应。

3.4　影响低温输沙的次要因素

相同的水流条件下，水温低的水流挟带的泥沙比水温高的粗，输沙率比水温高的大，已为黄河上、中、下游的实测资料所证实，但水温与 d_{50} 之间、Q_s 与水温之间仅是统计关系。所以，把水温作为一个因子包括在输沙方程中是困难的，这也反映了床沙组成、床面形态等对低温输沙有影响。

流速由小到大，床面会发生由静平整、沙纹、沙垄，再至动平整的形态过程，从而影响到输沙率。图 3-11 为摘自文献（洪柔嘉，1983）的以水温为参数的水流平均含沙量 $\overline{C}$ 与流速的关系，可见对于每一水温，随着流速的增大，平均含沙量增大；当流速达到某一值时，平均含沙量达到峰值，且水温低的峰值大；而后流速继续增大，平均含沙量急剧减小。洪柔嘉（1983）认为达到峰值时，床面过渡至动平整形态，紊动减弱致使平均含沙量急剧下降。事实上，冲积平原河流的床沙组成是不均匀的、处于变化中的，取样颗粒分析的重复性低，床沙组成影响到可冲层的厚度，流速增大到一定值后，含沙量剧降应是床

沙粗化的反映。

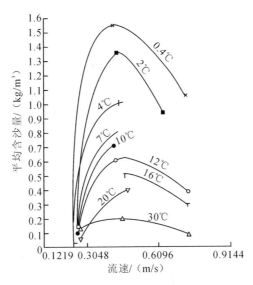

图 3-11　平均含沙量与流速的关系

　　资料分析表明，进入 20 世纪 90 年代，无论是凌峰流量还是凌洪期水量都明显增加，但河段冲刷量却与以往相当，且悬沙粒径细化，乍看起来这种现象与槽蓄水增量大有利于冲刷的动力学机理相悖，其实与近年来暖冬现象有关。统计分析指出，随着冬季气温的升高，11 月至翌年 3 月的水温也在升高，其结果有两个：一个是两岸土壤冻结的范围减小，降低了开河时的冻融效应，冲刷量减小，冲刷效率降低；另一个是水流挟带粗泥沙的能力减弱，悬沙粒径细化。

　　水库调节也对其下游河道的低温输沙有影响，黄河上中游已建水库 20 余座，其中的一些大型水库如刘家峡水库为宁蒙河段承担防凌任务，三门峡、小浪底水库为黄河下游承担防凌任务，在下游河段封冻前下泄较大流量，以保持封冻后冰盖下面有较大的过水面积，开河时则控制下泄流量以减少凌洪流量。宁蒙河段均为沙质河床，每年 11 月、12 月刘家峡水库下泄较大流量，如 1989 年 11 月、12 月下泄平均流量 820m³/s，最大流量分别达到 1940 m³/s、946 m³/s，11 月、12 月水温已处于最佳低温效应输沙水温，但由于 11 月、12 月中流量大于 1000 m³/s 的历时短，石嘴山—巴彦高勒河段虽然发生冲刷，但巴彦高勒以下河段发生淤积。如 1989 年 11 月、12 月中，巴彦高勒以上冲刷 0.1953 亿 t，巴彦高勒以下淤积 0.1316 亿 t，虽然内蒙古河段冲刷量大于淤积量 0.0637 亿 t，但淤积均发生在巴彦高勒以下河段的河槽中，影响之后凌洪的冲刷。表 3-16 为 1989～1990 年非汛期月平均流量、输沙率及冲淤量，表中数据反映出现有的防凌调度尚有改进的问题。

表 3-16　1989～1990 年非汛期月平均流量、输沙率及冲淤量

时间	石嘴山—巴彦高勒			巴彦高勒—三湖河口			三湖河口—头道拐		
	流量 /(m³/s)	输沙率 /(t/s)	冲淤量 /×10⁴t	流量 /(m³/s)	输沙率 /(t/s)	冲淤量 /×10⁴t	流量 /(m³/s)	输沙率 /(t/s)	冲淤量 /×10⁴t
1989 年 11 月	820	4.100	−248.83	852	3.070	266.98	798	1.430	425.09
1989 年 12 月	820	3.740	−238.38	886	3.090	174.10	807	1.410	503.54
1990 年 1 月	629	1.100	83.03	488	0.242	229.81	362	0.093	39.91
1990 年 2 月	700	0.604	255.47	743	0.297	74.27	682	0.306	30.69
1990 年 3 月	605	2.430	−139.28	735	2.210	58.93	969	4.100	−506.22
1990 年 4 月	726	2.580	−57.03	849	2.850	−67.0	807	3.000	−93.91

注：负号表示冲刷。

河床冲刷和河道输沙机理是不同的，窄深断面与宽浅断面相比，前者同流量流速大，水流挟沙力大，有利于输送上段进来的泥沙，但不利于河床冲刷，因为河床底宽小，湿周也小，水流接触河床面积小，大流量无用武之地，反之宽浅的断面，底宽、湿周大，水流接触泥沙机会多，而床沙又在起动、扬动流速低谷区，所以宽浅断面有利于冲刷。1987～2006 年，宁蒙河段最大槽蓄水增量较1954～1987 年增大约 1 亿 m³，凌峰流量也增大约 100 m³/s，但凌洪冲刷量与1987 年相近，河槽萎缩是原因之一。表 3-17 统计了两时段代表年同流量河宽及湿周长度比较，可看出 2006 年巴彦高勒、三湖河口、头道拐站的同流量河宽、湿周都比 1979 年、1983 年的小，所以 1987 年后河道断面萎缩确是凌洪冲刷能力降低的一个原因。

表 3-17　不同年份三站断面湿周比较

日期 （年-月-日）	站名	流量 Q/(m³/s)	水位 Z/m	河宽 B/m	湿周 P/m	差值	
						河宽/m	湿周/m
1979-4-19	巴彦高勒	717	1050.12	401	403.8	−19	−17.7
2006-4-18		716	1051.33	382	388.1		
1979-4-25	三湖河口	893	1017.83	252	256.3	−62	−59.5
2006-6-29		883	1019.52	190	196.8		
1979-3-28	头道拐	1090	987.51	379	388.7	2	−11.5
2006-4-3		1070	987.60	377	377.2		
1983-4-21	巴彦高勒	1010	1050.23	438	441.2	−95	−94.7
2006-4-9		1100	1051.68	343	346.5		
1983-4-23	三湖河口	1040	1017.90	235	241.6	−45	−44.6
2006-3-31		1040	1019.69	190	197.0		
1983-3-31	头道拐	1390	987.67	443	447.3	−58	−58.2
2006-3-21		1390	987.94	385	389.1		

第4章 粗泥沙运动

4.1 粗泥沙的粒径界定

4.1.1 河道淤积物含量界定法

钱宁、熊贵枢分别统计分析了 1950 年 7 月～1960 年 6 月、1965～1990 年黄河下游河道淤积物粒径组成，见表 4-1。两组数据接近，并提出了 $d=0.05$mm 作为粗沙的界定粒径（张仁等，1998）。

表 4-1　黄河下游不同时段淤积物粒径组成

时段	淤积物粒径组成		
	<0.025mm	0.025～0.05mm	>0.05mm
1950～1960 年（钱宁）	17.8%	33.0%	49.1%
1965～1990 年（熊贵枢）	15.5%	34.7%	49.8%

徐建华等（2000）整理了 1975 年以前黄河粗泥沙界限历年成果，见表 4-2。可见以 $d>0.05$mm 作为粗泥沙界限主要依据黄河下游主槽淤积物中，该粒径含量占大多数的观点。也就是说黄河粗泥沙应包括以下含义：首先，泥沙是来自上、中游水土流失地区；其次，经水流输移，一部分淤积在三门峡水库及其下游河槽中；最后，淤积物中粗颗粒泥沙应占大多数。研究黄河粗泥沙的目的是要找到对三门峡库区及下游淤积特别严重的粗泥沙的主要来源区，并进行重点治理。徐建华等正是按照这样的观点，通过在三门峡库区、下游主槽及滩地取样分析其粒径组成（表 4-3～表 4-7），得出 $d>0.05$mm 的泥沙库区占 69.7%、下游河道占 74.7%，从而将 $d=0.05$mm 作为粗泥沙的界定粒径。

潘贤娣等（2006）统计分析了黄河下游不同水沙条件下河床冲淤情况和淤积物组成变化。结论为：来沙中 $d<0.025$mm 的约占 50%、$0.025<d<0.05$mm 的约占 25%、$d>0.05$mm 的约占 25%，其中 $d>0.1$mm 的仅占 4% 左右；淤积量中 $d<0.025$mm 的约占 15%、$0.025<d<0.05$mm 的约占 30%、$d>0.05$mm 的约占 55%，其中 $d>0.1$mm 的仅占 17% 左右；从淤积比看，$d<0.025$mm 的仅为 5%、$0.025<d<0.05$mm 的为 20%、$d>0.05$mm 的为 50%，其中 $d>0.1$mm 的为 80%，见表 4-8 和图 4-1。可看出 $d>0.1$mm 的泥沙占全沙的百分数

最小，但淤积比最大，分别为 76%、87%。$d>0.05\mathrm{mm}$ 的泥沙占全沙的百分数比 $d=0.05\sim0.1\mathrm{mm}$ 的大 4%，而淤积比则大 6%~8%。这说明 $d>0.05\mathrm{mm}$ 的泥沙来量比 $d<0.05\mathrm{mm}$ 的小得多，可淤积比却是最大的，因而认为应以 $d=0.05\mathrm{mm}$ 作为粗泥沙的界定粒径。

表 4-2　1975 年以前黄河粗泥沙界限历年成果

编号	作者	年份	粗泥沙界限/mm	主要依据或简要说明	资料来源
1	赵业安	1965	0.03	1950 年 1 月至 1958 年 12 月，下游平均淤积 3.41 亿 t，其中造床质为 2.36 亿 t（占 69%），非造床质 1.05 亿 t（占 31%）	①
2	中国科学院地理研究所地貌室黄土组	1965	0.03	黄河中游的水利工程建筑，受大量泥沙淤积危害，根据水文测验资料分析，落淤于这些建筑物以及下游河道中的泥沙，主要是 $d\geqslant0.03\mathrm{mm}$ 粒径的颗粒，小于此粒径的颗粒，多随洪水泄走，我们将这部分落淤泥沙称为"粗颗粒"泥沙	②
3	黄委会规划办公室三门峡分析组	1965	0.025	"……河道挟沙能力系指粗沙而言，而对于细沙（$d\leqslant0.025$）则是不起作用的，即为非造床质，而起作用的粗沙，为造床质。"但修建蓄水工程后，就不能这样简单认识了……	③
4	黄委会规划办公室粗泥沙来源组	1965	0.025	为减少下游河道的淤积，应在中上游控制一部分泥沙，就防止下游河道淤积恶化来说，应着重减少粗沙的来量，我们将悬移质中 $d\geqslant0.025\mathrm{mm}$ 的泥沙称为粗泥沙	④
5	南京大学地理系	1965	0.025	技术组统一规定以 0.025mm 为粗泥沙界限	⑤
6	黄委会水科所、水电部十一局、清华大学	1975	0.05	（1）依据黄河下游 20 世纪 50 年代来水来沙及排沙情况表认为，进入三门峡以下 $d\geqslant0.05\mathrm{mm}$ 以上的泥沙，一半以上淤在河道里 （2）依据黄河下游滩槽物质组成表认为：在主槽中，特别是淤在主槽深处的泥沙，极大部分是 $d\geqslant0.05\mathrm{mm}$ 的粗颗粒泥沙，在滩地上，由于河道摆动，在较深的地层内，粗颗粒也占一半以上	⑥

注：①黄河的输沙规律及治理问题的初步讨论，1965 年 5 月；
②延河流域粗颗粒泥沙来源的初步研究，1965 年油印本［黄委会资料室借阅号 A14-2（2）-1］；
③泾、渭河粗细沙及排沙能力分析，1965 年元月草稿（黄委会资料室借阅号 B16-124）；
④黄河流域粗泥沙来源及控制的若干问题，1965 年草稿；
⑤黄河中游无定河、窟野河、黄甫川与浑河地区粗颗粒泥沙来源问题调查报告，1965.9 油印本［黄委会资料室借阅号 A3-1（2）-26］；
⑥黄河泥沙研究报告选编（第一集）"黄河流域不同地区来水来沙对黄河下游冲淤的影响"，1978 年铅印本。

表 4-3 黄河下游淤积物粗泥沙含量分析

河段	分类	1950 年 7 月～1993 年 10 月 总淤积量/亿 t	$d \geqslant 0.05$mm 泥沙含量/%		$d \geqslant 0.025$mm 泥沙含量/%	
			1996 年取样	历年河床质	1996 年取样	历年河床质
铁谢 | 花园口	主槽	−1.01	74.1	76.0	92.6	93.5
	滩地	8.02	38.8	38.8	69.9	69.9
	全断面	7.01	33.7	33.4	66.6	66.5
花园口 | 夹河滩	主槽	4.30	30.9	74.2	69.2	92.9
	滩地	9.85	33.1	33.1	65.5	65.5
	全断面	14.15	32.4	45.6	66.6	73.8
夹河滩 | 高村	主槽	3.55	30.5	73.5	81.2	91.8
	滩地	14.08	37.1	37.1	71.2	71.2
	全断面	17.63	35.8	44.4	73.2	75.3
高村 | 孙口	主槽	2.10	46.3	75.0	85.4	92.5
	滩地	14.48	33.9	33.9	71.1	71.1
	全断面	16.58	35.5	39.1	72.9	73.8
孙口 | 艾山	主槽	2.55	42.4	73.4	87.4	92.5
	滩地	3.78	32.1	32.1	71.2	71.1
	全断面	6.33	36.2	48.7	77.7	73.8
艾山 | 泺口	主槽	2.78	40.3	73.8	75.6	92.4
	滩地	2.70	40.4	40.4	74.6	71.2
	全断面	5.48	40.3	57.3	75.1	79.7
泺口 | 利津	主槽	3.78	46.5	76.3	80.8	92.5
	滩地	4.95	29.7	29.7	66.2	74.6
	全断面	8.73	37.0	49.9	72.5	78.0
花园口 | 利津	主槽	19.06	38.5	74.4	78.9	92.6
	滩地	49.84	34.4	34.4	69.7	69.7
	全断面	68.90	35.6	45.5	72.3	76.1
铁谢 | 花园口	主槽	18.05	36.5	74.3	78.1	92.6
	滩地	57.86	35.0	35.0	69.8	69.8
	全断面	75.91	35.4	44.4	71.7	75.2

表 4-4 三门峡库区淤积物粒径分析汇总   （单位:%）

平均粒径		部位	60 年代	70 年代	80 年代	1996 年	平均值
潼关以上	$\geqslant 0.025$mm	滩地	92.1	85.4	83.8	82.7	86.0
		主槽	98.1	96.9	91.7	92.6	94.8
		渭河	57.8	55.0	34.2	30.0	44.2
		北洛河	68.6	61.3	54.4	50.0	58.6
		平均	82.3	78.6	69.6	68.0	74.6
	$\geqslant 0.05$mm	滩地	60.6	57.1	57.6	59.9	58.8
		主槽	76.6	81.9	73.3	66.9	74.7
		渭河	23.2	17.6	13.0	12.0	16.5
		北洛河	31.4	29.0	21.4	18.0	24.9
		平均	52.8	51.6	47.2	45.4	49.3

续表

平均粒径		部位	60 年代	70 年代	80 年代	1996 年	平均值
潼关以下	≥0.025mm	滩地	73.5	61.4	58.7	56.3	62.5
		主槽	80.0	83.2	77.1	68.6	77.3
		平均	74.1	63.6	60.6	57.6	64.0
	≥0.05mm	滩地	37.0	29.8	28.7	21.6	29.3
		主槽	58.5	64.6	51.4	30.2	51.2
		平均	39.1	33.3	30.9	22.5	31.5
三门峡库区	≥0.025mm	平均	78.4	71.5	65.3	63.1	69.6
	≥0.05mm	平均	46.4	42.9	39.5	34.6	40.9

注：根据文献黄河三门峡水利枢纽运用与研究（杨庆安、龙毓骞、缪凤举主编。河南人民出版社，1995），按各河段冲淤量和滩槽淤积量加权，系数为：

①潼关以上平均计算方法：0.645×（滩地＋河槽）/2＋0.312×渭河＋0.043×北洛河；

②潼关以下平均计算方法：滩地×0.9＋河槽×0.1；

③库区平均计算方法：潼关以上平均×0.53＋潼关以下平均×0.47；

④渭河、北洛河计算方法：滩地×0.9＋主槽×0.1；

⑤渭河、北洛河 90 年代借用 1985～1989 年平均值。

表 4-5　小浪底以下淤积物粗泥沙含量分析

断面号	断面名	间距/km	$d \geqslant 0.05$mm 泥沙含量/%			$d \geqslant 0.025$mm 泥沙含量/%		
			滩地	水边	主槽	滩地	水边	主槽
26	小浪底		45.8	100		84.8	100	
27	洛阳桥	30.0	49.2	82.0		86.9	94.2	
25	大玉兰	35.0	37.6	86.7		79.7	97.2	
24	驾部	28.0	34.1	54.3		53.0	88.1	
23	花园口	35.0	27.2	47.4		45.3	83.4	
1	万滩	29.5	40.5	23.8		70.1	35.1	
2	辛庄	23.2	34.7	36.1		73.2	83.3	
3	古城	30.6	25.4	20.5		65.3		
4	夹河滩	22.1	37.5	26.6		73.4	74.9	
5	大王寨	30.2	20.5	39.1		51.4	86.9	
6	李连庄	24.5	42.3	25.1		76.3	78.6	
7	高村	24.5	48.3	31.2		83.5	84.4	
8	尹庄	38.8	23.6	13.9		60.1	58.7	
9	桑庄	30.5	36.6	80.9		79.1	97.5	
10	杨楼	31.9	30.0	65.5		63.6	97.4	
11	孙口	33.3	31.1	39.9		69.0	88.8	
12	陶城铺	32.2	25.5	38.1	80.5	62.4	85.7	97.7
13	艾山	30.9	39.6	49.2	31.1	82.2	87.8	75.3
14	李营	33.8	26.1	37.9	56.8	65.6	56.1	65.3

续表

断面号	断面名	间距/km	$d\geqslant 0.05$mm 泥沙含量/%			$d\geqslant 0.025$mm 泥沙含量/%		
			滩地	水边	主槽	滩地	水边	主槽
15	豆腐窝	45.4	36.2	49.7	27.3	64.3	94.7	76.4
16	泺口	28.6	59.8	22.4	48.1	86.3	64.9	83.9
17	吴家寨	38.4	16.2	25.2	—	61.1	73.4	—
18	连五庄	45.2	22.2	21.4	68.2	60.5	62.6	84.0
19	王家庄	46.4	17.3	43.1	62.5	52.8	87.2	92.8
20	利津	44.1	33.0	49.7	77.8	70.5	83.3	94.9
21	垦利	25.8	39.3	66.1	23.6	79.7	95.8	58.0
22	建林	23.0	9.8	64.0	—	42.1	88.6	—
平均值	—	—	33.0	45.9	57.7	68.0	81.3	85.4

表 4-6　黄河下游历年各站河床质粒径组成分析成果

站名	大于某粒径（mm）的泥沙含量/%								资料时段
	0.005	0.01	0.025	0.05	0.1	0.25	0.5	1.0	
花园口	99.2	98.4	93.8	77.6	40.3	6.7	0.5	0.0	1952~1990 年
夹河滩	99.3	98.4	91.9	71.5	31.3	3.6	0.2	0.0	1963~1990 年
高村	98.1	97.3	91.8	75.5	30.8	2.5	0.0	0.0	1963~1990 年
孙口	99.2	98.4	94.0	75.2	21.4	0.3	0.0	0.0	1965~1990 年
艾山	97.9	96.6	90.9	71.5	18.0	0.2	0.0	0.0	1959~1990 年
泺口	98.3	97.5	93.3	75.9	19.9	0.2	0.0	0.0	1956~1990 年
利津	99.0	97.7	92.9	75.9	16.4	0.1	0.0	0.0	1963~1990 年
平均值	98.7	97.7	92.6	74.7	25.4	1.9	0.1	0.0	—

表 4-7　花园口滩地淤积物取样颗粒分析成果

地表以下 深度/m	大于某粒径（mm）的泥沙含量/%					
	0.005	0.01	0.025	0.05	0.10	0.25
0.0~0.5	78.2	67.8	51.2	16.5	4.0	0
0.5~1.0	92.3	90.0	75.1	50.2	0.4	0
1.0~1.5	74.1	61.9	32.2	15.8	0.1	0
1.5~2.0	85.1	78.1	55.0	46.6	4.6	0
2.0~2.5	48.1	23.5	13.0	9.3	1.6	0
平均值	75.6	64.3	45.3	27.7	2.1	0

表 4-8　黄河下游不同时期分组泥沙冲淤量、冲淤比

时段	粒径组/mm	来沙量/亿 t	占全沙量/%	冲淤量/亿 t	占全沙冲淤量/%	冲淤比/%（冲淤量/来沙量）
1950 年 7 月 ～ 1960 年 6 月	<0.025	9.66	54	0.53	15	5
	0.025～0.05	4.61	26	1.22	34	26
	0.05～0.1	2.96	16	1.34	37	45
	>0.1	0.68	4	0.52	14	76
	>0.05	3.64	20	1.86	51	51
	全沙	17.91	100	3.61	100	20
1964 年 11 月 ～ 1990 年 10 月	<0.025	6.25	50	0.31	14	5
	0.025～0.05	3.20	26	0.51	24	16
	0.05～0.1	2.44	20	0.91	43	37
	>0.1	0.47	4	0.41	19	87
	>0.05	2.91	24	1.32	62	45
	全沙	12.36	100	2.14	100	17

　　由以上各表可看出，黄河下游 $d>0.05$mm 含量的百分比相差也较大，更不用说不同地域河流的。如黄河上游宁蒙河段床沙主体粒径是 $d=0.08$mm 的泥沙，为此有学者认为，按床沙含量占大多数的观点，黄河上游粗泥沙界定值可定为 0.08mm，下游则可定为 0.05mm。

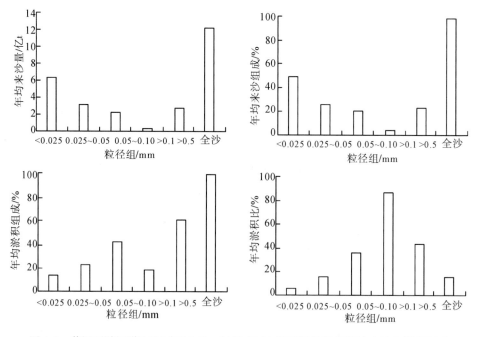

图 4-1　黄河下游河道 1964 年 11 月～1990 年 10 月不同粒径组泥沙来沙和淤积组成

4.1.2　河流动力学界定法

张红武等（2008）根据河流动力学原理从描述泥沙运动特性和异质粒子与紊流跟随性两个角度，分别对黄河粗泥沙的理论界定进行了分析研究，推导出粗细泥沙的分界粒径公式为

$$D_m = 0.198\frac{u_*^2}{g} \tag{4-1}$$

取黄河下游造床流量相应水深为 2m，比降为 0.19‰，由公式（4-1）得出 $D_m = 0.0747\text{mm}$。张红武等（2008）用异质粒子与紊流跟随性界定法，按天然河道常见紊动频率范围 10～300Hz，计算出不同粒径泥沙跟随度与频率的关系，见图 4-2。可看出，0.1mm、0.075mm、0.05mm 和 0.025mm 四个粒径泥沙的粒径差值均为 0.025mm，前三个粒径泥沙跟随度与频率的变化规律是一致的，而 0.025mm 粒径泥沙的跟随度与频率变化规律与前三个不同。从黄土高原进入黄河下游、粒径大于或等于 0.075mm 的泥沙多难以被水流直接输送入海；粒径小于 0.075mm 的泥沙则易在水流中悬浮被输送入海。因而提出黄河中游划分粗细泥沙的临界粒径为 0.075mm。

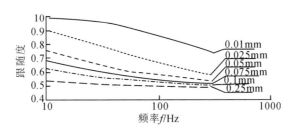

图 4-2　不同粒径泥沙跟随度与频率的关系

4.1.3　泥沙运动形态界定法

河流泥沙颗粒大小相差可达百万倍，河流上游可见粒径几米的蛮石、顽石，河流中下游泥沙粒径细化，细的如胶泥粒径仅为 0.001mm。水利工程中涉及的泥沙问题，泥沙粒径多在泥、沙和砾石、卵石范围。

沙玉清（1965）依据泥沙的颗粒大小、沉降规律、运动状态等最基础的性质对泥沙作出了分类命名，见表 4-9。表中对泥沙的运动状态作了描述，$d <$ 0.04mm 的泥沙只能作悬移运动，$d > 0.04\text{mm}$ 的泥沙既可作悬移运动，也可作推移运动，运动状态与水力因子有关。即使是卵石，只要有足够的水流强度，也可以作悬移运动。沙玉清在分析研究了泥沙的起动、扬动和止动流速的相互关系后，阐明了泥沙所处运动状态的机理。

表4-9　泥沙分类命名表

粒径/mm	名称		粒级	流区	悬移质或推移质	观察	分析法	粒径判数/mm
0.001~0.002	细	胶泥	泥	层流区	悬移质	显微镜	水析法	0.025~0.05
0.002~0.004	中							0.05~0.1
0.004~0.01	粗							0.1~0.25
0.01~0.02	细	泥						0.25~0.5
0.02~0.04	中							0.5~1
0.04~0.1	粗							1~2.5
0.1~0.2	细	沙	沙	介流区	推移质	肉眼	筛析法	2.5~5
0.2~0.6	中							5~15
0.6~2	粗							15~50
2~6	细	砾	砾	紊流区				50~150
6~20	粗							150~500
20~60	小	卵石					尺量	500~1500
60~200	大							1500~5000

　　沙玉清得出的水深为1m时的起动流速U_{K1}、扬动流速U_{S1}和止动流速U_{H1}的计算式为

$$U_{K1}^2 = \left[5 \times 10^9 (0.7 - \varepsilon)^4 \left(\frac{\delta}{d}\right)^2 + 200 \left(\frac{\delta}{d}\right)^{1/4}\right]\left(\frac{\gamma_s - \gamma}{\gamma} gd\right) \quad (4\text{-}2)$$

$$U_{S1}^2 = 280 \left(\frac{\gamma_s - \gamma}{\gamma} gd\right)^{4/5} \omega^{2/5} \quad (4\text{-}3)$$

$$U_{H1}^2 = \frac{3}{4}\left[5000 \left(\frac{\delta}{d}\right) + 180 \left(\frac{\delta}{d}\right)^{1/4}\right]\left(\frac{\gamma_s - \gamma}{\gamma} gd\right) \quad (4\text{-}4)$$

式中，δ为分子水膜厚度；d为泥沙粒径；g为重力加速度；γ_s为泥沙容重；γ为水容重；ω为泥沙沉速；ε为孔隙率。

　　一般泥沙的容重$\gamma_s = 2650\text{kg/m}^3$、$\gamma = 1000\text{kg/m}^3$、$g = 9.8\text{m/s}^2$、$\delta = 0.0001\text{mm}$，将他们代入以上各式得到简化算式为

$$U_{K1}^2 = 1.1 \frac{(0.7 - \varepsilon)^4}{d} + 0.43 d^{3/4} \quad (4\text{-}5)$$

$$U_{S1}^2 = 0.66 d^{4/5} \omega^{2/5} \quad (4\text{-}6)$$

$$U_{H1}^2 = 0.011 + 0.39 d^{3/4} \quad (4\text{-}7)$$

式中，U_{K1}、U_{S1}、U_{H1}的单位为m/s，d的单位为mm，ω的单位为mm/s。任意水深的U_K、U_S、U_H与U_{K1}、U_{S1}、U_{H1}的关系为

$$U_K = U_{K1} R^{0.2}，\quad U_S = U_{S1} R^{0.2}，\quad U_H = U_{H1} R^{0.2} \quad (4\text{-}8)$$

式中，R为水力半径（m）

　　将稳定淤沙$\varepsilon = 0.4$的$U_{K1} = f_K (d)$、$U_{S1} = f_S (d)$、$U_{H1} = f_H (d)$在对数坐标

上绘成三条曲线如图 4-3 所示，从图中可分析出不同粒径泥沙的运动状态分区。

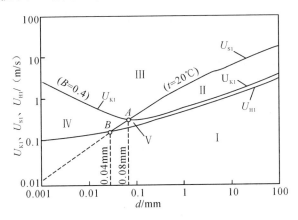

图 4-3　泥沙运动判据的分区

$U_{Kl}=f_K$（d）与 $U_{Sl}=f_S$（d）相交于 A 点，相应的 $d=0.08$mm，$U_{Sl}=f_S$（d）与 $U_{Hl}=F_H$（d）相交于 B 点，相应的 $d=0.04$mm，这样图 4-3 就被划分成 Ⅰ、Ⅱ、Ⅲ、Ⅳ、Ⅴ 五个区域。Ⅰ 区为静止区，泥沙处于静止状态；Ⅱ 区为推移区，泥沙在床面作推移动动；Ⅲ 区为悬移区，泥沙作悬移运动；Ⅳ 区为悬移或静止区，泥沙保持原有的运动状态，原来静止的泥沙仍处于静止状态，原来悬移的泥沙仍处于悬移状态；Ⅴ 区为推移或静止区，泥沙保持原有的运动状态，原来静止的仍处于静止状态，原来推移的泥沙仍处于推移状态。

图 4-3 中 A、B 两点把粒径分成三段。粒径小于 B 点，$d<0.04$mm，$U_{Kl}>U_{Hl}>U_{Sl}$，说明 $d<0.04$mm 的泥沙一起动即悬移，不可能作推移运动；粒径在 A、B 之间 $d=0.04\sim0.08$mm，$U_{Kl}>U_{Sl}>U_{Hl}$，原来河床上静止的泥沙，当流速加大，起动后即悬浮，原来悬移的泥沙当流速减小至小于扬动流速后，就作推移运动，流速减小至小于止动流速后，泥沙就进入静止状态；粒径大于 A 点 $d>0.08$mm，$U_{Sl}>U_{Kl}>U_{Hl}$，泥沙起动后作推移运动，流速大于扬动流速后，泥沙作悬移运动。

$U_{Sl}=f_S$（d）与 $U_{Hl}=f_H$（d）的交点 B 基本是固定的，而 $U_{Sl}=f_S$（d）与 $U_{Kl}=f_K$（d）的交点，由于 U_{Kl} 与孔隙率有关而有所变化，所以按泥沙的运动状态来界定粗沙的临界值为 $d=0.04$mm，也就是细沙只能作悬移运动，粗沙既可作悬移运动也可作推移运动。

综上所述，考虑到河流泥沙级配的不恒定性、不均匀性，粒径分析结果的低重复性，把 $d=0.05$mm 作为粗泥沙的界定值是合理的。这样既考虑了沙玉清按推悬运动临界粒径 0.04mm 的方法，也考虑了张红武异质粒子跟随度与频率的变化规律中 0.05mm 泥沙与沙玉清有异曲同工之处的方法，也适应冲积平原河道如黄河上、中、下游的淤积物组成，避免了不同河流或同一条河流不同测站资料差异造成的粗沙界定值不同的问题。

4.2　粗泥沙运动的基本规律

4.2.1　推移质与悬移质的区别

1. 运动的规律不同

推移运动与悬移运动所遵循的物理规律是不同的,钱宁介绍了 Bganold,R. A. 的水槽试验结果如图 4-4 所示,图中给出六组水槽试验中以重量计的单宽输沙率 q_T 与水流拖曳力 τ_0 之间的关系,纵横坐标已换算为无量纲形式,τ_c 为泥沙的起动剪力,B 为系数,由图可看出当 $\phi < 0.1$ 时,泥沙运动以推移形式为主,ϕ 与 θ 的关系为(钱宁等,1984;Bagnold,1956)。

$$\phi = 9\theta^{3/2} \tag{4-9}$$

当 $\theta > 0.1$ 时,一部分泥沙作悬移运动,一部分泥沙作推移运动,ϕ 与 θ 的关系即离开式(4-8),说明控制推移运动和悬移运动的基本规律是不同的。

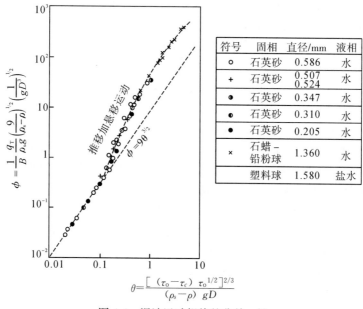

图 4-4　泥沙运动规律的非单一性

2. 能量来源不同

推移质运动直接消耗水流的能量,悬移质运动能量取自紊动能,紊动能是水流已经消耗掉的能量的一部分,是水流势能最后转化为热能的过渡形式。大尺度的漩涡就是紊动能的形式之一,泥沙悬浮在水中与水流质点有很好的跟随性就要靠水流的紊动能。

3. 对河床作用的不同

悬移质和水流掺混在一起共同前进，这相当于增加了水流的容重，加大了水流的静压力。支持推移质重量的是颗粒间的离散力，离散力通过推移质颗粒最后传递到河床表面的静止颗粒上，使床面颗粒受到一个向下的压力，其数值等于床面以上水体中推移质的浮重。

悬移质增加了水流的容重，加大了水体的静水压力；推移质增加了河床表面的压力，加大了河床的稳定性。所以悬移质影响河床颗粒间的水体，推移质则直接影响颗粒本身。

层移质属推移质范畴，是由钱宁、王兆印首次提出的，对于级配较粗、较均匀的床沙，清水冲刷时会以层移质形式出现，例如黄河下游"驼峰"的形成就是在清水冲刷时，流量骤降层移质整体停滞形成。

关于层移质问题，很值得深入研究，上述图形笔者在 20 世纪 60 年代在灞河马渡王水文站看到过。

4.2.2　粗泥沙的运动特性

1. 推移质运动的间歇性

一般水流条件下，沙质河床中推移质运动以顺行沙波运动为主，张瑞瑾（1996）认为沙波的连续性运动是由组成沙波的沙粒的间歇运动构成的。沙粒的间歇性运动由规律性的间歇运动和机遇性的间隙运动构成。规律性间隙运动是沙粒在迎流面处于运动状态，在背流面处于停滞状态，它受到迎流面、背流面水流条件的制约；机遇性间隙是沙粒在迎水面受到所处位置条件和水流脉动条件制约，这两种间歇运动中，规律性间隙运动是主要的。图 4-5 为沙波向前运动示意图，可看出沙粒投入运动及被其他沙粒掩盖的规律性的间隙运动过程。由于沙波向前运动的速度比沙粒在沙波迎流面运动的速度小得多，故沙粒停留的时间比运动的时间长得多。沙粒机遇性间隙运动的停留时间一般较短暂，有可能用统计规律去处理。

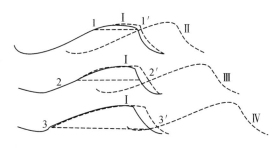

图 4-5　沙波向前运行示意图
沙波 I 间歇运动形成 II，III，IV

　　天然河道中的沙波运动主要是指沙垄，沙垄作为整体，在水下徐徐向前移动。图4-6为黄河花园口河段两次沙垄测验结果，时距3h，从现有资料看，黄河下游游荡河道沙垄的前行速度为90～120m/d。当时水流流量634m³/s，含沙量11kg/m³，可知沙粒停留时间要比运动的时间长得多，作推移质运动的沙粒与水流质点运动没有丝毫跟随性，据此物理图形，可说明作推移运动的粗沙是难以被水流输移入海的。

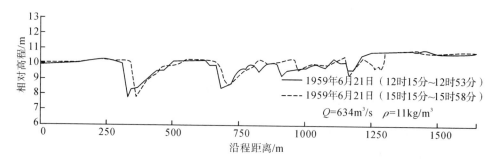

图 4-6　花园口河段沙垄徐徐向前移动的情况

　　若作推移运动的为卵石，则卵石停留时间更长，运动时间几乎可以忽略。图4-7为洮河沟门村站实测的卵石运动过程（钱宁等，1986）。该处卵石中经为3.22cm，卵石停歇时间为3807s，占总历时的96.30%。卵石运动时的绝对速度达到3.16cm/s，若考虑停歇时间在内则平均运动速度仅为0.118cm/s，这说明推移质输沙率实质上决定于泥沙颗粒在运动与静止交换过程中在床面停留的久暂，停歇时间越长，推移质输沙率越小。

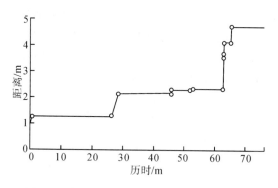

图 4-7　洮河沟门村站卵石推移质的运动过程

　　20世纪50年代，黄河上游头道拐站、中游龙门、潼关站、下游花园口站和支流渭河华县站都观测到推移质输沙量。

2. 推移、悬移状态转换迅速

推移、悬移状态转换与颗粒的扬动、起动和止动之间的对比度有关，表 4-10 为计算的不同粒径的起动、扬动、止动流速；表 4-11 为花园口站实测悬移质级配；表 4-12 为花园口站床沙级配。可看出，$d=0.05\sim0.2$mm 的泥沙起动流速小，相应的起动流速处于起动流速曲线低谷区，$d=0.05\sim0.08$mm 的泥沙起动流速小，扬动流速比起动流速还要小，$d=0.1$mm 的泥沙的扬动流速，虽大于起动流速，但差得很小，说明床沙中大量存在的 $0.05\sim0.1$mm 的泥沙易起动，易悬浮，但悬浮高度小。流速增加，即从推移转为悬移，流速骤降即由悬移转为推移或淤积下来，反映出花园口河段推移、悬移状态转换迅速。

表 4-10　不同粒径的起动、扬动、止动流速

d/mm	0.01	0.02	0.05	0.08	0.10	0.15	0.20	0.50	1.00
U_{K1}/(m/s)	0.95	0.68	0.47	0.42	0.41	0.40	0.42	0.52	0.66
U_{S1}/(m/s)	0.08	0.13	0.27	0.39	0.46	0.62	0.76	1.38	2.10
U_{H1}/(m/s)	0.15	0.18	0.23	0.26	0.28	0.31	0.36	0.49	0.63

表 4-11　花园口站实测悬移质级配

时段	大于 d（mm）的百分数				
	0.025	0.05	0.10	0.25	0.50
1950~1985 年	42.0%	17.7%	3.0%	0.2%	0%

表 4-12　花园口站床沙级配

时段	大于 d（mm）的百分数								
	0.005	0.01	0.025	0.05	0.10	0.15	0.25	0.50	1.0
1952~1990 年	99.2%	98.4%	93.8%	77.6%	40.3%	20.0%	6.7%	0.55%	0%

粗沙的运动特性也并不完全相同。$d=0.04\sim0.08$mm 的泥沙，起动流速大于扬动流速，所以床面静止的泥沙在流速大于起动流速时，即成悬移质运动，在流速减小至小于扬动流速后，即转为推移质运动。推移质运动的厚度仅数倍于泥沙粒径，爱因斯坦认为仅是两倍粒径范围，若转为推移运动的沙量大，则要么河道展宽摆动以尽可能提高推移质输沙率，要么大部分推移质转为床沙。$d>0.08$mm 的泥沙，其扬动流速大于起动流速，沙粒起动后做推移运动，当流速大于扬动流速后，沙粒做悬移运动。表 4-12 中花园口床沙级配中 $d>0.05$mm 的百分数达到 77.6%，花园口河段是游荡的，就是悬移质转为推移质迅速且集中的

结果。

图 4-8 为 1992 年 8 月花园口水文站一场高含沙洪水中流量 Q、含沙量 S、河床最深点高程和横断面随时间的变化，图 4-9 为花园口水文站"92.8"洪水前后断面套绘图。该场洪水从起涨至退落历时约 8 天，是一场较大的洪水，洪峰 Q_m ＝ 6260m³/s，沙峰 S_m ＝ 488kg/m³。由图可见，冲刷历时不足 3 天，主槽在起冲后几小时就冲深约 3m，而回淤也相当迅速，起淤后不足 10h 深槽高程就恢复到冲刷前水平。这场高含沙洪水挟带的泥沙级配组成较粗，其比表面积比级配组成细的高含沙洪水要小得多，虽然沙峰高达 488kg/m³，水流黏性有所增加，但增加值不多，对水流结构和泥沙的沉速影响不太大，因此挟沙力不大，易于饱和，冲淤交替、推移、悬移状态转换迅速。

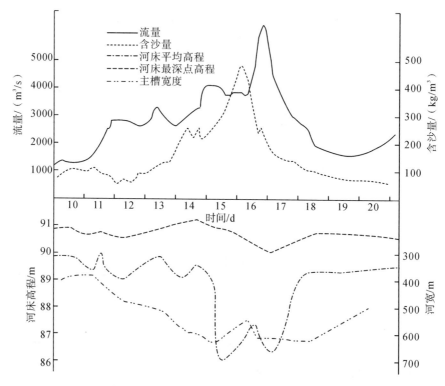

图 4-8　花园口水文站主槽冲刷过程与水沙关系

图 4-10 为花园口站 1961 年 9 月 16 日至 11 月 22 日洪水过程中流量、水面宽和河床最深点高程变化。当时，三门峡水库蓄水，下泄水流含沙量很小，整个下游河道处于冲刷状态。这场洪水的洪峰 Q_m ＝ 6280m³/s，洪水初期河床最深点高程升降幅度小，待洪峰过后立即产生持续淤积，也表现出回淤快的特点。

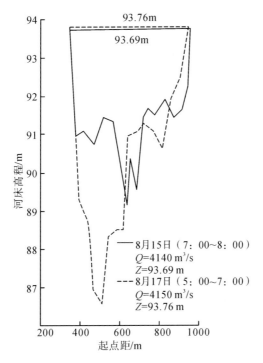

图 4-9　花园口水文站洪水前后断面套绘图

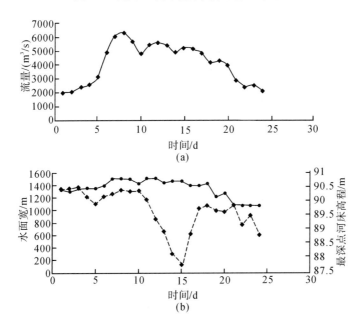

图 4-10　19611019 号洪水花园口站流量、水面宽和最深点河床高程变化过程

图 4-11 为花园口站 1959 年 6 月下旬常流量中河床深槽变化过程，可见深槽没有持续性下降，只有小的起伏，该测次测量了河床的微地貌变化，说明河床有完整沙垄，如图 4-6 所示。根据图中深槽变化的实测资料，比照图 4-4 中的横坐标推求纵坐标值，可判断洪水过程中不同粒径作悬移、推移运动的转换情况。图 4-4 为水槽试验成果，且试验沙为均匀沙，天然河流床沙为非均匀沙，断面不规则，在有沙垄的情况下，在阻力计算中考虑形状阻力与沙粒阻力的划分，采用与沙粒阻力相应的水力半径，还是可以给出合理的结果。

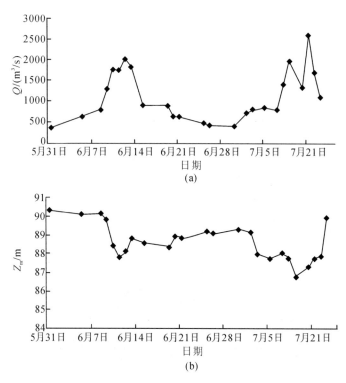

图 4-11　1959 年 6 月花园口站常流量中深槽变化过程

图 4-12 为 1981 年 8 月 19 日至 11 月 4 日黄河上游头道拐站一场较大洪水中水文综合过程和主槽冲淤过程。可见洪水从 8 月 19 日的 $Q=735\text{m}^3/\text{s}$ 起涨，9 月 10 日 $Q=2590\text{m}^3/\text{s}$，9 月 20 日流量达到 $Q=4500\text{m}^3/\text{s}$ 时，河床开始冲刷，至 9 月 27 日 $Q=5100\text{m}^3/\text{s}$ 时，河床最深点冲刷下降约 3.5m，之后流量逐渐减小，河床最深点高程基本维持不变，至 10 月 19 日、10 月 20 日，流量退落至 $Q=2010\text{m}^3/\text{s}$，河床在 2 天内迅速回淤，但未回淤至冲刷前原高程。

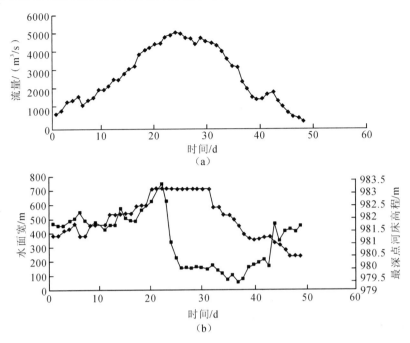

图 4-12 19810925 号洪水头道拐站流量、水面宽和最深点河床高程过程变化

对比上、下游洪水冲刷过程，共同点是只有在较大洪水时才可能发生河床的持续冲刷，这时床沙包括推移质大量的转为悬移运动，水流挟沙若处于超饱和状态则粗沙会淤积一部分，而在一般水流条件下大部分粗沙作推移运动，不会发生河床的持续冲刷。不同点是下游来沙多、回淤快，甚至可恢复到初始状态，上游来沙少，一般不会回淤至冲刷前状态。

一般水流条件下，只有在水库下泄清水时下游会发生强度较大的持续冲刷，下游河道床沙多处于起动流速曲线低谷区，容易起动，但下游河道长约 800km，沿程几无支流汇入增能，所以基本上是冲河南、淤山东。

4.3 来沙组成及含量对河道冲淤的影响

4.3.1 不同水沙条件下游冲淤量变化

根据潘贤娣等（1996）统计的不同时段、不同水沙条件下，黄河下游河道各粒径组泥沙冲淤量，可以计算出相应的淤积比和排沙比，如表 4-13 所示。1950～1960 年可以代表天然情况下的来水来沙条件，汛期各粒径组泥沙均为淤积，不同粒径的淤积比不同，$d>0.05$mm 的粗泥沙淤积比 44.3%，$d<0.05$mm 的泥沙淤积比 15.4%，非汛期 $d<0.025$mm 的泥沙冲刷，其余三个粒径组的均为淤积，

表 4-13　不同水沙条件黄河下游河道冲淤量

时期	泥沙级别/mm	1950~1960年 水量/(×10⁸m³)	沙量/(×10⁸t)	冲淤量/(×10⁸t)	淤积比/%	排沙比/%	1964年11月~1973年10月 水量/(×10⁸m³)	沙量/(×10⁸t)	冲淤量/(×10⁸t)	淤积比/%	排沙比/%	1973年10月~1990年10月 水量/(×10⁸m³)	沙量/(×10⁸t)	冲淤量/(×10⁸t)	淤积比/%	排沙比/%
汛期	<0.025	295.6	8.76	0.865	9.9	—	225.9	6.85	0.53	7.7	—	228.1	5.14	0.70	13.6	—
	0.025~0.05		3.83	1.068	27.9	—		3.19	0.73	22.9	—		2.64	0.55	20.8	—
	0.05~0.10		2.32	0.930	40.1	—		2.50	1.36	54.4	—		1.71	0.48	28.1	—
	>0.10		0.43	0.287	66.7	—		0.43	0.38	88.4	—		0.34	0.30	88.2	—
	全沙		15.43	3.150	20.4	—		12.97	3.00	23.1	—		9.83	2.03	20.7	—
非汛期	<0.025	184.0	0.94	-0.166	—	118	199.4	1.12	-0.17	—	115.2	173.2	0.2	-0.42	—	310
	0.025~0.05		0.77	0.206	26.8	—		0.92	0.23	25.0	—		0.08	-0.27	—	438
	0.05~0.10		0.645	0.444	68.8	—		1.21	0.80	66.1	—		0.06	-0.23	—	483
	>0.10		0.255	0.236	92.5	—		0.27	0.24	88.9	—		0.01	-0.01	—	200
	全沙		2.61	0.720	27.6	—		3.52	1.10	31.3	—		0.35	-0.93	—	366
全年	<0.025	479.6	9.70	0.692	7.1	—	425.3	7.97	0.36	4.5	—	401.3	5.34	0.28	5.2	—
	0.025~0.05		4.61	1.278	27.7	—		4.11	0.96	23.4	—		2.72	0.28	10.3	—
	0.05~0.10		2.96	1.381	46.7	—		3.71	2.16	58.2	—		1.77	0.25	14.1	—
	>0.10		0.68	0.519	76.3	—		0.70	0.62	88.6	—		0.35	0.29	82.9	—
	全沙		17.95	3.870	21.6	—		16.49	4.10	24.9	—		10.18	1.10	10.8	—

注：负号表示冲刷。

$d>0.05$mm 的泥沙淤积比 75.6%，全年为淤积，$d>0.05$mm 的泥沙全年淤积比 52.2%。1964～1973 年为三门峡水库滞洪运用时段，该时段三门峡潼关以上库区淤积，拦了一些粗沙，潼关以下冲刷。下游水沙量与 1950～1960 年相比，水量少 54 亿 m³、沙量少 1.46 亿 t，但汛期、非汛期淤积比却有所增大，1964～1973 年和 1950～1960 年的冲淤性质相似，但 $d<0.025$mm 泥沙在非汛期为冲刷，其余各粒径组泥沙汛期、非汛期均为淤积，$d>0.05$mm 泥沙全年淤积比 63%大于 1950～1960 年的 52.2%。1973～1990 年下游水沙量减少更多，又值三门峡水库蓄清排浑运用，非汛期下泄清水，所以非汛期下游河道各粒径组泥沙均为冲刷，但冲刷量不大，仅 0.93 亿 t，汛期中 $d>0.05$mm 泥沙的淤积比 38.1%，全沙的淤积比 20.7%。

不同水沙条件的三个时段中，$d>0.05$mm 的粗沙来量占全沙的比例分别为 20%、26.7%和 20.8%，而淤积比分别为 52.2%、63%和 25.5%。第三时段 1973～1990 年 $d>0.05$mm 的淤积比仅为 25.5%，较前两个时段小得多，是因为三门峡水库蓄清排浑运用，非汛期下泄清水，河道由淤转冲所致，若只考虑汛期，则 $d>0.05$mm 粗沙的淤积比仍达 36.8%。特别要指出，三个时段中 $d>0.1$mm 的更粗沙占全沙的比例分别为 3.8%、3.8%和 3.4%，而淤积比分别高达 76.3%、88.6%和 82.9%，可以说 $d>0.1$mm 的泥沙几乎都淤在河槽内，危害极大。分析说明 1973～1990 年比 1950～1960 年来沙少了 7.77 亿 t，$d>0.05$mm 的粗泥沙少了 1.5 亿 t，但下游河道的淤积性质并未改变，足见下游河道不能适应水库蓄清排浑调水调沙运用，究其原因是粗泥沙从推移转为悬移难，而从悬移转为推移容易。

4.3.2　粗、中、细沙淤积的相互影响分析

潘贤娣等（2006）为了研究不同来沙组成对河道的冲淤的影响，弄清粗泥沙淤积对中、细沙冲淤的影响，选择了 14 对来水来沙量接近，但来沙组成不同的洪水进行对比分析，表 4-14 是来沙组成对下游河道淤积的影响。可见来沙组成较细洪水较来沙组成较粗洪水的水量大 57.8 亿 m³，沙量大 4.65 亿 t，但在平均流量、平均含沙量上则基本相同，而泥沙组成差别较大，$d<0.025$mm 的细沙所占比例分别为 62.8%和 46.2%，$d>0.05$mm 的粗沙所占比例分别为 14.2%和 27.5%，$d>0.1$mm 的更粗沙所占比例分别为 1.9%和 4.7%，显然泥沙组成差别较大。就是这一（$d>0.05$mm）粗沙含量所占比例从 14.2%增大至 27.5%，却对下游的淤积造成很大影响。粗沙、细沙组洪水的淤积量分别为 12.21 亿 t 和 3.48 亿 t，前者是后者的 3.5 倍；淤积比分别为 48%和 12%，前者是后者的 4 倍。

表 4-14　泥沙组成对下游河道淤积的影响

洪水组合	项目		各粒径组				
			<0.025mm	0.025~0.05mm	0.05~0.1mm	>0.1mm	全沙
泥沙组成较细	水量/亿 m³				396.7		
	平均流量/（m³/s）				2136		
	沙量/亿 t		18.57	6.92	3.7	0.56	30.05
	平均含沙量/（kg/m³）		47.5	17.4	9.3	1.4	75.7
	占全沙比例/%		62.8	23.0	12.3	1.9	100
	冲淤量/亿 t	花园口以上	−0.44	0.94	−0.29	−0.60	−0.39
		花园口—高村	1.49	0.81	1.06	0.63	3.99
		高村—艾山	0.93	0.13	0.19	0.42	1.67
		艾山—利津	0.07	−0.96	−0.84	−0.06	−1.79
		全下游	2.05	0.92	0.12	0.39	3.48
	下游淤积比/%		11	13	3	70	12
泥沙组成较粗	水量/亿 m³				338.9		
	平均流量/（m³/s）				2086		
	沙量/亿 t		11.74	6.69	5.79	2.18	25.4
	平均含沙量/（kg/m³）		34.6	19.7	17.1	3.5	74.9
	占全沙比例/%		46.2	26.3	22.8	4.7	100
	冲淤量/亿 t	花园口以上	0.72	2.58	2.18	0.61	6.09
		花园口—高村	2.15	0.77	1.39	0.30	4.61
		高村—艾山	0.56	0.23	−0.08	0.12	0.83
		艾山—利津	0.27	−0.04	0.40	0.05	0.68
		全下游	3.7	3.54	3.89	1.08	12.21
	下游淤积比/%		32	53	67	92	48

　　来沙粗的洪水增加的淤积量并非仅是 $d>0.05\text{mm}$ 的粗沙淤积量的增加，而是 $0.025\text{mm}<d<0.05\text{mm}$、$d<0.025\text{mm}$ 的中、细沙的淤积量也加大。说明粗沙含量的增加不仅影响粗沙的输沙能力，而且中、细沙及全沙的输沙能力都随粗沙含量的增加而降低。图 4-13 为河道淤积比与 $d>0.05\text{mm}$ 所占比重的关系，可见随着粗沙含量所占比重增加，河道淤积比加大，反映了来水的泥沙组成对河道冲淤的影响显著。

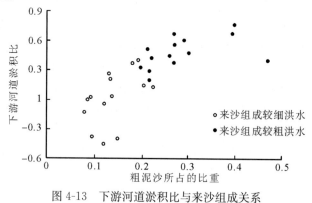

图 4-13　下游河道淤积比与来沙组成关系

表 4-15 为 14 对洪水泥沙组成的沿程变化。可见，从三黑武进入下游的泥沙有差别，经过长距离的沿程调整，组成较粗的洪水 $d>0.05$mm 的含量逐渐降低，由 27.5% 降至 15.1%；$d<0.025$mm 的细沙含量从 46.2% 上升至 60.8%；0.025mm$<d<0.05$mm 的中沙含量沿程变化较小，组成较细的洪水各粒径组泥沙的含量沿程变化不大；只有 $d>0.1$mm 的更粗沙在花园口以下成明显的淤积状态。

表 4-15　14 对洪水泥沙组成的沿程变化

站　名	来沙状况	各粒径组所占的比例/%				
		<0.025mm	0.025~0.05mm	0.05~0.1mm	>0.1mm	<0.05mm
三黑武	来沙较细	62.8	23.0	12.3	1.9	14.2
	来沙较粗	46.2	26.3	22.8	4.7	27.5
花园口	来沙较细	63.4	19.7	13.1	3.8	16.9
	来沙较粗	57.0	21.2	18.8	3.0	21.8
高村	来沙较细	67.4	19.6	11.0	2.0	13.0
	来沙较粗	60.2	22.7	15.2	1.9	17.1
艾山	来沙较细	68.1	20.5	11.0	0.4	11.4
	来沙较粗	59.7	22.4	16.8	1.1	17.9
利津	来沙较细	62.9	22.9	13.6	0.6	14.2
	来沙较粗	60.8	24.1	14.4	0.7	15.1

从以上分析可知，来沙较粗的洪水 $d>0.05$mm 的量比来沙较细的洪水多 2.71 亿 t，而全沙的来量还少了 4.65 亿 t，但造成下游河道输沙能力降低、淤积量增加的问题却十分显著。对比较粗沙、较细沙洪水的分粒径组淤积量，前者 $d>0.05$mm 的粗沙多淤 4.46 亿 t，对 $d<0.05$mm 的中、细沙，前者比后者多淤 4.27 亿 t，说明河道形态变坏对中、细沙的输沙能力产生明显影响。其机理为以悬移质形式运动的各组泥沙到了铁谢站以下，部分粗沙沿程淤积，部分粗沙转为推移运动，在悬移、推移转换过程中，河床微地貌生成沙坡、沙垄，增加了动床阻力，断面趋向宽浅，水深减小，河宽增大，河槽的挟沙力降低，导致中、细沙的淤积量增大。图 4-14 为游荡河段泥沙及水力因子在断面及垂线上的分布。可见宽浅断面和窄深断面的流速、含沙量、粒径垂线分布是不同的，同一断面上河槽、边滩也是不同的，水流中的粗沙淤得多、淤得快，使河槽挟沙力减小，导致中、细沙也一并淤积。

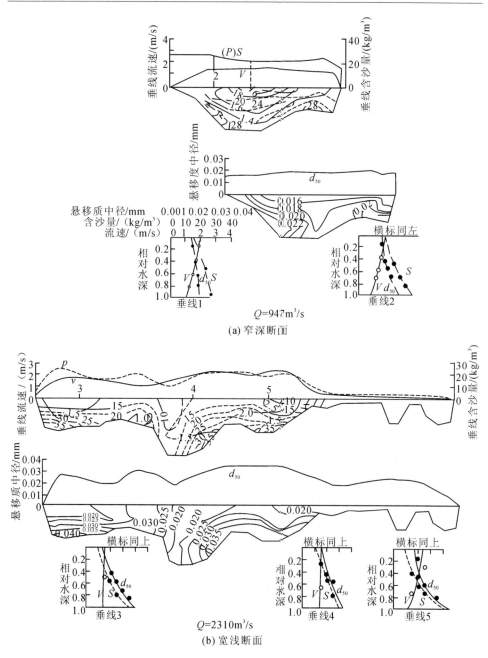

图 4-14　游荡河段在流量恒定时泥沙及水力因子在断面及垂线上的分布

4.3.3　各级流量下不同粒径泥沙冲淤变化

张仁等（1998）根据黄河下游各站洪峰流量的不同，把它划分为五个流量级

$0\sim1000$ m³/s、$1000\sim2000$ m³/s、$2000\sim3000$ m³/s、$3000\sim5000$ m³/s 和大于 5000 m³/s。通过输沙率法计算各级流量下，不同粒径组泥沙沿程冲淤分布，列于表 4-16 ~ 表 4-18。

表 4-16　细泥沙（$d\leqslant0.025$mm）各级流量下不同河段的淤积比（单位:%）

流量级/(m³/s)	河段				
	三门峡—花园口	花园口—高村	高村—艾山	艾山—利津	三门峡—利津
$0\sim1000$	−16.5 (116.5)	2.9	14	5	−5 (105)
$1000\sim2000$	−7.3 (107.3)	4.5	11	−5 (105)	5.6
$2000\sim3000$	−4.9 (104.9)	9	6.7	−0.5 (100.5)	6
$3000\sim5000$	−1.7 (101.7)	11	7.5	1.9	6.7
>5000	−8.7 (108.7)	16	7.4	6.6	11.4

表 4-17　中泥沙（0.025mm$<d<0.05$mm）各级流量下不同河段的淤积比（单位:%）

流量级/ (m³/s)	河段				
	三门峡—花园口	花园口—高村	高村—艾山	艾山—利津	三门峡—利津
$0\sim1000$	7.2	9.4	20	36	16.5
$1000\sim2000$	19.4	8.8	2.8	6	17.5
$2000\sim3000$	25	11	−1.8 (101.8)	−1.4 (101.4)	17.2
$3000\sim5000$	14.4	1.3	6.8	−4 (104)	10.5
>5000	−0.62 (100.62)	5	13.5	−5.5 (105.5)	7.3

表 4-18 粗泥沙（$d>0.05$mm）各级流量下不同河段的淤积比　（单位:%）

流量级/(m³/s)	河段				
	三门峡—花园口	花园口—高村	高村—艾山	艾山—利津	三门峡—利津
$0\sim1000$	38	26.8	14.2	35.8	53
$1000\sim2000$	35	19.7	−0.3 (100.3)	18.6	47
$2000\sim3000$	30	30.5	−6.8 (106.8)	11.5	45
$3000\sim5000$	19	21.8	−11.7 (111.7)	4	26
>5000	0.25	30.3	8.8	−11 (111)	21

注：表 4-16~表 4-18 中数值未扣除引水引沙，淤积比＝河道淤积量/进口来沙量；括弧内数值为排沙比，排沙比＝出口沙量/进口来沙量。

对比细、中、粗泥沙各流量级淤积比可看出：

（1）对细泥沙，三门峡—花园口河段各级流量均为冲刷，整个下游河段 $0\sim$ 1000m³/s 为冲刷，其余各流量级均为淤积。

（2）对中泥沙，除大于 $5000\mathrm{m}^2/\mathrm{s}$ 流量级的淤积比小于细泥沙外，其余各流量级的淤积比均大于细泥沙淤积比。

（3）对粗泥沙，高村—艾山河段 $1000\sim5000\mathrm{m}^3/\mathrm{s}$ 为冲刷，艾山—利津河段只有流量大于 $5000\mathrm{m}^3/\mathrm{s}$ 出现冲刷。全下游河段的淤积比比细、中泥沙的淤积比大得多。这主要是因为游荡河段的粗泥沙淤积比大造成的。

分析计算表明，对粗泥沙，即使增大流量下游也是淤积的，仅是减少了淤积量。

4.3.4　高含沙洪水不同粒径泥沙沿程冲淤量

张仁等（1998）分析计算了 7 场高含沙洪水不同粒径泥沙沿程冲淤量，见表 4-19，可看出，各粒经组泥沙均为淤积，而且淤积比大，$d<0.025\mathrm{mm}$ 的细泥沙全下游淤积比达到 56.81，$d>0.1\mathrm{mm}$ 的更粗泥沙几乎全淤，而且高村以上游荡河段各粒径组泥沙的淤积量最大，这是高含沙水流输沙特性决定的。游荡河道水深小，断面宽浅，高含沙水流往往出现整体停滞，当 $\gamma_\mathrm{m} hJ<\tau_\mathrm{B}$ 时，必然发生整体停滞。

表 4-19　7 场高含沙洪水不同粒径泥沙沿程冲淤量

河段	不同粒径泥沙沿程冲淤量/（$\times10^8\mathrm{t}$）				
	$<0.025\mathrm{mm}$	$0.025\sim0.050\mathrm{mm}$	$0.050\sim0.10\mathrm{mm}$	$>0.10\mathrm{mm}$	全沙
三门峡—花园口	0.835	3.389	1.790	2.189	8.303
花园口—高村	6.162	3.453	2.991	2.444	15.050
高村—艾山	1.904	1.343	0.840	0.415	4.502
艾山—利津	1.582	0.210	0.499	0.114	2.406
三门峡—利津淤积比	56.810	78.649	80.859	98.911	72.022

4.3.5　粗泥沙是淤积主体

表 4-20 为张仁等（1998）统计的 1960 年 7 月至 1990 年 12 月黄河下游各河段分组泥沙冲淤量分布。可见 30 年内下游共淤积泥沙 31.18 亿 t，其中，$d<0.025\mathrm{mm}$ 的泥沙冲 0.37 亿 t，$0.025\sim0.05\mathrm{mm}$ 的泥沙淤 4.75 亿 t，$d>0.05\mathrm{mm}$ 的粗泥沙淤 26.80 亿 t，$d>0.05\mathrm{mm}$ 淤积量占总淤积量的 86%，是淤积主体，说明黄河下游排粗泥沙入海的能力极小。

从各河段的淤积量分析，淤积的 26.80 亿 t 粗泥沙中有 21.3 亿 t 淤积在高村以上的游荡河段，占该组泥沙淤积量的 79.3%，这是有深刻的河流动力学根源的，将在第 5 章、第 6 章、第 7 章、第 9 章中详述。

表 4-20　1960～1990 年黄河下游分组泥沙冲淤量统计

河段	冲淤量/($\times 10^8$ t)			
	<0.025mm	0.025～0.050mm	>0.05mm	全沙
三门峡—花园口	−16.51	−0.41	10.02	−6.90
花园口—高村	6.76	1.37	11.22	19.35
高村—艾山	11.89	3.33	−1.61	13.61
艾山—利津	−2.51	0.46	7.17	5.12
全下游	−0.37	4.75	26.80	31.18

第 5 章　黄河输沙特性

5.1　影响水流输沙的因素

影响水流输沙的因素有多个，主要有两大类，即水文因素和河流边界条件。水文因素包括：流量大小及过程、悬移质含沙量大小及过程、推移质来量及粒径粗细、悬移质泥沙级配组成、高含沙水流流型等。河流边界条件包括：纵横向断面形态、床沙粗细级配、河道纵比降、河岸的约束等。

5.1.1　来水来沙对输沙率的影响

潘贤娣等（2006）分析了两场来自少沙区含沙量低和多沙区含沙量高的洪水，这两场洪水中，同流量的含沙量差别很大，虽经几百公里的调整，水沙规律仍不混杂在一起，说明下游河道的输沙特性随来水来沙的条件而变，河流的输沙率不仅是流量的函数还与来水的含沙量有关，图 5-1、图 5-2 反映了这种现象。

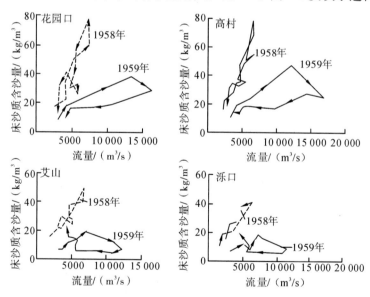

图 5-1　黄河下游各站流量与床沙质含沙量关系

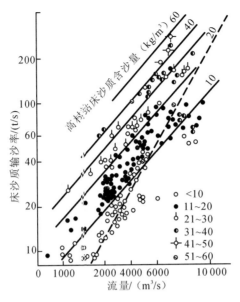

图 5-2　孙口站流量与床沙质输沙率关系

根据图 5-2 的资料，得出本站的水流输沙率 Q_s 与本站流量 Q 及上站含沙量 $S_上$ 有如下关系

$$Q_s = kQ^\alpha S_上^\beta \tag{5-1}$$

式中，K 为输沙系数，与河床前期冲淤状态有关；α、β 为指数，与来沙组成和边界条件有关。

$$\alpha = 0.356 \lg J + 1.13 \tag{5-2}$$

$$\beta = 0.256 \lg \sqrt{B}/H + 1.18 \tag{5-3}$$

式中，B 为河宽（m）；H 为水深（m）；J 为比降（1×10^{-4}）

式（5-1）反映了黄河下游河道输沙的基本规律，即"多来、多排、多淤"和"少来、少排（或冲刷）、少淤"的输沙特性，它包含了前述各个因素对输沙的影响。实质上反映了冲积河流输沙的基本规律是不平衡输沙，而不是平衡输沙。

实际上 $S_上$ 不仅反映来水含沙量的大小，也反映来沙粒径的粗细。因为含沙量越大则粒径越粗，所以 1958 年下游洪水沿程是淤积的，而 1959 年洪水含沙量低，相应的粒径细，粗沙含量少，故沿程有冲有淤，粗沙淤、中细沙冲。冲淤过程都是缓变的，而且均与流量、含沙量密切相关，两场洪水依据各自的规律沿程流动，沿程水沙关系不会有本质的改变，其根本原因就是粗沙含量不同，粒径粗细不同。

潘贤娣等（1996）分析了各主要水文站的实测资料，建立了各站的输沙关系式，对影响下游冲淤变化的各因素得出定量的结果，如"大水多排，小水少排"、"主槽泄水多排，水流漫滩少排"、"汛期多排、非汛期少排"等，对解决下游防洪减淤，河道治理等起了重要作用。

来沙组成对输沙率的影响反映在两个方面，一是来沙组成细，则表现为"多来多淤多排"，若来沙组成粗，则表现为"多来多淤不多排"，另一方面反映在河床组成及形态变化上，从而影响到水流动床阻力、输沙率，所以来沙组成粗、粗沙来量大是最不利的条件。

5.1.2　边界条件对输沙率的影响

黄河下游有其独特的上边界条件和下边界条件。上边界条件的独特之处为进口段以上是比降高达 11×10^{-4} 的侵蚀性峡谷河段，紧接着是两岸无约束的宽阔的冲积平原河段，最宽处可达 20km 以上。下边界条件的独特之处在于黄河河口是浅海弱潮，入海泥沙淤积、延伸、摆动、改道。由于上、下边界条件的制约，黄河下游呈现高村以上约 300km 的游荡河段，河口的延伸使下游不可能调整成平衡比降，不论有利或不利的水沙条件，艾山以上河段泥沙总是沿程分选淤积的，只有艾山以下才可认为河床是平行抬高，泥沙沿程分选基本完成，河相关系是平衡的。

正是由于黄河水少沙多，河口条件独特，造成了黄河下游不利水沙条件多，有利水沙条件少，水流输沙能力小，始终处于堆积状态。

5.2　不平衡输沙理论

5.2.1　含沙量沿程变化

河流、水库的泥沙冲淤计算的理论基础可概括为平衡输沙理论和不平衡输沙理论。平衡输沙理论认为各断面的实有含沙量小于或等于水流的挟沙能力，这在少沙河流的泥沙冲淤计算中可以认为是可行的。多沙河流的实测资料表明实有的断面含沙量不等于水流挟沙能力，在淤积过程中，实有的断面含沙量大于饱和含沙量，在冲刷过程中，实有的断面含沙量小于饱和含沙量。这说明平衡输沙理论忽略了冲淤过程中，含沙量的变化需要一段时间上和流程上的调整过程，不平衡输沙理论就是考虑了含沙量的调整过程，认为断面的实有含沙量不等于水流挟沙能力。

窦国仁（1963）首先提出了不平衡输沙的观点，并根据河段输沙平衡原理推导出河段出口含沙量公式

$$S_0 = S_* + (S_i - S_*) \exp\left(-\frac{\alpha \omega L}{q}\right) \tag{5-4}$$

式中，S_0 为河段出口含沙量；S_* 为河段平均水流挟沙力；S_i 为河段进口含沙量；ω 为泥沙沉速；q 为单宽流量；L 为河段长度；α 为系数。

张启舜（1980）也建立了以不平衡输沙理论为基础的计算式

$$q_{s进} = q_{s挟} + \exp\left(-\frac{\alpha\omega L}{q}\right) \cdot (q_{s进} - q_{s挟}) \tag{5-5}$$

式中，$q_{s进}$、$q_{s出}$ 为河段进、出口的单宽输沙率；$q_{s挟}$ 为单宽挟沙能力；其他符号同前。

韩其为（1979）在适当假设简化条件下，对扩散方程式（5-6）求解扩散方程

$$\frac{\mathrm{d}\,(S_v - S_*)}{\mathrm{d}x} = -\frac{\alpha\omega}{q}\,(S_v - S_*) - \frac{\mathrm{d}S_*}{\mathrm{d}x} \tag{5-6}$$

同时假定分组挟沙力沿程直线变化，通过积分式（5-6），得到

$$S = S_* + (S_0 + S_{0*}) \sum P_{0k} \exp\left(-\frac{\alpha L}{l_k}\right) + S_{0k} \sum P_{0k} \frac{l_k}{\alpha L}\left[1 - \exp\left(-\frac{\alpha L}{l_k}\right)\right]$$

$$- S_* \sum P_k \frac{l_k}{\alpha L}\left[1 - \exp\left(-\frac{\alpha L}{l_k}\right)\right] \tag{5-7}$$

式中，S_0、S_{0k} 为进口断面的含沙量、挟沙力；S、S_* 为出口断面的含沙量、挟沙力；P_{0k}、P_k 为进、出口断面 k 粒经组泥沙重量百分比；其他同前。

韩其为（1979）详细分析了悬移质级配的沿程变化和河床质级配的变化，基本思路是不区分床沙质和冲泻质，假定水流挟沙力的级配和实际输移的泥沙级配一致，而悬移质和床沙级配在每一时段内的变化都看成本时段内河段冲淤变化的直接后果。韩其为（1979）的计算模式中，对泥沙输移的物理过程考虑得较细致，但泥沙级配需试算才能确定，计算过于复杂。

李义天等（1986）推求出输沙平衡情况下床沙质级配与床沙级配的函数关系，并据此计算分组水流挟沙力，进一步采用不平衡输沙模式计算河段内的冲淤，再根据冲淤结果调整床沙级配，作为下一时段的计算依据，李义天的方法避免了试算的麻烦，只要在时段长短上作出一定的限制就可保证计算精度，这是因为床沙级配的变化通常都缓于水力因素的变化。

不平衡输沙理论的核心是出口含沙量不等于挟沙力，而是与挟沙力和进口含沙量有关。不平衡输沙公式考虑了水力因子、来沙组成、特别是进口含沙量的影响，它是式（5-1）的理论基础。

本站输沙率要考虑上站含沙量的影响，这对一般挟沙水流和高含沙非均质流都应考虑。但对于高含沙均质流则不然，因为高含沙均质流已不是水流挟沙问题，而是阻力问题，水流含沙量与水力因子无关。程秀文论证了黄河下游的高含沙洪水不可能形成高含沙均质流，实测资料也表明，黄河下游粗沙沿程总是分选淤积的，输沙符合不平衡输沙理论。

5.2.2　水流挟沙力

水流挟沙力是指在一定的水流及边界条件下，能够通过河段下泄的沙量，既

包括推移质也包括悬移质中较粗的床沙质和其中较细的冲泻质。由于推移质与悬移质运动的力学机理不同，且已有推移质输沙率的计算公式可用于计算，又由于冲泻质不能从河床得到充分补给，因而常处于次饱和状态。所以习惯上将水流挟沙力认定为水流挟带悬移质中床沙质的能力。

　　水流挟沙力与河段的水流条件和床沙组成有关，上游的来沙在冲淤调整后改变河床组成，最后通过河床调整来改变原来的水流挟沙力。因此，水流挟沙力的定义为在一定的水力及床沙组成条件下水流挟带床沙质的能力。从理论上讲，应该可能通过力学关系来建立床沙质挟沙力公式，但限于当前的水平，还得采用半理论半经验、纯经验的方法。

　　在处理水流挟沙力问题上，方法还是各有不同的。有的学者认为推移质和悬移质中的床沙质难以截然分开，其力学规律可近似地统一起来，因而认为水流挟沙力应包括推移质和悬移质。有的学者认为，应区分推移质和悬移质，但悬移质中的冲泻质及床沙是相互影响的，所以水流挟沙力应包括冲泻质。

　　目前习用的床沙质水流挟沙力公式以张瑞瑾（1959）公式为代表

$$S_* = k\left(\frac{U^3}{gR\omega}\right)^m \tag{5-8}$$

式中，S_* 为水流挟沙力；U 为平均流速；R 为水力半径；ω 为床沙质平均沉速；g 为重力加速度；k 为系数（kg/m^3）；m 为指数；公式的单位以 m、kg、s 计。

　　式（5-8）在我国的水利工程中应用较广，国外的学者拜格诺、维利坎诺夫等也得出与式（5-8）相似的公式。

　　包括沙质推移质的床沙质水流挟沙力公式以窦国仁（1963）公式为代表

$$S_* = \frac{K_0\,\gamma_s}{C_0^2\left(\frac{\gamma_s-\gamma}{\gamma}\right)}\left(1-\frac{U_C'}{U}\right)\frac{U^3}{gh\omega} \tag{5-9}$$

式中，C_0 为无量纲谢才系数；$C_0 = h^{1/6}/\sqrt{g} \cdot n$；$U_C'$ 为起动流速，按下式计算 $U_C' = 0.264\ln\left(11\frac{h}{k_s}\right)\sqrt{\frac{\gamma_s-\gamma}{\gamma}gD}$；$K_0$ 为系数，按水槽资料 $K_0 = 0.1$，对沙质推移质 $K_0 = 0.01$，对床沙质 $K_0 = 0.09$。

　　包括沙质推移质、床沙质和冲泻质的水流挟沙力公式，以沙玉清（1965）公式为代表

$$S_* = k\frac{d}{\omega^{4/3}}\left(\frac{U-U_0}{\sqrt{R}}\right)^n \tag{5-10}$$

式中，n 为指数，当 $n=2$ 时，$F_\gamma < 0.8$；当 $n=3$ 时，$F_\gamma > 0.8$；U_0 为挟动流速，冲刷时，U_0 取起动流速或扬动流速，淤积时，U_0 取止动流速；k 为挟沙系数，正常饱和时 $k=200$，相应不淤保证率为 50%；高饱和时 $k=400$，相应不淤保证率 15.9%；低饱和时 $k=91$，相应不淤保证率 84.1%；式中粒径 d 及沉速 ω 单

位以 mm、s 计，其余单位以 m、kg、s 计。

不区分床沙质与冲泻质，属于悬移质水流挟沙力公式以韩其为（2003）公式为代表

$$S_* = 0.000147\gamma_s \left[\frac{U^3}{\frac{\gamma_s - \gamma}{\gamma}gh\omega} \right]^{0.92} \tag{5-11}$$

以上水流挟沙力公式除沙玉清公式是双值外，其余都是单值的。实践说明在计算沿程冲淤时，采用挟沙力双值关系或单值关系对结果的差别不大。对于水库下游清水冲刷、水库溯源冲刷等问题，若河床组成较粗，挟沙力单值关系就不能得出较好的结果，而用挟沙力双值关系可得出符合实际的结果。如黄河下游铁谢站，三门峡水库下泄清水期间，床沙中值粒径 0.05～0.58mm，断面平均水深 0.5～2.4m，断面平均流速 0.7～1.5m/s，1964 年达到 2.1m/s，若按挟沙力单值关系计算，水流应有相当的挟沙力，但铁谢站的实测资料表明，这样的水流条件并不能冲起泥沙，通过铁谢站的水流可认为是清水水流。若用挟沙力双值关系，则可以予以解释。对粒径 0.5mm 的泥沙，其扬动流速为 1.5m/s，若水流平均流速为 1.5m/s，则有效作用流速为零，当然不能冲起泥沙。沙玉清挟沙力公式中泥沙因子采用中值粒径 d_{50} 和相应的沉速 ω_{50}，因此不能满足要求预报泥沙级配变化的要求，若分粒径组计算，发现各资料自成体系，统一性差，为此需另觅它径。

5.3 高含沙水流挟沙力

5.3.1 浑水的沉降特性

现象描述如下：

把一定级配的泥沙配制成不同浓度的浑水，进行静水沉降试验时观测其浓度及粒径沿垂线的分布，经分析可把沉降分成三个区域。

Ⅰ区：含沙浓度及粒径沿垂线分布有明显的梯度。表明浓度低，泥沙沉降中相互干扰少，粗颗粒沉得快，细颗粒沉得慢，泥沙沉速符合单个颗粒在清水中的沉降公式。

Ⅱ区：随着含沙量的增加，就出现与Ⅰ区有明显不同的沉降现象。最显著的特点是产生清浑水界面，界面以下的浑水分两层，上层浓度低，虽仍为组合沙，但已无粗沙，而且级配组成稳定，下层浓度高，浓度和粒径沿垂线均有明显的梯度，界面以一定沉速下沉。蒋素绮等（1982）根据试验资料得出界面沉速 ω_c 的计算式为

$$\omega_c = \frac{0.00085\omega_0}{S_v^{1.3}} \tag{5-12}$$

式中，S_0 为起始含沙量体积百分数；ω_0 为起始含沙量中值粒径在清水中的沉速（cm/s）。

Ⅱ区的沉降现象表明，当浓度增大到一定值时，悬浮液存在一个界限粒径 d_0，小于 d_0 的泥沙和水构成新的介质，可称之为"载体"，大于 d_0 的泥沙可称之为"载荷"，载荷在"载体"中沉降时必须考虑"载体"的流变特性。

Ⅲ区：浓度继续增加到一定值时，界面沉速很小近乎为零，界面以下浓度沿垂线分布趋于均匀，表明浑水形成无分选的浆体，已无沉速可言。这种浆体的流动为一相均质流，不存在挟沙力问题，而是变成阻力问题，均质流能克服阻力就整体运动，否则整体停滞。

曹如轩等（1995）用 $d_{50}=0.015$mm 的泥沙和 $d_{50}=0.078$mm 的二组泥沙配制不同含沙量的浑水进行静水沉降试验。表 5-1 为静水沉降中含沙量、粒径分布，可以看出不同含沙量的细沙浑水静水沉降出现Ⅰ、Ⅱ、Ⅲ区的现象，而粗沙浑水则不出现Ⅲ区的情况，$S_0=620$kg/m³ 的那组出现Ⅰ区情况，$S_0=1200$kg/m³ 那组出现Ⅱ区的情况，反映出粗沙高含沙水流特别是天然河流中的粗沙高含沙水流是不会出现均质流的。这是因为粗沙高含沙水流主体粒径为粗泥沙，不能形成细沙高含沙水流那样的絮网结构。

表 5-1　静水沉降中含沙量、粒径分布

No. 1 (1)		No. 1 (2)		No. 1 (3)		No. 1 (4)		No. 2 (1)			No. 2 (2)		
$S_0=408$		$S_0=248$		$S_0=180$		$S_0=112$		$S_0=1200$，$d_{50}=0.078$			$S_0=620$，$d_{50}=0.078$		
$d_{50}=0.015$		$d_{50}=0.015$		$d_{50}=0.015$		$d_{50}=0.015$							
h	S	h	S	h	S	h	S	h	S	d_{50}	h	S	d_{50}
13.3	411	15.5	152	25.5	90	24.5	47	14	56	—	17.9	27	0.02
33.3	410	35.5	168	44.5	93	44.5	51	23.5	652	0.043	26.4	39	—
57.5	408	55.5	182	54.5	97	64.5	56	43.6	1346	—	46.4	781	—
72.5	406	85.5	188	84.5	101	84.5	74	63.5	1385	0.079	66.4	852	0.075
99.0	405	99.3	1033	99.5	1060	99.0	559	103.5	1388	0.079	106.4	888	0.085

注：S_0 为原始含沙量（kg/m³）；S 为含沙量（kg/m³）；h 为水深（cm）；d_{50} 为中值粒径（mm）。

5.3.2　高含沙浑水的流变特性和静态极限切应力

明渠流、管流、异重流的含沙量达到一定值时，高含沙水流的流型均可由牛顿体逐渐过渡到非牛顿体，非牛顿宾汉流体的流变方程为

$$\tau=\tau_{\mathrm{B}}+\eta\frac{\mathrm{d}u}{\mathrm{d}y} \tag{5-13}$$

式中，τ 为切应力；τ_{B} 为宾汉极限切应力；η 为刚度系数（浑水黏滞系数）；$\dfrac{\mathrm{d}u}{\mathrm{d}y}$

为流速梯度。

黄委水科院首先研制了毛细管黏度仪，用测得的资料得出了 τ_B、η 的计算公式。

费祥俊（1991）建立了宾汉体的黏度计算模型，并用黄河中、下游有关水文站悬沙沙样作流变试验对模型进行验证。计算模型既考虑了含沙量的影响，又考虑了泥沙级配的影响，所以有较好的适应性，黏度计算模型为

$$\mu_r = \frac{\mu}{\mu_0} = \left(1 - K\frac{S_\upsilon}{S_{\upsilon m}}\right)^{-2.5} \tag{5-14}$$

$$K = 1 + 2\left(\frac{S_\upsilon}{S_{\upsilon m}}\right)^{0.3}\left(1 - \frac{S_\upsilon}{S_{\upsilon m}}\right)^4 \tag{5-15}$$

$$\tau_B = 9.8 \times 10^{-2}\exp\left(B\varepsilon + 1.5\right) \tag{5-16}$$

$$\varepsilon = \frac{S_\upsilon - S_{\upsilon 0}}{S_{\upsilon m}} \tag{5-17}$$

$$S_{\upsilon 0} = 1.26 S_{\upsilon m}^{3.2} \tag{5-18}$$

$$S_{\upsilon m} = 0.92 - 0.2\lg\sum\frac{p_i}{d_i} \tag{5-19}$$

式中，S_υ、$S_{\upsilon m}$ 为浑水体积比浓度、极限浓度；μ、μ_0 为浑水、同温度清水的黏滞系数；τ_B 为浑水宾汉极限切应力，以 N/m^2 计；$S_{\upsilon 0}$ 为浑水由牛顿体转变为非牛顿体的临界体积比浓度；K 为系数；B 为系数，$B = 8.45$。

曹如轩等（1983）在作高含沙异重流试验中，发现水槽底部、边壁均存在不动层，停水后，不动层稀软、表面光滑、测其厚度为 h_δ，按式 $(\tau_B)_0 = \gamma_m h_\delta J$ 计算得 $(\tau_B)_0$，再用毛细管黏度仪测出浑水的极限切应力 τ_B，经多次比较 $(\tau_B)_0 > \tau_{B0}$。

图 5-3 为 $(\tau_B)_0$ 与 τ_B 的比较，由此提出高含沙浆液具有触变性。清华大学夏震寰教授对发现触变性的评价为"发现实际的 τ_B 值要比用黏滞仪测出的大，

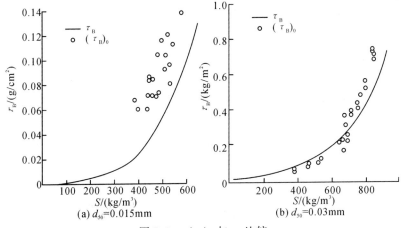

图 5-3　$(\tau_B)_0$ 与 τ_B 比较

因而提出高含沙浆液具有触变特性，可以认为这个论点很重要，将影响高含沙水流今后的研究"。

1984 年王兆印也发现了触变现象，图 5-4 反映了其研究成果。

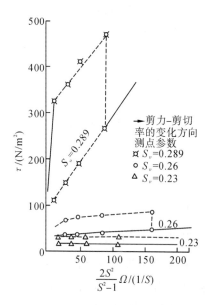

图 5-4　具有流凝性的花园口淤泥悬浮液流变曲线

近几年，秦毅等（2008）通过模型试验，模拟出高含沙水流中贴边停滞和滩唇的停滞，认为这与触变性有关，见图 5-5。其中，图 5-5（a）为沙量 478kg/m³ 均质层流状态下，水槽中水流横断面随时间的变化情况及自然堤的形成；图 5-5（b）为 2002 年华县站汛期前后大断面。因此，设计了一套实验装置，对静止不同时间的泥沙浆液测量其静态极限切应力，图 5-6 为实验结果。可看出，浆液在静止一定时间后测得的静态极限切应力比毛细管黏度仪测得的动态极限切应力大，2011 年又用高精度的旋转黏度计实测了浆液的静态极限切应力。

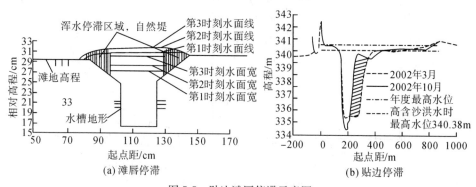

图 5-5　贴边滩唇停滞示意图

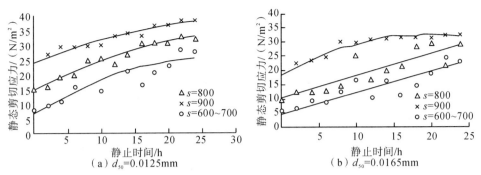

图 5-6　不同静止时间泥沙浆液静态极限切应力试验结果比较

5.3.3　高含沙浑水的沉速

从静水沉降的分析研究中，得出高含沙浑水可分解为两部分。一部分为小于 d_0 的细颗粒与水组成的均质浆体，可称之为"载体"，静止状态下它以浑液面形式沉降，流动状态下，它保持悬移是不沉降的。另一部分颗粒则在载体中沉降，可称之为"载荷"。在这样的物理图形下，泥沙的群体沉速由二项组成，一项是单个载荷颗粒在载体中的沉速，另一项为载荷群体沉降中的相互干扰，即泥沙的群体沉速为

$$\omega_{ms} = \omega_m (1 - S_v)^m \tag{5-20}$$

$$\omega_m = \sum \omega_{mi} P_i \tag{5-21}$$

式中，S_v 为浑水中载荷的体积比含沙量；m 为系数，经分析可取 $m = 4.91$；ω_{mi} 为第 i 组泥沙单个颗粒在载体中的沉速；p_i 为第 i 组泥沙所占重量百分比。

非均匀沙分粒经组沉速计算时，按规范，层流区用斯托克斯公式，介流区用沙玉清公式。计算时应以浑水的容重 γ_m、运动黏滞系数 ν_m、黏滞系数 μ_m 替代清水的 γ、ν、μ，μ_m 可用费祥俊提出的公式（5-14）计算

层流区：

$$\omega_{mi} = \frac{\gamma_s - \gamma_m}{18\mu_m} d_i^2 \tag{5-22}$$

介流区：

$$\Phi_m = \frac{g^{1/3} \left(\dfrac{\gamma_s - \gamma_m}{\gamma_m} \right)^{1/3}}{\nu_m^{2/3}} d_i \tag{5-23}$$

$$S_{am} = \frac{\omega_{mi}}{g^{1/3} \left(\dfrac{\gamma_3 - \gamma_m}{\gamma_m} \right)^{1/3} \nu_m^{1/3}} \tag{5-24}$$

$$\lg(S_{am} + 3.665)^2 + (\lg\Phi_m - 5.777)^2 = 39 \tag{5-25}$$

紊流区：

$$\omega_{mi} = 1.068 \sqrt{\frac{\gamma_3 - \gamma_m}{\gamma_m} g d_i} \tag{5-26}$$

表 5-2 为泥沙沉降流区界值表，可用以判别沉降所属流区（沙玉清，1965）。

表 5-2　泥沙沉降流区界值

判数	层流区	介流区	紊流区
S_{am}	<0.1342	0.1342~13.83	>13.83
Φ	<1.554	1.554~61.68	>61.68

"载体"与"载荷"的区分可用自动悬浮理论 $U \cdot J = \omega_c$，$\omega_{mi} < \omega_c$ 的颗粒和水组成"载体"，$\omega_{mi} > \omega_c$ 的颗粒为"载荷"。

高含沙水流泥沙沉速计算尚无理论研究成果，这是因为组合沙粒径级配变幅大，含沙浓度变幅大，导致"载荷"、"载体"的粒经组成也是变化的。渭河高含沙水流的粒径组成细，粗颗粒含量少，如 1981 年 6 月 22 日至 6 月 26 日，渭河发生高含沙洪水，临潼站洪峰流量 741m³/s，沙峰 906kg/m³，$d > 0.05$mm 含量 27.8%，$d > 0.1$mm 含量 6.6%，最大粒径 $d = 2.0$mm，$d = 0.1 \sim 2.0$mm 的含沙量 60kg/m³。这场高含沙小洪水的相对黏滞系数，极限切应力 $\tau_B = 4.29$N/m²，粗颗粒沉降的物理图形可描述为含沙量低的粗颗粒在高黏性的浆液中沉降，所以粗颗粒的沉速仅需校正黏性即可，即在沉速公式中以浑水容重 γ_m 代替清水容重即可。窟野河等的粗沙高含沙水流，粗沙所占比例可达 50% ~ 90%，如窟野河 1989 年 7 月 21 日大洪水，温家川站洪峰流量 9480 m³/s，沙峰 1350kg/m³，$d > 0.05$mm 含量 91.1%，相对黏滞系数 $\mu_r = 22.8$，$\tau_B = 0.917$N/m²，$d > 0.1$mm 占 78.4%，相当于 1058kg/m³ 的含沙量。粗颗粗含量高的浑水中，粗颗粒沉降的物理图形，可描述为粗颗粒在高黏性浆液中沉降时，还要考虑粗颗粒沉降中出现的相互干扰，既要校正容重又要校正相互干扰项，如式（5-20）所示。应用式（5-20）、式（5-21）对碛口水库泥沙数模作验证计算，可得出与实测资料良好吻合的结果和预测计算成果。若用传统习用的泥沙群体沉速公式 $\omega_m = \omega_0 (1 - S_v)^{4.91}$，式中 ω_0 为单个颗粒在清水中的沉速，则出现要么大冲、要么大淤的结果。这是因为碛口水库入库泥沙组成和含沙量变幅都很大，当含沙量很大时，$(1 - S_v)^{4.91}$ 很小，使 ω_m 很小，出现大冲，而含沙量不大时，使 ω_m 较大，出现大淤。而用式（5-20）、式（5-21）计算，由于仅是载荷参与冲淤，就避免了出现大冲、大淤的问题。

5.3.4　挟沙力双值关系

水流挟沙力为双值的概念是沙玉清首先提出的，他在研究了泥沙运动的三种临界流速即起动、扬动和止动流速后，认为不能有一个流速就有一个相应的挟沙力。他建立的三种临界流速和粒径的关系如图 4-3 为建立双值挟沙力提供了基础。

沙玉清通过实测资料，选定影响挟沙力的因子作相关分析，得出挟沙力与各变量间的相关程度，见表 5-3，再用数理统计、回归方程式原理得出挟沙力双值公式。由表 5-3 可见，相关程度最高的因子是有效流速 $(U-U_0)$，淤积挟沙力为止动流速，冲刷挟沙力为扬动流速，$d < 0.04\text{mm}$ 的泥沙的起动流速大于扬动流速和止动流速，所以冲刷挟沙力为起动流速。

表 5-3　挟沙力与各变量间的相关系数

变　量	相关系数	相关程度
比　降	−0.0018	无
流　速	0.4506	中
有效流速	0.6744	强
水力半径	0.2431	弱
湿　周	0.0616	无
粒　径	−0.5887	强
沉　速	−0.6152	强

沙玉清在选择影响水流挟沙力因子时，选择了相关度最高的因子的确很有意义。挟沙力的单位是 kg/m^3，即每立方米浑水中泥沙占多少，同一个挟沙力值下，把粒径很粗与粒径很细的情况作比较，以作为因子，只能说明很粗的沙挟沙力很小，不会出现挟沙力为零的情况，说明不论水流强度多弱，总能挟带很少量的粗沙，这是不确切的、不符合实际的。若用 $(U-U_0)/\omega$ 就解决了这种矛盾，沙粗则 U_0 就大，若 $U < U_0$，则水流不能挟带这种粒径的粗沙，挟沙力为零，物理意义明确。

邓贤艺等（2000）在分析非均匀沙群体沉速 ω_{ms} 计算的基础上，采用的挟沙力双值关系为

$$S_* = k \frac{\gamma_\text{m}}{\gamma_\text{s} - \gamma_\text{m}} \frac{(U-U_0)^3}{gR\omega_{\text{ms}}} \tag{5-27}$$

式中，挟动流速 U_0 按沙玉清公式计算，见式（3-9），式（3-10）和式（3-11）。对高含沙水流挟沙力，应给予含沙量校正，即以浑水容重 γ_m 代替清水容重 γ，在计算 U_H 时，应先根据 d_{50} 计算 ω_{m50}，再求出相应于 ω_{m50} 的 d_{m50}，即不但对沉速进行含沙量校正而且对粒径也作出含沙量校正。

采用蒋素绮管道试验资料、范家骅水槽试验资料、龙毓骞整理的大禹渡站资料和废黄河土城子资料，点绘式（5-27）中 S_* 与水力因子、泥沙因子之间的关系，如图 5-7。可看出，在非均质流范围，临冲挟沙力 $S_{v\text{K}}$ 和临淤挟沙力 $S_{v\text{H}}$ 基本平行，当非均质流过渡为均质流时，指数由 $m=1$ 的斜线过渡至 $m=0$ 的水平线，均质流中泥沙不再分选，含沙量不再与水力因子有关，只要能克服阻力就整体运动，否则整体停滞。以体积比计的 $S_{v\text{K}}$ 和 $S_{v\text{H}}$ 的计算式为

$$S_{v\text{H}} = 0.0005 \frac{\gamma_\text{m}}{\gamma_\text{s} - \gamma_\text{m}} \frac{(U-U_0)^3}{gR\omega_{\text{ms}}} \tag{5-28}$$

$$S_{vK} = 0.0002 \frac{\gamma_m}{\gamma_s - \gamma_m} \frac{(U - U_0)^3}{gR\omega_{ms}} \tag{5-29}$$

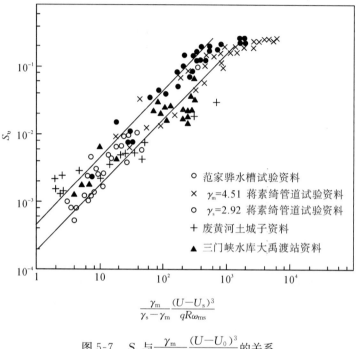

$$\frac{\gamma_m}{\gamma_s - \gamma_m} \frac{(U - U_s)^3}{qR\omega_{ms}}$$

图 5-7　S_v 与 $\dfrac{\gamma_m}{\gamma_s - \gamma_m} \dfrac{(U - U_0)^3}{gR\omega_{ms}}$ 的关系

韩其为近年来的研究认为水流挟沙力应该是多值的。

张红武等（1999）也深入研究了泥沙群体沉速 ω_s 和水流挟沙力，导出 ω_s 的计算公式和包括全部悬沙的挟沙力 S_* 公式分别为

$$\omega_s = \omega_0 \left[\left(1 - \frac{S_v}{2.25 \sqrt{d_{50}}} \right)^{3.5} (1 - 1.25)\ S_v \right] \tag{5-30}$$

$$S_* = 2.5 \left[\frac{(0.0022 + S_v)\ U^3}{\kappa \dfrac{\gamma_m}{\gamma_s - \gamma_m} gh\omega_s} \ln\left(\frac{h}{6D_{50}} \right) \right]^{0.62} \tag{5-31}$$

式中，ω_0 为泥沙清水沉速；ω_v 为体积比含沙量；d_{50} 为悬沙中值粒径；κ 为浑水卡门常数；D_{50} 为床沙中值粒径；h 为水深；U 为平均流速；γ_s、γ_m 为泥沙、浑水容重；g 为重力加速度。上式单位为国际制单位。

张红武公式被广泛应用于黄河泥沙数学模型，计算结果与实测值吻合良好。

舒安平通过紊动能的消耗过程，兼顾能耗效率，导出挟沙力公式为

$$S_{v*} = K \sum p_i \left[\frac{\lg\ (\mu_r + 0.1)}{K^2} \left(\frac{f_m}{8} \right)^{1.5} \frac{\gamma_m}{\gamma_s - \gamma_m} \frac{U^3}{gh\omega_s} \right]^m \tag{5-32}$$

式中，μ_r 为相对浑水黏滞系数；f_m 为浑水阻力系数；K、m 为系数，$K =$ 0.355，$m = 0.72$。

5.4　高含沙水流的输沙特性

5.4.1　细沙高含沙水流的输沙特性

细沙高含沙水流有巨大的输沙能力，但需要有相应的水沙条件和边界条件配合。天然情况下，渭河下游处于动态冲淤平衡滩地微淤状态，就是由于有渭河干流洪水特别是渭河最大支流泾河高含沙水流冲刷作用。渭河华县站的实测资料说明大洪水的冲刷作用强烈，尤其是高含沙大洪水的冲刷作用更甚，使华县断面主槽的过洪能力达到 $4500 \sim 5000\,\mathrm{m^3/s}$。图 5-8 是华县站 1958 年 8 月下旬洪水过程中断面冲淤变化，表明了大水的冲刷作用，即使洪水流量大，但洪水位并不高，就是由于大水冲刷扩大了过水断面面积。

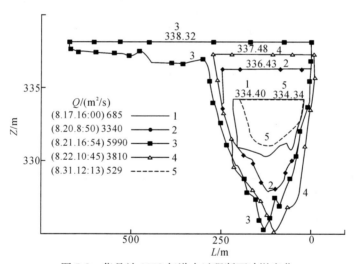

图 5-8　华县站 1958 年洪水过程断面冲淤变化

1981 年 6 月 22～26 日渭河下游发生高含沙小洪水，临潼站洪峰 $741\,\mathrm{m^3/s}$、沙峰 $906\,\mathrm{kg/m^3}$，华县站洪峰 $491\,\mathrm{m^3/s}$、沙峰 $722\,\mathrm{kg/m^3}$，华阴站洪峰 $470\,\mathrm{m^3/s}$、沙峰 $533\,\mathrm{kg/m^3}$。表 5-4（a）为各站出现沙峰时的泥沙级配组成，表 5-4（b）为该场洪水沿程冲淤变化。可看出洪峰流量沿程减小，最大含沙量沿程降低，洪量沿程减少，输沙量沿程减小，粒径沿程细化，可以认为这场高含沙小洪水既有沿程整体淤积，又有粗沙的沿程分选淤积。整体淤积主要出现在临潼至华县河段，反映出高含沙小洪水渭河下游一般是淤积的，但淤积主要是在槽内。

表 5-4（a）　　1981 年 6 月 22～26 日渭河洪水沙峰悬沙级配

站名	小于某粒径（mm）重量比例/%								
	0.005	0.010	0.025	0.05	0.10	0.25	0.50	1.0	2.0
临潼	13.2	25.2	35.6	72.8	94.0	96.8	98.4	99.8	100
华县	16.5	21.7	41.5	79.7	98.2	100	—	—	—
华阴	21.5	29.4	52.8	80.6	99.9	100	—	—	—

表 5-4（b）　　1981 年 6 月 22～26 日渭河洪水沿程冲淤变化

粒径组/mm	输沙量/亿 t			冲淤量/亿 t	
	临潼	华县	华阴	临潼—华县	华县—华阴
<0.025	0.202	0.195	0.108	0.007	0.087
0.025～0.050	0.155	0.059	0.026	0.096	0.033
0.05～0.10	0.057	0.019	0.007	0.038	0.012
>0.10	0.010	0.001	0	0.009	0.001
全沙	0.404	0.274	0.141	0.150	0.133

黄河下游的边界条件不利于高含沙洪水的流动，实测资料表明，高含沙洪水进入下游后发生严重淤积。据潘贤娣等的统计，1969～1989 年 16 场高含沙洪水中，三门峡—利津河段总淤积量 34.9 亿 t，占来沙量的 57%，占同期总淤积量的 82%，其中 $d>0.50$mm、0.025mm$<d<$0.05mm 和 $d<$0.025mm 的泥沙分别淤积 13.2 亿 t，10 亿 t 和 11.7 亿 t，各占同期来沙量的 80%、65% 和 40%，而 $d>$0.1mm 的更粗泥沙淤积 3.8 亿 t，占来沙量的 97%。表 5-5 为高含沙洪水各粒径组泥沙沿程冲淤量。

表 5-5　　高含沙洪水各粒径组泥沙沿程冲淤量

河 段	各粒径组（mm）泥沙冲淤量/（×10⁸t）					各河段冲淤量占下游淤积量的比例/%				
	全沙	<0.025	0.025～0.05	>0.05	>0.1	全沙	<0.025 mm	0.025～0.05mm	>0.05 mm	>0.1 mm
三门峡—花园口	13.5	2.5	5.3	5.6	1.9	39	21	53	43	50
花园口—高村	16.8	6.5	3.9	6.4	1.7	48	56	39	48	45
高村—艾山	3.9	1.7	1.1	1.2	0.2	11	15	11	9	5
艾山—利津	0.7	1.0	−0.3	0	0	2	8	−3	0	0
三门峡—利津	34.9	11.7	10	13.2	3.8	100	100	100	100	100
淤积比/%	57	40	65	80	97					

注：负号表示冲刷。

分析表 5-5 可看出，粗泥沙淤积比大，而且绝大部分淤积在高村以上游荡河段，反映出游荡河段河床组成粗，沙垄密布，河床宽浅，阻力大流速小，水流挟沙力小。黄河下游冲淤交替迅速，悬移与推移转换集中的现象主要发生在此河段，细泥沙的淤积比虽小于粗泥沙，但淤积量并不小。这是因为细沙高含沙水流具有静态极限切应力，当水流的切应力小于静态极限切应力的区域，高含沙水流会整体停滞，在边壁，床面附近也会出现不动层，粗细泥沙在这样的区域内均淤，造成细泥沙较大的淤积量，粗沙的大量淤积改变了床面形态，增大水流阻力也使细泥沙发生淤积。当然若水流漫滩也是细沙淤积多的原因之一。

5.4.2　粗沙高含沙水流的输沙特性

粗沙高含沙水流只有在特定的边界条件下，才具有巨大的输沙能力。

黄甫川、窟野河、秃尾河等经常发生粗沙高含沙水流，最大含沙量也经常超过 1000kg/m³，实测的最大含沙量黄甫川为 1570kg/m³，窟野河为 1500kg/m³，秃尾河为 1410kg/m³，黄甫川、窟野河、秃尾河的比降分别为 2.66×10^{-3}、2.55×10^{-3}，比黄河北干流大得多。坡陡流急，流速可达 4~5m/s，一天左右的暴雨洪水可将大量粗沙输入干流。1976 年 7 月 29 日到 8 月 6 日北干流洪水主要来自窟野河，8 月 2 日窟野河发生水文记载以来的最大洪水，最大流量 14000m³/s，最大含沙量 1340kg/m³，本场大洪水窟野河将 1.8 亿 t 泥沙输入黄河干流。

表 5-6 为 1989 年 7 月 21 日窟野河洪水过程中神木、温家川站水沙、流变参数。可见神木至温家川冲刷泥沙 0.132 亿 t，沙峰都在 1300kg/m³ 左右，流变参数相对黏度大，而极限切应力小。因此天然情况下粗沙高含流水流不可能出现均质流，也没有整体停滞、贴边淤积等现象，冲淤表现为沿程分选淤积。

表 5-6　1989 年 7 月 21 日窟野河洪水神木、温家川站水文过程

站名	洪峰流量 / (m³/s)	最大含沙量 / (kg/m³)	沙峰对应的相对黏度	沙峰对应的极限切应力	洪水水量 /(×10⁸ m³)	洪水输沙量 /(×10⁸ t)
神　木	10500	1290	23.2	1.55	0.988	0.583
温家川	9480	1350	22.8	0.92	1.018	0.715

天然情况下的粗沙高含沙水流不会形成均质流，且形成宾汉体的临界含沙量高，所以粗沙高含沙水流一般为高含沙非均质流，若水流强度很大会发生沿程冲刷，水流强度转弱会发生沿程分选淤积，图 5-9 所示的悬沙组成分选系来自黄甫川的粗沙高含沙洪水，汇入黄河北干流后，干支流水体混合，含沙量被稀释，产生明显的分选淤积，粗沙淤积下来，至

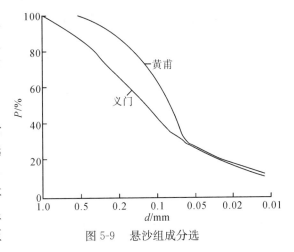

图 5-9　悬沙组成分选

义门水文站含沙量降低悬沙组成细化（费祥俊，1996）。

表 5-7 为 1976 年 7 月 29 日至 8 月 6 日北干流洪水特征值，河口镇至府谷河段粗沙支流黄甫川发生高含沙洪水，洪量 0.84 亿 m^3，沙量 0.416 亿 t，河府区间来水量 2.58 亿 m^3，来沙量 0.99 亿 t，可见沙量近一半来自黄甫川，黄甫川 $d > 0.05$mm 沙量占 55%，是造成本河段淤积的主因，共淤积粗沙 0.407 亿 t，细沙下泄，使府谷站含沙量由河口镇的 7.5kg/m^3，增大至 47kg/m^3。府谷至吴堡区间河段加入水量 3.67 亿 m^3，加入沙量 3.238 亿 t，水沙几乎都来自粗沙支流窟野河的高含沙大洪水，洪量 3.508 亿 m^3，沙量 2.61 亿 t，$d > 0.05$mm 泥沙占 72.1%，区间含沙量增大至 882kg/m^3，区间粗沙淤积量达 1.954 亿 t，细沙仍继续下泄，吴堡含沙量增大至 109kg/m^3。吴堡至龙门河段，区间加入的水量、沙量不多，但府吴河段来沙多，致使吴龙河段淤积粗沙 0.494 亿 t，龙门站含沙量减少为 89kg/m^3。可见尽管北干流是峡谷河流，比降约 10×10^{-4}，粗沙高含沙水流仍是沿程淤积的，这主要是北干流比降虽然达到 10×10^{-4}，比起粗沙支流来仍是小了多于 50%，同时支流的粗沙高含沙水流汇入干流受到稀释。

表 5-7 **1976 年 7 月 29 日～1976 年 8 月 6 日北干流洪水特征值**

站名（区间）	W/亿 m^3	W_s/亿 t	$\overline{Q}$/(m³/s)	$\overline{S}$/(kg/m³)	$(\overline{S}/\overline{Q})$/(kg·s/m⁶)	冲淤量/亿 t
河口镇	11.69	0.088	1503	7.5	0.005	—
河府区间	2.58	0.990	332	384	1.156	0.407
府 谷	14.27	0.671	1835	47	0.0256	—
府吴区间	3.67	3.238	472	882	1.869	1.954
吴 堡	17.94	1.955	2307	109	0.0472	—
吴龙区间	0.81	0.216	104	267	2.564	0.494
龙 门	18.75	1.677	2411	89	0.0371	—
全河段						2.855

粗沙高含沙水流特性与细沙高含沙水流特性相比，其差异反映在 $d > 0.05$mm 粗沙含量 p_i、由牛顿体转变为非牛顿宾汉体的临界体积比含沙量 S_{v0}、极限含沙量 S_{vm}、极限切应力 τ_B、相对黏滞系数 μ_r 等因子上，如表 5-8。

表 5-8 **粗、细沙高含沙水流特性比较**

项目	细沙高含沙水流	粗沙高含沙水流
p_i	一般小于 30%	一般大于 50%，沙峰可达 90%
S_{v0}	一般为 0.08～0.13	一般为 0.25～0.30
S_{vm}	一般为 0.40～0.45	一般为 0.60～0.65
τ_B	一般在 2.0～5.0N/m²可达 10.00 N/m²	一般小于 1 N/m²
μ_r	一般在 3.0～6.0	一般在 10.0 以上，可高达 20.0

分析表 5-8 可知, 细沙高含沙水流的群体沉速 ω_{ms} 的计算中, 小于 d_0 的泥沙沉速按浑液面沉速计, 大于 d_0 的泥沙沉速只考虑载体的黏性 μ_m, 即以 μ_m 代替 μ 即可, 而不需要考虑颗粒下沉时的相互干扰。粗沙高含沙水流的群体沉速 ω_{ms} 按式 (5-20)、式 (5-25) 计算。

粗沙高含沙水流虽然也可出现 τ_B, 但在洪水退落后, 粗沙已经沿程淤积, 含沙量减小, 不会发生整体停滞的现象。

5.5　高含沙洪水演进中的异常现象

由于高含沙水流流动中会出现不动层, 整体停滞、贴边淤积, 使高含沙洪水在演进过程中出现洪水位创新高、流量沿程增大或减小等异常现象。

5.5.1　洪水位创新高机理

高含沙洪水在萎缩的河槽中演进时, 由于主槽过洪能力小, 洪水起涨阶段就发生漫滩, 漫滩水流的水深和比降不足以克服静态极限切应力而整体停滞, 不断的漫滩、不断的整体停滞, 使滩面高程不断抬升。与此同时, 河岸也发生贴边淤积, 角隅处也形成不动层。高含沙洪水容重大, 作用在主槽床面上的切应力大, 河槽形成窄深断面形态, 洪水接近峰顶时, 就可以发生洪水位创新高的现象。

萎缩河槽中不一定每场高含沙洪水都出现洪水位创新高的现象, 这需要高含沙洪水有足够的持续时间, 含沙量高的时段也应有足够的历时, 沙峰也不应过于滞后于洪峰等水沙条件和河床条件的配合。

5.5.2　流量沿程增加机理

一般挟沙水流在演进过程中, 由于槽蓄作用, 流量沿程减小。但高含沙水流在演进过程中会出现流量沿程增加的现象, 这是因为整体停滞在滩地、边壁和角隅处的泥浆并不固结, 只要后续来流能克服其静态极限切应力就会再度流动, 在窄深河槽的形成过程中, 伴随水位的降落, 整体停滞再度流动的泥浆部分回归河槽, 使流量沿程增加。如 2004 年 8 月 22 日小浪底水库调水调沙异重流排沙期间, 出库最大洪峰流量 2680 m^3/s, 最大含沙量 352 kg/m^3, 出库泥沙粒径很细约 0.008mm。期间沁河、伊河、洛河的总流量不足 200 m^3/s, 洪水演进到花园口站实测最大洪峰流量高达 3980 m^3/s, 洪峰递增率约 40%, 夹河滩站, 孙口站洪峰流量相近, 形成了小浪底至花园口河段洪峰流量急剧增大, 夹河滩至孙口河段几乎不削峰的异常现象。其机理应是小浪底调水调沙起始阶段, 出库的水流是流量不大、含沙量高、泥沙很细的高含沙水流, 在演进中会潜入河流底层形成高含沙异重流, 它在流出峡谷后, 横向不断扩散, 导致高含沙异重流的流速、水深沿程递减, 以致不足以克服静切应力而整体停滞。随后出库流量接近峰值, 整体停滞的泥浆再度流动，使花园口出现高达 3980m³/s 的洪峰。龙毓骞等（2006）认为潼关断面常发生的河道异重流是渭河高含沙水流潜入黄河水流底部形成的，说明了黄河是可以出现河道异重流的。针对此次流量增率很大的机理有各种观点，值得深入研究。

也有高含沙洪水沿程削峰比很大的情况，如 2003 年 8 月下旬渭河高含沙洪水，临潼站 8 月 31 日 10 时洪峰流量 5090 m³/s，最高水位 358.34m，最大含沙量 604kg/m³，9 月 1 日 10 时洪水演进至华县站，洪峰流量 3540 m³/s，最高水位 342.76m，最大含沙量 391kg/m³，临潼至华县传播历时 24h，削峰比很大约50%，这场洪水的特点是洪水位创历史最高，洪水演进慢、削峰比很大。曹如轩等（2008）的分析研究认为，这是河槽萎缩，洪水大漫滩，滩地水流流态为层流，静态极限切应力导致滩上水流整体停滞又不归槽所致。

5.5.3　"驼峰"现象

黄河下游在来水来沙条件、河口侵蚀基准面变动及河床边界条件的制约下，会在某一河段发生明显的流速降低，相同水位下过流能力减小或同流量水位明显抬升的现象。这一卡口河段的过流能力小于上游河段，也小于下游河段，洪峰流量沿程变化的形状类似"驼峰"，这种局部过洪能力偏小的河段称之为"驼峰"河段，局部河段过洪能力偏小的现象称为"驼峰"现象。

要认识复杂的"驼峰"现象，将黄河中游下段和黄河下游上段的泥沙冲淤现象一并分析可能解释得好一些。黄河中游下段长 100 多 km，河床平均比降 11×10⁻⁴，是侵蚀性峡谷河段，河床为基岩、卵石，由三门峡下泄的挟沙水流在该段不会发生分选淤积。挟沙水流进入下游上段的铁谢河段发生分选，一部分泥沙淤积成床沙，一部分转为推移运动，一部分仍继续悬移运动，塑造了长约 300km 的游荡河段。小浪底水库调水调沙下泄洪水过程线形状与天然情况不同，天然情况的洪水过程线呈钟铃形，调水调沙下泄的洪水过程近似矩形，如图 5-10。近似矩形过

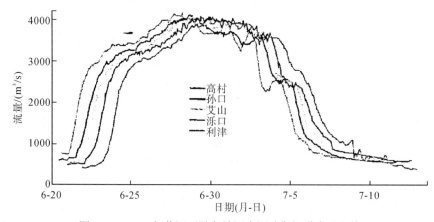

图 5-10　2008 年黄河下游各站调水调沙期间洪水过程线

程线在涨水、落水段，流量的时间变率 dQ/dt 很大，急剧的涨水造成河床的剧烈冲刷，床沙被冲起以悬移运动向下输移，当冲刷发展到高村河段时，挟沙水流已达超饱和状态，这时若处于落水阶段，流量急剧减小，悬移的泥沙大量淤积，出现"驼峰"现象。

秦毅分析了小浪底水库 2002 年、2003 年调水调沙过程中，洪水形状与河槽冲淤变化，认为断面冲淤量与流量的时间变率成正比，与流速的时间变率成反比，与含沙量成反比。涨水时，断面多以横向展宽为主，平均河床高程多抬高，落水时，河槽向窄深发展，平均河底高程降低。分析了 2002 年调水调沙过程中涨水与落水时河床质级配的中值粒径变化，可以发现流量变率最大时，中值粒径都大，高村更是如此，落水时艾山中值粒径减小较多，说明泥沙在艾山以上河段淤积多，也说明了孙口河段多发生"驼峰"现象。

第6章 黄河下游纵横断面变化基本规律

黄河下游河道的纵横断面是上、中游来水来沙塑造成的，但受河口侵蚀基准面变动的影响较大。黄河下游是强烈堆积性河道，河床的不断抬升使黄河成为淮河、海河的分水岭。图 6-1 为黄河下游河道大断面，形象地反映了黄河下游"地上河"的真容，也清楚地表明了下游防洪的重要性。为此，长期以来学者们对下游的河床形态进行了探索研究。钱宁认为河道的纵剖面决定于上游来水来沙条件，但他们之间的关系是一个长期调整的结果，黄河下游是一条堆积性河流，比降的调整犹未完成（钱宁，1965）。谢鉴衡认为黄河下游谷口段的淤积促使淤积向下游发展，而河口段的淤积则促使淤积向上游发展，其结果促使整个河段全面抬升。黄河下游由于来沙量大，淤积量大，河口延伸快，河床自动调整作用十分迅速，河床纵剖面作为一个整体，能够较快地适应自己的边界条件而达到相对稳定状态，河床纵剖面在多年平均情况下将接近平行抬升。这种平行抬升不是同步进行的，而是在较长时间内你追我赶的累积结果（谢鉴衡，2004）。王恺忱分析了黄河下游有资料以来的比降变化过程，认为从长时段来看，整个下游各河段均无变陡的趋势。1950 年以后花园口至利津全下游的比降变缓的趋势是明确的，近几年与 20 世纪 30 年代相比也是相近的，表明黄河下游的淤积从宏观上分析属于溯源淤积的性质，同时又指出黄河下游的淤积并不都以溯源淤积的形式出现，还存在来水来沙影响下，短时段的沿程淤积。两种淤积形式伴随着冲刷过程，使黄河下游的演变出现极复杂的演变过程和结果。黄河河口基准面不断抬高是下游淤积的决定因素之一，而黄河来沙量很大则是下游淤积的根源和症结所在，就是因为来沙量过大才造成河口显著的淤积延伸，否则也就不存在河口基准面持续抬高的问题，所以黄河下游长期以来不可能达到相对平衡（王恺忱，1982）。张仁等（1985）认为黄河河口延伸相当于抬高了侵蚀基准面，从而引起下游纵剖面的调

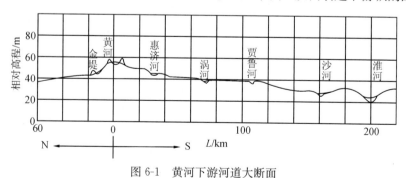

图 6-1 黄河下游河道大断面

整。周文浩等（1983）认为黄河下游纵剖面不存在平行抬升现象。尹学良（1996）认为河口影响距离有限，河道淤积不只是比降平缓和断面宽浅导致输沙能力低所致。总之已有成果对影响纵剖面变化因素看法基本一致，但对黄河下游纵比降是否已为相对平衡比降则各持己见，鉴于问题的复杂性，这是很正常的。

6.1　影响纵横剖面变化的主要因素

影响纵横剖面形态的主要因素有三个，它们为进口来水来沙条件、出口侵蚀基点条件和河床周界条件，其中来水来沙条件起决定性作用。

6.1.1　来水来沙条件的影响

来水来沙条件不仅仅是流量、含沙量的大小，还包括过程、粒径组成、水沙搭配等。表 6-1（a）为黄河下游河道 1950 年 7 月～1960 年 6 月年内淤积分布，此时段代表天然状态下的来水来沙条件。该时段来水来沙偏丰，10 年中流量大于 10000m³/s 出现 6 次，6000～10000m³/s 出现 25 次，最大洪峰流量 22 300m³/s，流量大、洪水次数多，水流淤滩刷槽，河槽过洪能力增大。由表可看出该时段汛期淤积量占 80%，其中洪水期占 75%，平水期占 5%，非汛期来沙量占年沙量的 26%，淤积量占 20%。洪峰流量大于 10 000 m³/s 的大漫滩洪水和洪峰流量 6000～10 000 m³/s 的小漫滩洪水的淤积比大，这是因为含沙量大，含沙量大就意味着挟带的泥沙粗，相同水流条件的挟沙力小。图 6-2 为黄河下游洪峰期花园口站悬沙 d_{50} 与含沙量关系，说明了黄河下游水流含沙量高，泥沙组成就粗。非汛期含沙量仅为 14kg/m³，而淤积比为 27.3%，与汛期小漫滩洪水相近，这是因为非汛期来水流量小、来沙粒径粗。表 6-1（b）为 1950 年 7 月～1960 年 6 月黄河下游河道年内淤积量沿程分布，高村以上游荡河段年均淤积量 0.62 亿 t，占年均总淤积量的 75.6%。主槽的冲淤能较好地反映河道的输沙特性，分析表中主槽的冲淤量可见铁谢至孙口是淤积的主要部位，淤积量占全河段的 76%，其中尤以铁谢至花园口的淤积比重最大，意味着输沙能力最小，孙口以下河型好，主槽淤积量仅占全河段的 6%。资料表明，无论进口来水来沙条件有利或是不利，铁谢至花园口河段水流对泥沙的冲淤调整是很快的，而孙口以下河段已经稳定。图 6-3 为 1950 年 7 月～1960 年 6 月黄河下游滩槽冲淤量沿程变化，图 6-4 为黄河下游 1950～1960 年同流量（3000m³/s）水位变化。可见，无论汛期洪水期、平水期和非汛期，下游河道均处于淤积状态，不仅反映了来水来沙对河道冲淤及其分布的影响，也反映了下游河道的堆积性质（潘贤娣等，2006）。

表 6-1（a）　1950 年 7 月～1960 年 6 月黄河下游河道年内淤积分布

项　目	水量 /亿 m³	沙量 /亿 t	含沙量 /（kg/m³）	冲淤量 /亿 t	淤积比 /%	各占年的比例/% 水量	沙量	冲淤量
全年	4800	179	37	36.1	20.2	100	100	100
汛期	2960	153	52	29.0	19.0	62	85	80
洪峰期	2086	129	62	27.2	21.1	44	72	75
洪峰最大流量 >10000 m³/s 大漫滩洪水	350	29	83	9.4	32.4	7	16	26
洪峰最大流量 6000～10000 m³/s 小漫滩洪水	706	54.6	77	15.0	27.5	15	30	41
洪峰最大流量 4000～6000 m³/s 不漫滩洪水	544	28.3	52	2.5	8.8	12	16	7
洪峰最大流量 2000～4000 m³/s 不漫滩洪水	486	17.1	35	0.30	1.8	10	10	1
平水期	874	24.0	28	1.8	7.5	18	13	5
非汛期	1840	26.0	14	7.1	27.3	38	15	20

表 6-1（b）　1950 年 7 月～1960 年 6 月黄河下游河道年均淤积量沿程分布

河　段	冲淤量/亿 t 主槽	滩地	全断面	各占全下游的比例/% 主槽	滩地	全断面	（主槽/全断面）/%
铁谢—花园口	0.32	0.30	0.62	39	11	17	52
花园口—夹河滩	0.16	0.41	0.57	20	15	16	28
夹河滩—高村	0.14	0.66	0.80	17	24	22	18
高村—孙口	0.15	0.78	0.93	18	28	25	16
孙口—艾山	0.04	0.20	0.24	5	7	7	17
艾山—泺口	0.01	0.19	0.20	1	6	6	5
泺口—利津	0	0.25	0.25	0	9	7	0
铁谢—利津	0.82	2.79	3.61	100	100	100	23

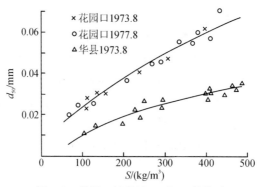

图 6-2　花园口站悬沙 d_{50} 与 S 的关系

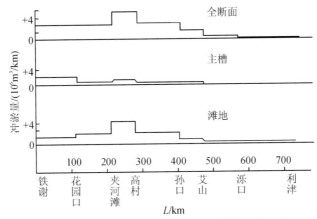

图 6-3　1950 年 7 月～1960 年 6 月黄河下游滩槽冲淤量沿程变化

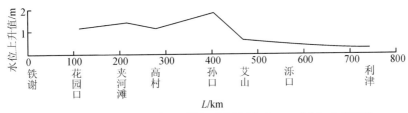

图 6-4　1950～1960 年黄河下游河道同流量（3000m³/s）水位变化

　　非汛期进入下游的粗沙主要是水流从北干流、小北干流挟带来的。在纬度差异造成的低温效应、流量沿程增加造成的增能效应以及冻融效应的共同作用下，非汛期的水流可以将汛期淤积在河道中的泥沙冲起挟带。根据挟沙力双值关系，泥沙被挟带后，控制泥沙运动的应为淤积挟沙力，而淤积挟沙力大于冲刷挟沙力，冲起的泥沙少部分淤积在潼关河段，大部分则通过三门峡河段输往下游。非汛期小水挟带的粗沙进入下游后，由于花园口以下河道比降比三门峡至小浪底河段比降减小了 80%，而下游河宽又比上游河宽大数倍，故下游水流挟沙力急剧减小，一部分粗沙转为推移运动。因为推移质与水流质点没有跟随性，且又是间歇性运动，所以作推移运动的粗沙部分停滞为床沙，部分以沙波运动形式缓慢前进。在两岸没有山岭、稳定河岸约束的情况下，河槽淤高迫使水流侧蚀、摆动、展宽，形成游荡河道。

　　1960～1962 年蓄水拦洪运用期间，三门峡水库除汛期下泄异重流外，绝大部分泥沙拦截在库内，下游河道发生冲刷。1964～1973 年水库滞洪排沙削峰明显，下游由冲转淤，由于洪水漫滩机会少，淤积主要发生在主槽。1973 年后水库蓄清排浑运用，非汛期八个月下泄清水，非汛期由北干流、小北干流冲刷带来的粗沙全部拦截在库内，下游河道冲刷，当流量小于 2000m³/s 时，冲刷不能发展到利津，而是高村以上河道冲、高村以下河道淤。汛初水库排浑时，下泄的泥沙基本上都淤在高村以上河道，能全程冲刷排沙入海的洪水不足 5%，这是由冲刷挟沙力小于淤积挟沙力的机理决定的。表 6-2 为黄河下游高含沙量洪水来水、

表 6-2　黄河下游高含沙量洪水来水、来沙及泥沙组成

时段（年-月-日）	天数 /d	花园口 最大流量 /(m³/s)	三门峡 最大含沙量 /(kg/m³)	三黑武 水量 /亿m³	沙量 /亿t	平均流量 /(m³/s)	平均含沙量 /(kg/m³)	来沙系数 /(kg·s/m⁶)	各粒径组(mm)所占百分数 % <0.025	0.025~0.05	0.05~0.10	>0.1	>0.05	中数粒径 /mm
1969-7-23～8-6	15	4 450	435	23.6	4.8	1 821	203	0.111	50.4	22.1	22.4	5.1	27.5	0.024 5
1969-8-7～8-15	9	3 090	315	11.2	1.68	1 440	150	0.104	53.9	23.6	20.0	2.5	22.5	0.023 5
1970-8-5～8-18	14	4 960	620	25.7	8.11	2 125	316	0.149	44.4	25.2	21.9	8.5	30.4	0.030
1971-7-26～7-31	6	5 040	666	10.9	2.58	2 103	237	0.113	31.7	30.3	32.6	5.4	38.0	0.039
1971-8-17～9-2	17	3 170	653	19.1	2.26	1 300	118	0.091	33.6	33.6	28.6	4.2	32.8	0.036
1972-7-22～7-30	9	4 090	310	15.8	1.82	2 031	115	0.057	48.5	22.4	24.6	4.5	29.1	0.026 5
1973-7-31～8-21	22	1 170	314	11.6	0.88	610	76	0.125	65.0	18.6	12.5	3.9	16.4	0.021
1973-8-22～8-27	6	2 690	332	10.1	1.5	1 948	149	0.076	58.7	24.8	13.9	2.6	16.5	0.020
1973-8-28～9-7	11	5 890	477	31.4	7.36	3 304	234	0.071	54.6	26.3	15.0	4.1	19.1	0.023
1974-7-26～8-6	12	3 700	391	14.2	2.26	1 370	159	0.116	54.2	20.8	21.0	4.0	25.0	0.022
1977-7-7～7-14	8	8 100	589	28.7	7.77	4 152	271	0.065	47.7	25.2	20.6	6.5	27.1	0.027 5
1977-8-4～8-11	8	10 800	911	27.1	8.76	3 921	323	0.082	38.0	22.9	24.9	14.2	39.1	0.036
1978-7-12～7-20	9	3 100	433	14.2	2.41	1 826	170	0.093	51.7	31.0	15.6	1.7	17.3	0.024 5
1988-8-5～8-10	6	5 390	395	16.2	2.27	3 125	140	0.045	52.2	28.3	16.0	3.5	19.5	0.022 5
1988-8-11～8-14	4	6 090	340	16.0	3.53	4 630	221	0.048	53.7	24.8	14.8	6.7	21.5	0.023
1989-7-22～7-29	8	5 480	262	17.7	2.55	2 561	144	0.056	56.5	25.7	16.6	1.2	17.8	0.021
1992-8-10～8-19	10	6 430	488	23.8	5.69	2 755	239	0.087	47.7	28.5	16.7	7.1	23.8	0.028
1994-8-6～9-17	12	6 300	490	27.6	5.63	2 662	204	0.077	48.1	29.1	18.7	4.1	22.8	0.030

来沙及泥沙组成情况。黄河中游支流每逢暴雨常出现高含沙洪水，最大含沙量可达 1000kg/m³ 以上，汇入干流后，经过三门峡以上河道的调整，进入下游河道的含沙量虽有衰减，但仍出现高含沙洪水。1969 年以来下游出现高含沙洪水 18 次，含沙量大于 500 kg/m³ 的 5 次，400～500 kg/m³ 的 5 次，300～400 kg/m³ 的 8 次，最大瞬时含沙量 911 kg/m³，高含沙洪水有许多不同于一般洪水的水流特性。

高含沙洪水绝大多数来自粗泥沙来源区，洪峰尖瘦，汇入干流后受槽蓄作用，洪峰调平，又受三门峡水库影响，最大洪峰流量一般为 4000～8000m³/s，平均流量 2000～4000 m³/s 洪峰历时较短。

表 6-2 为潘贤娣等（2006）统计的 1969～1994 年 18 次高含沙洪水来水、来沙及泥沙组成。经过对资料的统计分析，其中 1969～1989 年 16 场高含沙洪水三门峡至利津河段共淤积泥沙 34.9 亿 t，占来沙量的 57%，占同期（1969～1989 年）总淤积量的 82%，其中粗、中、细、泥沙分别淤积 13.2 亿 t、10 亿 t、11.7 亿 t，分别占来沙量的 80%、65%、40%，而粒径大于 0.1mm 的更粗泥沙淤积 3.8 亿 t，占来沙量的 97%。高含沙洪水下的河道的输沙仍存在多来、多排、多淤的特点，若是粗沙含量大的粗沙高含沙水流则是多来、多淤不多排。高含沙洪水下游淤积量多少取决于来沙量的多少及泥沙组成，而淤积部位则与流量大小有关，可见高含沙洪水明显的影响纵横剖面变化。

游荡河段的水流摆动范围是相当大的，下游可在近 10km 宽的范围内游荡摆动，而小北干流的游荡摆动范围更大，可达 18km。图 6-5 为下游秦厂断面不同时期断面变化，反映了游荡河道摆动、淤高、萎缩等特点。粗泥沙淤积是河道形成游荡摆动的主要原因之一，河道游荡、床面上的沙垄增加了水流动床阻力，降低了水流输沙能力，导致大水、小水、一般挟沙水流、高含沙水流等情况下，河道皆淤，下游游荡河段的淤积不能向上发展，只能向下发展，造成长约 300km 的游荡河道，因此它不能塑造稳定的纵横向形态。

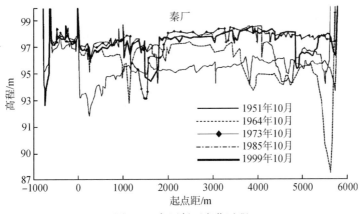

图 6-5　秦厂断面变化过程

　　艾山以下弯曲河段主槽中泥沙几乎不再分选淤积。表 6-1（b）和图 6-3 表明主槽淤积量只占全断面的 5%，艾山以下河道主槽淤积量仅占全下游主槽淤积量的 1.2%，低于泥沙测验允许误差。图 6-6 为下游泺口断面不同时期断面变化，反映出河槽变形以垂直变形、萎缩等为特点，可以塑造稳定的纵横向形态。

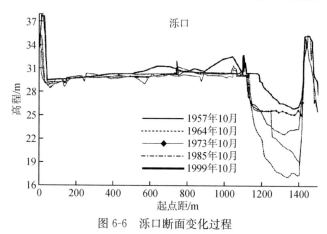

图 6-6　泺口断面变化过程

　　黄河下游长期堆积性质主要是黄河水少沙多、每年占来沙量 20.3% ~ 24.3% 的 $d>0.05$mm 的粗泥沙淤积造成的。根据表 1-2 ~ 表 1-4 的分析，粗泥沙排沙入海的比例极低，特别是 $d>0.1$mm 的更粗泥沙。

6.1.2　侵蚀基准面的影响

　　侵蚀基准面是影响河流纵剖面的下边界条件，它对黄河下游纵剖面长期不稳定有很大的影响。从实测资料分析，影响河口泥沙淤积和扩散的主要因素有径流、潮流、风浪流和温盐度异重流四种（熊绍隆，2011；陆俭益，1986）。

　　1. 径流

　　黄河的年径流变幅、年内流量变幅都很大，1964 年径流量 970 多亿 m³，1960 年仅 90 多亿 m³，相差 10 倍，1958 年 $Q_{max}=10\ 400$m³/s，最小时出现断流。由于水少、沙多，河口三角洲的河槽宽浅散乱，过洪能力不足 200m³/s，因而泥沙淤积严重。洪水过后常出现主槽迁徙改道、口门沙咀和岸线延伸，径流泥沙不能全部输往深海。

　　2. 潮流

　　渤海潮流属弱潮，最大流速为 1.5m/s，一般为 0.4 ~ 0.6m/s，不能把河口径流泥沙输往深海。

　　3. 风浪流

　　沿河口三角洲海域水深较浅，风浪不仅形成风吹流，而且可将沉积的泥沙掀起再搬运，侵蚀岸滩，影响入海流路。

4. 温盐度异重流

渤海是一个半封闭海域，夏季浅水海域受热辐射和黄河注入高温低盐水体，密度较小浮覆于上层 5m 左右水体，外海低温高盐水体则分布在 10m 以下海域，有利于汛期黄河来沙扩散外移。若汛期含沙量高的洪水有可能以浑水异重流的流态把泥沙带入深海。

入海泥沙在这四种流态的相互影响下，产生沉积和扩散，塑造了河口三角洲的淤进、蚀退、岸滩冲淤变化等不同特征，引起河口以上河道的不断调整。

图 6-7 为黄河入海泥沙扩散分布，表 6-3 为河口泥沙淤积分布，分析图表可知多年平均约 4 亿 t 泥沙堆积在河口水下三角洲和沿岸浅滩，约 4 亿 t 泥沙沉积到渤海深海区，入海后的泥沙扩散呈舌形带状分布。黄河河口这种独特的演变特征使黄河下游纵剖面处于难以平衡、持续性的堆积抬升状态。

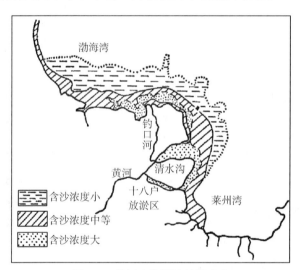

图 6-7　黄河入海泥沙扩散分布

表 6-3　河口泥沙淤积分布

时段	淤在零米线以上三角洲面		淤在零米线以下浅滩		淤在深海区		利津站输沙量/亿 t
	输沙量/亿 t	占比/%	输沙量/亿 t	占比/%	输沙量/亿 t	占比/%	
1950~1960 年	3.5	26.0	4.7	36.0	5.0	38.0	13.2
1964~1976 年	2.33	21.6	4.76	44.1	3.71	34.3	10.8
年平均	2.54	24	4.24	40.0	3.82	36.0	10.6

河口三角洲一直处在淤积、延伸、摆动、改道、溯源冲刷的变化中，它类似于水库三角洲顶坡段和前坡段的连接处，既向前推进，又向上抬升，作为黄河下游纵剖面的侵蚀基准面一直处在延伸变动中。近期黄河河口三角洲比降 1×10^{-4}，

与利津河段比降相同，图6-8为黄河河口拦门沙即河口三角洲纵剖面，反映了上述特征。

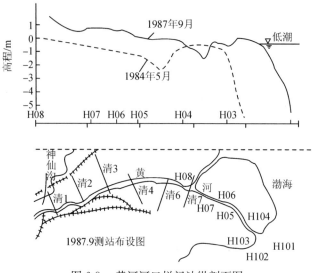

图6-8　黄河河口拦门沙纵剖面图

当然世界上也有一些游荡型河段处于平衡状态中，如布拉马普特拉河在袭夺了提斯塔河以后，在两百年内堆积了近20m厚的沙子，发展成今天的游荡型河流。但目前河道已处于准平衡状态，这和布拉马普特拉河河口滨海区有一条深700m的海底深沟，一直延伸到离河口约80km处，使布拉马普特拉河的泥沙能够通过深沟带向外海，海岸线长期维持稳定有很大关系（Coleman，1969）。

6.1.3　河道周界条件

黄河下游有三个不利的周界条件。

第一个不利的周界条件是大堤和生产堤。黄河下游自孟津至河口有两段周界起控制作用，一段是南岸郑州铁路桥以上的山岭，另一段是山东梁山十里铺至济南田庄的山岭，两段以外，黄河被约束在两岸大堤之间。1960年后，在大堤间的滩上又筑起生产堤，这对小洪水也起了束水作用，所以黄河下游虽为冲积平原河道，但大堤、生产堤减少了漫滩淤积空间，对河槽起了促淤作用，悬河、二级悬河皆由此而生。

第二个不利的周界条件是下游支流既少又小，特别是山东段仅有水量很小的支流大纹河，起不到沿程增能的作用。如三门峡水库蓄清排浑期间，非汛期下泄清水，下游上段冲，山东段水流挟沙力即超饱和回淤，对调水调沙十分不利。

第三个不利的也是最不利的周界条件出现在铁谢以上及以下交接河段。铁谢以上河段从三门峡至小浪底全长132km，比降11×10⁻⁴，为侵蚀性河段，铁谢以下河道为冲积平原河道，是堆积性河段。三门峡水库汛期下泄的水沙，非汛期北干流、小北干流冲刷挟带的泥沙，进入三门峡小浪底比降大的河段，水流挟沙力没有被全部利用，泥沙不会淤积，全部泥沙被挟带输送至铁谢以下河段，其中大部分粗沙从悬移转为推移运动。推移运动的本能要求河宽增大、水深减小，粗沙集中淤积加速河道的游荡发展，加长游荡河段的长度。游荡河道布满沙垄，水流阻力大，挟沙力低，不论来自何种泥沙来源区的洪水，粗泥沙都表现为淤积。游荡河道的比降比弯曲河流大，但黄河下游的游荡河道比降不是平衡比降，床沙沿程分选，河道汊道多，水流散乱。表 6-4 为同流量下水流因子沿程变化，反映了游荡河段水流挟沙力低的根本原因（潘贤娣等，2006）。

表 6-4　黄河下游河槽水力形态的沿程变化

沿程变化	河段		
	铁谢—高村	高村—艾山	艾山—利津
比降/‰	0.2～0.17	0.17～0.11	0.10
水面宽/m	1300～2500	800～1100	440
平均水深/m	1.4～2.0	2.6	4.6
平均流速/(m/s)	1.1～1.6	1.7	2.0
单宽流量/(m²/s)	1.6～3.2	4.5	9.2
γhJ/(kg/m²)	0.28～0.40	0.32	0.46

影响黄河下游纵横剖面的三个因素有主有次，来水来沙是起决定作用的，但又不是孤立的，而是有相互影响的。

6.2　黄河下游纵剖面形态

6.2.1　黄河下游纵剖面形态特征

大江大河下游虽都是冲积平原河流，但受各自来水来沙及边界条件的制约，其纵剖面形态并不雷同。黄河下游纵剖面形态特征、形成机理和发展过程与官厅水库淤积三角洲的形成、发展相似。图 6-9 为官厅水库的三角洲淤积，可见在三角洲尾部段，各粒径组泥沙都有分选调整，至顶坡段，泥沙几乎无分选，表明顶坡段纵比降为最小比降，即平衡比降，再往下为前坡段，异重流过渡段和坝前淤积段。再分析黄河下游分选情况，水沙全部通过三门峡—小浪底峡谷河段、进入铁谢冲积平原河段后，卵砾石全部淤积，粗沙沿程分选大量淤积，两岸又无约束，必然导致河道展宽，水深减小，形成游荡河型。表 6-5 为黄河下游三门峡至高村、高村至利津河段 $d>0.05$mm 泥沙的淤积比统计，可见粗沙的分选淤积主要在游荡河段完成，游荡河段相当于三角洲尾部段，艾山至利津相当于顶坡段。

官厅水库为湖泊型水库，汛期水库水位变化不大，和黄河河口段相比较是不同的，但黄河下游纵剖面在利津以上河段与官厅淤积三角洲是相似的。

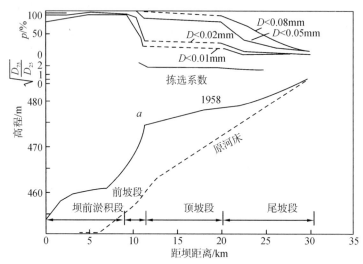

图 6-9　永定河官厅水库的三角洲淤积

表 6-5　黄河下游 $d>0.05$mm 泥沙淤积比

河段	多沙粗沙来源区 14 场洪水		多沙细沙来源区 108 场洪水		少沙来源区 76 场洪水	
	$d>0.05$mm	全沙	$d>0.05$mm	全沙	$d>0.05$mm	全沙
三门峡—高村	79.4	53.6	53.2	25.0	3.6	−22.1
高村—利津	45.2	18.9	−10.0	3.2	−0.075	−3.3
全下游	88.7	62.4	48.4	47.8	−0.36	−26.2

图 6-10 为黄河下游河道主槽纵剖面及淤积物沿程拣选系数变化，拣选系数是根据徐建华等（2000）统计的实测资料计算的（见第 4 章表 4-6）。可见花园口至高村游荡河段拣选系数由 1.67 减小到 1.6，孙口至艾山河段拣选系数由 1.48 减小到 1.39 左右，艾山以下河段拣选系数几乎不变，因此艾山以下河段可认为是相当于官厅水库的顶坡段，输沙可认为平衡的，床沙的中值粒径 d_{50} 变化是艾山以上河段沿程减小，艾山以下变化很小。$d>0.5$mm 的泥沙花园口含量为 0.5%，夹河滩为 0.2%，以下各站为零。$d>0.25$mm 的泥沙花园口含量为 6.7%，夹河滩为 3.6%，高村为 2.5%，孙口为 0.3%，再缓慢地减小到利津的 0.1%。$d>0.1$mm 的泥沙花园口含量为 40.3%，利津为 16.4%，分选仍明显。$d>0.05$mm 的泥沙沿程变化小，花园口为 77.6%，至利津为 75.9%，$d>0.025$mm 的泥沙沿程分选不明显。根据床沙各粒径组泥沙沿程变化情况，可得出高村以上输沙是不平衡的，经孙口河段的调整，过渡至艾山以下床沙几乎无分

选，可认为艾山以下输沙是平衡的，比降为平衡比降。

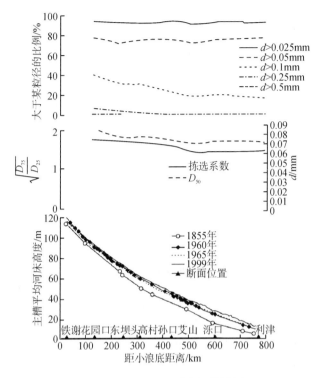

图 6-10　黄河下游河道主河槽纵剖面

图 6-11 为黄河下游各河段洪峰流量与排沙比关系，可见高村以上河段排沙比几乎都小于 100%，当流量 $Q > 3000\text{m}^3/\text{s}$，高村以上排沙比仅为 $60\% \sim 80\%$，

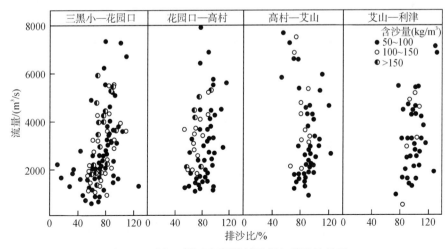

图 6-11　黄河下游各河段洪峰流量与排沙比关系

当含沙量增大排沙比降低。艾山至利津河段，当流量 $Q>2000\text{m}^3/\text{s}$，河段排沙比可达 100%。表 6-6 为冲刷过程中下游各断面床沙中值粒径变化，可见高村以下建库前床沙中径几无变化，1962 年则变化甚小，而高村以上床沙中径变化较大，尤其是三门峡水库蓄洪拦截了粗沙后，床沙中径变化甚大。再对照图 6-10 说明泥沙的分选调整主要在高村以上游荡河段完成。

表 6-6 冲刷过程中下游各断面床沙中值粒径变化 （单位：mm）

时 段	铁 谢	管庄峪	花园口	辛 寨	高 村	杨 集	艾 山	泺 口	利 津
建库前平均	0.164	0.097	0.092	0.072	0.057	0.059	0.057	0.057	0.057
1962 年 10 月	0.520	0.251	0.168	0.132	0.096	0.076	0.082	0.091	0.082

综上所述，可得出高村以上游荡河段输沙是不平衡的，河床不是平行抬升的，利津以下河段也不是平行抬升的，只有相当于淤积三角洲顶坡段的艾山至利津河段是输沙平衡的，河床是结构性的平行抬升。

6.2.2 黄河下游纵剖面沿程调整分析

冲积平原河道的纵剖面形态一般为下凹曲线，潘贤娣等（2006）根据实测资料分析求得河床高程 Z 与距离 x 的关系为三次多项式，其表达式为

$$Z=k_1x^3+k_2x^3+k_3x+C \tag{6-1}$$

若以小浪底为起点，由实测资料可得待定系数 k_1、k_2、k_3、C，数值列于表 6-7。

表 6-7 待定系数值

年 份	k_1	k_2	k_3	C
1855 年	-0.936×10^{-7}	2.519×10^{-4}	-0.2922	122.04
1965 年	-1.106×10^{-7}	2.412×10^{-4}	-0.2689	122.74
1999 年	-1.092×10^{-7}	2.281×10^{-4}	-0.2673	123.96

由式（6-1）可得河床纵比降 J 沿程变化

$$J=\frac{\mathrm{d}Z}{\mathrm{d}x}=3k_1x^2+2k_2x+k_3 \tag{6-2}$$

由式（6-2）计算的纵比降列于表 6-8，由表 6-8 可见，高村以上属尾部段，比降变化大，高村以下变化小，逐渐过渡为平衡河段。

表 6-8 纵比降变化计算

位置	距小浪底 距离/km	比降 J/‰			位置	距小浪底 距离/km	比降 J/‰		
		1855 年	1965 年	1999 年			1855 年	1965 年	1999 年
铁谢	25.8	0.279	0.257	0.246	花园口	131.9	0.231	0.211	0.203
伊洛河口	71.3	0.258	0.236	0.226	柳园口	200.6	0.202	0.185	0.179

续表

位置	距小浪底距离/km	比降 J/‰			位置	距小浪底距离/km	比降 J/‰		
		1855 年	1965 年	1999 年			1855 年	1965 年	1999 年
高村	309.1	0.163	0.152	0.148	艾山	493.7	0.112	0.112	0.112
孙口	430.4	0.127	0.123	0.122	泺口	593.9	0.092	0.099	0.102
东坝头	243.7	0.186	0.171	0.166	利津	765.9	0.080	0.094	0.100

注：1855 年数据较少，仅供参考。

谢鉴衡（2004）对黄河下游纵剖面的形态及其变化进行了深入分析，引用了 5 个方程式，即

泥沙连续方程　　　　　$\dfrac{\partial(QS)}{\partial e}+\gamma'B\,\dfrac{\partial y}{\partial t}=0$　　　　　　　　　　（6-3）

水流挟沙力公式　　　　$S=k_1\gamma_s\,\dfrac{U^3}{\alpha gh\omega}$　　　　　　　　　　（6-4）

河相关系式　　　　　　$\dfrac{\sqrt{Bd}}{h}=k_2$　　　　　　　　　　（6-5）

水流阻力公式　　　　　$U=k_3\left(\dfrac{h}{d}\right)^{1/6}\sqrt{ghJ}$　　　　　　　　　　（6-6）

水流连续方程　　　　　$Q=BhU$　　　　　　　　　　（6-7）

假设流量 Q 沿程不变，$\dfrac{\partial y}{\partial t}=v_y=$ 常数，运用式（6-5）、式（6-7），可将式（6-3）转化为

$$\frac{10k_1\gamma_sQ^4d^3}{\alpha k_2^6 g\omega}\frac{1}{h^{11}}\frac{\mathrm{d}h}{\mathrm{d}L}-\frac{\gamma'k^2h^2}{d}v_y=0 \qquad (6\text{-}8)$$

再联解式（6-5）、式（6-6）、式（6-7），可得

$$h=\frac{Q^{3/11}d^{7/22}}{k_2^{6/11}k_3^{3/11}J^{3/22}} \qquad (6\text{-}9)$$

将式（6-9）代入式（6-8），分离变量并积分，得出

$$-J^{18/11}=ML+C \qquad (6\text{-}10)$$

式中 M 称为纵剖面形态系数，其表达式为

$$M=\frac{6k_2^{16/11}\gamma'\alpha\omega v_y}{5k_1 k_3^{36/11}\gamma_s g^{7/11}d^{2/11}Q^{8/11}} \qquad (6\text{-}11)$$

以上各式中，Q 为造床流量；S 为与造床流量相应的含沙量；B 为河宽；y 为河床高程；γ'，γ_s，γ 为分别为淤积物、泥沙、水的容量；U 为平均速度；h 为平均水深；ω 为床沙质平均沉速；d 为床沙质平均粒径；J 为比降；g 为重力加速度；L 为由进口断面起算的距离；t 为时间；k_1 为水流挟沙力系数；k_2 为河相系数；k_3 为系数。

根据黄河下游实测资料，以花园口作为游荡河段起点，高村作为过渡性河段

起点，孙口作为蜿蜒性河段起点，应用进口边界条件，决定积分待定系数 C，可得

花园口－高村游荡型河段

$$J_0^{18/11} - J^{18/11} = 0.00627L \tag{6-12}$$

高村－孙口过渡型河段

$$J_0^{18/11} - J^{18/11} = 0.273 + 0.00483L \tag{6-13}$$

孙口－利津蜿蜒型河段

$$J_0^{18/11} - J^{18/11} = 1.496 + 0.000997L \tag{6-14}$$

式中，L 为河段长（km）；J_0 为河段进口断面比降（万分位表示）；J 为全河段比降（万分位表示）。

黄河河口三角洲处在不断的演变过程中，下游又没有大支流汇入，因此黄河下游的比降等水力要素不可能维持输沙平衡，考虑到初始时刻冲淤条件的不同，在应用上述五个方程式时，仅将水流挟沙力公式改取双值关系，即

$$S = S_* = k_1 \frac{\gamma_m}{\gamma_s - \gamma_m} \frac{(U - U_0)^3}{\alpha g h \omega} \tag{6-15}$$

式中，U_0 为挟动流速，冲刷时 U_0 取扬动流速 U_S，淤积时 U_0 取止动流速 U_H；其余符号同前。

参照谢鉴衡（2004）的处理方法，并令 $U = \eta (U - U_0) = \eta U_e$，则可得

$$-J^{18/11} = ML + C \tag{6-16}$$

$$M = \frac{6k_2^{16/11} \gamma' \alpha \omega v_y \eta^3}{5k_1 k_3^{36/11} \gamma_s g^{7/11} d^{2/11} Q^{8/11}} \tag{6-17}$$

与谢鉴衡公式相比，主要是纵剖面形态系数 M 公式中增加了 y^3 因子，它体现了比降为双值的理念，这是因为挟沙力为双值，且 $U_S > U_H$（$d > 0.04$mm），故冲刷时的值大于淤积时的值，冲刷使比降减小，河床趋向不冲，淤积时比降增大趋于河床不淤。

根据以上分析，黄河下游纵剖面形态与亚马逊河、长江、恒河等大江大河相比较，有如下的独特性。

（1）黄河下游的最小纵比降比亚马逊河、长江、恒河等大得多，黄河下游最小比降约 1×10^{-4}，长江下游湖口至入海口 814km 河段比降约 0.16×10^{-4}，镇江以下最小比降约 0.1×10^{-4}。这是因为黄河水少沙多，需要有较大的比降输沙。

（2）黄河河口属弱潮浅海区，河口三角洲不断向前推进，侵蚀基点不断外移，河长不断增加，因此河口三角洲上溯源冲刷和溯源淤积交替出现，以淤积为主，造成黄河下游不具备平衡输沙的纵剖面。

（3）黄河下游纵剖面与水库三角洲淤积体有相似之处，具有不平衡的游荡性尾部段，平行抬升的、比降为平衡比降的顶坡段和溯源淤积、溯源冲刷交替出现的河口段。

（4）黄河下游的比降比黄河最后一个峡谷的比降小得多，狭谷河段的水流挟沙力没有被全部利用，粗沙全部下移出峡谷后转为床沙和推移运动，造成河道宽浅游荡，降低了水流挟沙力。因此，淤积只能向下游发展，且发展迅速，使下游河床不断抬升，游荡河道长度逐渐加长。

6.3　黄河下游横断面形态

6.3.1　黄河下游横断面形态特征

黄河下游横断面形态特征与河型有关，下游河道由游荡河段、过渡河段和弯曲河段构成。孟津至高村是典型的游荡河段，河段长 299km，两岸堤距 5～20km，形态特征是河道宽浅，河槽宽度 1～3.5km，主槽摆动频繁、摆动幅度大，滩槽高差小于 2m，有的不及 1m。高村至陶城埠为游荡型向弯曲型的过渡河段，长 165km，两岸堤距 1～8.5km，主槽宽度 0.5～1.6km，主河槽明显，滩槽高差 2～3m，主槽虽有摆动但较稳定。陶城埠至宁海为弯曲河段，长 322km，两岸堤距 0.45～5km，主槽宽 0.3～0.8km，两岸控制工程使河势较为稳定。表 6-9 为黄河下游各河段的河道特性，基本上反映了黄河下游的全貌。

表 6-9　黄河下游各河段的河道特性

河　段	长度/km	河型	宽度/km			平均比降/‰	弯曲率	河道面积/km²		
			堤距	河槽	主槽			主槽	滩地	全断面
孟津—原郑州铁路桥	101	游荡		1～3	1.4	0.265	1.16	127.2	556.5	683.7
原郑州铁路桥—东坝头	128	游荡	5～14	1～3	1.44	0.203	1.10	173.0	983.4	1156.4
东坝头—高村	70	游荡	5～20	1.6～3.5	1.30	0.172	1.07	83.2	590.3	673.5
高村—陶城埠	165	过渡	1～5.5	0.5～1.6	0.73	0.148	1.28	106.6	639.8	746.4
陶城埠—宁海	322	弯曲	0.46～5	0.4～1.2	0.65	0.101	1.20	206.7	684.0	840.7

图 6-12（a）为典型游荡河段平面图，可见江心多沙洲，水流散乱，主槽位置不固定，外形宽窄相间。图 6-12（b）为过渡河段平面图，可见江心沙洲较游荡河段少，河道有弯曲的外形，但主槽位置仍不固定。图 6-12（c）为弯曲河道平面图，可见主槽位置固定，弯曲河道断面是冲积河流稳定的断面，这主要是因为经过上两个河段对水沙的调节和两岸控导工程的作用，限制了曲流的发育，艾山以下的来水来沙由于经过游荡河段和过渡河段的分选淤积调整，含沙量与水流条件基本已适应，床沙组成也基本稳定，所以纵比降为平衡比降，三门峡水库建库前，河槽横向形态也可认为是平衡的。

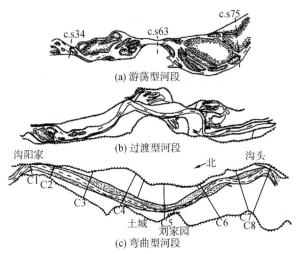

图 6-12　黄河下游游荡型、过渡型、弯曲型河段的平面形态

6.3.2　三门峡水库运用方式对下游横断面形态的影响

三门峡水库对水沙的调节、生产堤的修建、两岸控导工程的控导作用，下游横断面出现了快速的调整，不同时期有不同的变化。

1960～1964 年水库下泄清水，出库流量小，含沙量更小，含沙量的减小值大于下游河段挟沙力的降低值，下游河道发生沿程冲刷，这也是重建平衡的过程。1960 年 9 月～1964 年 10 月下游河道共冲刷泥沙 23.1 亿 t，年水量大，冲刷强度就大，1962 年水量 448 亿 m³、冲刷量 3.5 亿 t，1963 年水量 574 亿 m³、冲刷量 5.3 亿 t，1964 年为大水年，仅三门峡年水量就达 685 亿 m³，下游河道冲刷量达 8.5 亿 t。

下泄清水期间，河床冲深相应地引起塌滩，但总趋势是以冲深为主，横断面变窄深。图 6-13 为 1960 年汛前、1964 年汛后铁谢至高村游荡河段河相系数变化

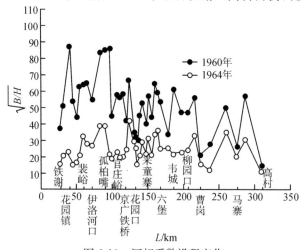

图 6-13　河相系数沿程变化

过程，可见变化总趋势是河相系数变小，但沿程各断面的减小值是不同的。图 6-14 为蓄水拦沙期花园镇断面变化，可见游荡性质未变，但河槽最低点冲深近 4m。

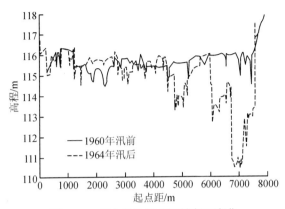

图 6-14　蓄水拦沙期花园镇断面变化

1965～1973 年为水库滞洪排沙期，水库下泄浑水，水库调节水的程度大于调节泥沙，下游河道由冲刷转为淤积，而且淤积主要在河槽，滩地上的淤积机会少。图 6-15 为弯曲河段泺口断面变化，可见河槽淤高近 7m。

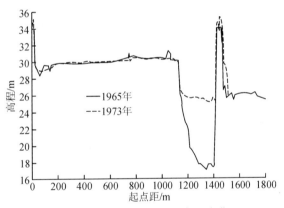

图 6-15　滞洪排沙期泺口断面变化

1974～1999 年为水库蓄清排浑期，此时段中，1985 年前为平水少沙序列，相对于长序列水量少 7%、沙量少 25%。这对塑造下游河槽起到了积极作用，洪水多、峰值大，形成淤滩刷槽的效果，主槽冲深，过洪能力增大。表 6-10 为黄河下游各河段不同时期主河槽冲淤厚度，可见 1974～1985 年下游除高村至孙口河段淤积外，其余各河段都是冲深的（潘贤娣等，2006）。

本时段中 1986～1999 年水沙均偏少，但高含沙小洪水次数增多，导致河槽萎缩。表 6-11 为 1960 年汛前、1964 年汛后、1985 年汛后、1999 年汛后铁谢至高村游荡河段河相系数统计，可见，1999 年河相系数比 1960 年的河相系数普遍减小很多。如 1960 年花园镇河相系数 87.1,1964 年减小为 22.1,1985 年减小为 15.1,1999 年减小到 8.6,也有 1999 年河相系数较前增大的个别情况,如高村断面 1960 年河相系数为 14.4,1964 年为 8.5,1985 年小于 5.6,1999 年又增大到 15.5(潘贤娣等,2006),表明游荡河段冲淤变化何等强烈。1999 年河相系数变小,并不意味着河槽变得窄深,而是变得窄浅,意味着河槽萎缩,小流量输沙能力有所增大,但平滩流量减小,甚至不足 3000m^3/s;较大流量时的输沙能力降低,淤积量增大,河道变坏,对防洪极为不利。

表 6-10　黄河下游各河段不同时期主河槽冲淤厚度　　　　（单位:m）

河　段	1960~1964 年	1964~1973 年	1973~1985 年	1985~1999 年	1965~1999 年
铁谢—花园口	−2.19	1.59	−0.89	1.40	2.10
花园口—夹河滩	−1.27	1.87	−0.51	1.73	3.09
夹河滩—高村	−1.35	2.20	−0.34	1.64	3.50
高村—孙口	−1.35	2.26	0.12	1.65	4.03
孙口—艾山	−1.09	2.16	−0.20	1.83	3.79
艾山—泺口	−1.34	2.89	−0.50	2.26	4.65
泺口—利津	−2.27	2.89	−1.09	2.52	4.32
铁谢—利津	−1.57	2.09	−0.50	1.73	3.32

表 6-11　铁谢—高村河段主要断面河相系数统计

断　面	1960 年汛前河相系数	1964 年汛后河相系数	1985 年汛后河相系数	1999 年汛后河相系数
铁　谢	36.8	15.3	5.2	6.3
下古街	50.1	20.4	16.5	21.2
花园镇	87.1	22.1	15.1	8.6
裴　峪	62.9	32.5	13.9	20.3
伊洛河口	54.2	26.6	16.9	19.6
孤柏嘴	84.5	38.6	10.2	20.4
秦　厂	56.8	19.7	23.0	25.9
花园口	30.5	24.9	23.4	24.0
八　堡	51.8	28.8	16.6	22.5
来童集	56.1	31.1	13.3	13.1
韦　城	61.1	20.8	30.2	29.7
黑岗口	45.8	22.2	6.8	7.8
柳园口	46.4	23.4	22.1	21.6
古　城	56.1	32.8	5.0	20.7
曹　岗	20.1	14.7	10.3	13.0
油房寨	49.7	42.2	18.1	14.0
马　寨	25.2	19.5	22.3	8.6
杨小寨	57.4	35.0	24.6	13.3
高　村	14.4	8.5	5.6	15.5

6.4　黄河下游河相关系

河床纵横断面的调整是一个既重要又异常复杂的问题，分析河道水力几何形态必须建立与未知数相当的物理关系式。河道形态的未知量有四个，即水面宽、平均水深、比降和流速，用以求解的物理关系式只有水流连续方程、水流运动方程和输沙能力方程，尚缺一个独立的方程。由于控制冲积河流河宽调整的研究远未成熟，所以目前还不能从理论上求解，而是根据一个合理的假设出发，寻求一个独立的方程使方程组闭合。

6.4.1　造床流量

河流发生大洪水时，造床作用剧烈，但大洪水历时过短，所起的造床作用并不是最大，枯水流量虽然历时较长，因流量小，它所起的造床作用也不是最大。造床流量是这样一个流量，其造床作用与多年流量过程的综合作用相当，对塑造河床形态所起的作用最大。

实际工程中一般采用马卡维耶夫法和平滩流量法确定造床流量。

马卡维耶夫认为某个流量的造床作用的大小和输沙能力以及该流量的历时有关，输沙能力可以 $Q^m J$ 表示，历时可以出现的频率 P 表示，当 $Q^m J P$ 值最大时对应的流量的造床作用最大，这个流量就是造床流量。

平滩流量法认为水位平滩时造床作用最大，所以把平滩水位相应的流量作为造床流量，平滩流量法概念清晰，方法简易，实际工程中应用广泛。

6.4.2　纵剖面河相关系

纵剖面河相关系是河床纵比降或流速与水力、泥沙因素之间的关系，最初是为了研究稳定渠道几何形态的。1895 年印度肯尼迪（Kennedy R. G.）在分析印度大量稳定渠道资料后，给出了下式

$$U = 0.84 h^{0.64} \tag{6-18}$$

式（6-18）仅考虑了水深 h 对流速 U 的影响，而且没有考虑几何形态和泥沙因素的影响，显得很片面。

1929 年拉赛（Lacey G.）对肯尼迪公式做了改进，引入了水力半径 R 和反映泥沙性质的系数 f，公式如下

$$U = 1.17 \sqrt{fR} \tag{6-19}$$

式中，f 为泥沙系数，$f = 1.59 \sqrt{d_{50}}$；d 为泥沙中值粒径（mm）；U、R 的单位用英尺、秒制表示。

肯尼迪、拉赛公式只能用于稳定渠道设计，不能用于天然河流。

阿尔图宁根据原苏联中亚细亚地区河流资料，给出了河床纵比降 J 与泥沙中值粒径 d_{50} 的关系

$$J = 0.000\,085 d_{50}^{1.1} \tag{6-20}$$

1965 年李保如分析了长江、黄河、永定河及实验室模型小河的资料后，给出下式

$$J = 45.5 \left[\left(\frac{S}{Q} \right)^{1/2} d_{50} \right]^{0.59} \tag{6-21}$$

式中，Q 为平滩流量（m^3/s）；S 为平滩流量时的床沙质含沙量（kg/m^3）；d_{50} 为床沙中值粒径（mm）。

布伦奇（Blench T.）公式为

$$B = \sqrt{\frac{f_b Q}{f_w}} \tag{6-22}$$

$$h = \sqrt[3]{\frac{f_w Q}{f_b^2}} \tag{6-23}$$

$$J = \frac{f_b^{5/6} f_w^{1/2} \nu^{1/4}}{3.63 \left(1 + \dfrac{S}{2330} \right) Q^{1/6}} \tag{6-24}$$

式中，f_b 为河床系数，$f_b = 1.9\sqrt{d}$，d 的单位为 mm；f_w 为侧壁系数，对于松散河岸 $f_w = 0.1$、壤土河岸 $f_w = 0.2$、坚实的黏土河岸 $f_w = 0.3$；S 为床沙质含沙量，以重量的百万分数计，其余物理量单位为磅、英尺、秒。布伦奇公式考虑了河岸的抗冲情况和含沙量 S，抓住了问题的实质。

6.4.3　横断面河相关系

横断面河相关系是横断面水面宽度、平均水深等几何形态之间的相互关系，我国工程界常用的河相关系是原苏联国立水文研究所根据苏联河流主要是平原河流资料得出的公式

$$\frac{\sqrt{B}}{h} = \xi \tag{6-25}$$

式中，B 为平滩水位对应的河宽（m）；h 为平滩水位的平均水深（m）；ξ 为断面河相系数，对砾石河床 $\xi = 1.4$，粗沙河床 $\xi = 2.75$，易冲的细沙河床 $\xi = 5.5$。

式（6-25）反映了天然河道随着河道尺度增大，河宽增加比水深增加快得多的规律，而且 ξ 值与河型关系密切，表 6-12 为长江、黄河的实测资料统计的不同河型的 ξ 值。

谢鉴衡（1980）联解　水流连续方程　$Q = BhU$ $\tag{6-26}$

水流阻力方程　$U = \dfrac{1}{n} h^{2/3} J^{1/2}$ $\tag{6-27}$

表 6-12 不同河型值的变化

河　名	河　段　河　型	ξ
长　江	荆江蜿蜒型河段	2.23～4.45
汉　江	马口至汉江河口，蜿蜒型河段	2.0
黄　河	高村以上，游荡型河段	19.0～32.0
黄　河	高村至陶城埠，过渡型河段	8.6～12.4

水流挟沙力方程
$$S = S_* = k \left(\frac{U^3}{gh\omega} \right)^m \tag{6-28}$$

河相关系式
$$\frac{\sqrt{B}}{h} = \xi$$

求得河床横断面形态公式
$$h = \frac{k^{1/10m} Q^{0.2}}{\xi^{0.6} S^{1/10m} \omega^{0.1} g^{0.1}} \tag{6-29}$$

$$B = \frac{k^{1/5m} \xi^{0.8} Q^{0.6}}{S^{1/5m} \omega^{0.2} g^{0.2}} \tag{6-30}$$

和纵剖面形态公式
$$J = \frac{n^2 \xi^{0.4} S^{0.73/m} \omega^{0.73} g^{0.73}}{k^{0.73/m} Q^{0.2}} \tag{6-31}$$

俞俊（1982）统计分析了国内外 60 多条平原河流资料，求得宽深比关系式
$$\frac{B^{0.8}}{h} = 10.5 \left(\frac{m}{\sqrt{d_{50}}} \right)^{0.4} \tag{6-32}$$

式中，d_{50} 为床沙中值粒径（mm）；m 为历年最低水位与多年平均水位之间的河岸稳定边坡系数的平均值。

曹如轩（2006）联解水流连续方程式（6-26）、水流阻力方程（6-27）、河相关系（6-25）和水流双值挟沙力公式
$$S = S_* = k \frac{\gamma_m}{\gamma_s - \gamma_m} \frac{(U - U_0)^3}{gh\omega} \tag{6-33}$$

求得横断面形态公式
$$h = \frac{Q^{0.3} C^{0.1}}{g^{0.1} S^{0.1} \omega^{0.1} \xi^{0.6} \eta^{0.3}} \tag{6-34}$$

$$B = \frac{Q^{0.6} C^{0.2} \xi^{0.8}}{g^{0.2} S^{0.2} \omega^{0.2} \eta^{0.6}} \tag{6-35}$$

和纵剖面形态公式
$$J = \frac{n^2 g^{0.73} S^{0.73} \omega^{0.73} \xi^{0.4} \eta^{2.2}}{Q^{0.2} C^{0.73}} \tag{6-36}$$

式中，$\eta = \dfrac{U}{U - U_0}$，冲刷时 U_0 取扬动流速 U_S，淤积时 U_0 取止动流速 U_H；C 为

系数，$C=k\dfrac{\gamma_{\mathrm{m}}}{\gamma_{\mathrm{s}}-\gamma_{\mathrm{m}}}$。

由上式可见，纵横断面形态是双值的，冲刷比降大于淤积比降，冲刷时的横断面形态比淤积时较窄深。

应当指出，式（6-33）中以浑水容重替代清水容重，双值挟沙力公式既可用于一般挟沙水流，此时 C 为常数，又可用于高含沙水流，此时 C 为变数。其值与含沙量大小有关。

有些学者以理论性假设作为独立的方程来封闭方程组，摆脱了经验性的河宽关系式，在此基础上推导出纵横断面形态公式。

窦国仁（1964）提出了最小活动性假设，认为不同的河床断面具有不同的稳定性或活动性，而河床在冲淤演变过程中力求建立活动性最小的断面形态，并给出了河床活动性指标 k_n 的公式。

$$k_n=\frac{Q_2}{Q_{\mathrm{m}}}\left[\left(\frac{U}{\lambda_a U_{0b}}\right)^2+0.15\frac{B}{h}\right] \tag{6-37}$$

最小活动性假设相当于

$$\frac{\partial k_n}{\partial U}=0 \text{ 或} \frac{\partial k_n}{\partial h}=0 \text{ 或} \frac{\partial k_n}{\partial B}=0 \tag{6-38}$$

将式（6-38）和采用的挟沙力公式

$$S=k\frac{U^3}{ghU_{0S}} \tag{6-39}$$

联解求得纵横断面形态公式。

张海燕（Chang，1990）、杨志达（Yang，1981）以最小能耗率原理即

$$\gamma QJ=\text{最小} \tag{6-40}$$

作为独立条件，推求出河床比降最小时的河床几何形态。

徐国宾（2011）根据最小能耗率原理，以极小化作为目标函数，以水流连续方程式（6-26）、水流运动方程式（6-27）和水流挟沙力公式（6-28）作为约束条件，通过对目标函数求极值，推导出悬移质造床为主的河相关系式

$$B=3.12\frac{k^{1/7m}Q^{3/7}}{g^{1/7}S^{1/7m}\omega^{1/7}} \tag{6-41}$$

$$h=0.426\frac{k^{1/7m}Q^{3/7}}{g^{1/7}S^{1/7m}\omega^{1/7}} \tag{6-42}$$

$$J=2.437\frac{g^{16/21}n^2 S^{16/21m}\omega^{16/21}}{k^{16/21m}Q^{2/7}} \tag{6-43}$$

$$U=0.752\frac{g^{2/7}S^{2/7m}\omega^{2/7}Q^{1/7}}{k^{2/7m}} \tag{6-44}$$

6.5　河道游荡成因

戴英生（1986）认为，黄河的形成与发展不同于一般河流，有其独特的规律。流域内地质构造复杂，近代区域构造应力场又有明显的不同，青铜峡和桃花峪为两个影响黄河发育的关键性构造裂点，使上游、下游河段的河流特性有着本质的不同。更新世期间流域内展布着一系列湖盆，自成系统地控制着黄河各河段的发育，使黄河的形成无统一的侵蚀基准面，而是多中心。图 6-16 是黄河河床地质纵剖面图，可看出湖盆的控制作用。更新世的银川裂谷盆地、呼和浩特裂谷盆地、汾渭裂谷盆地和华北裂谷盆地等四个湖盆在漫长的历史中形成了黄河上、中、下游四个冲积平原河段。

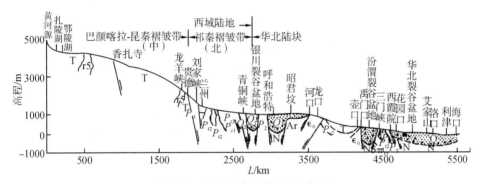

图 6-16　黄河河床地质纵剖面简图

根据地学观点，黄河的四个冲积平原河段均属沉积环境，景可等（1988）也同样认为"凡是发育在地质构造为下沉区的河流都是堆积性河道"。根据河流动力学观点，河流造床具有平衡趋势性，但游荡性河道的输沙总是不平衡的。无论何种来水来沙条件，游荡河道可以有冲、有淤，但总体处于淤积状态，特别是 $d>0.1\text{mm}$ 的粗沙，水流对这种泥沙的输沙能力极低，泥沙呈绝对的淤积状态。无论从何种指标，如各种泥沙来源区洪水下游各粒径组泥沙冲淤量、床沙拣选系数沿程变化等指标分析，$d>0.1\text{mm}$ 泥沙的输沙均呈不平衡状态，其根本原因在于河型游荡导致输沙能力减小。因此，研究河流游荡的成因很有必要。

6.5.1　已有成果简介

黄河下游的防洪是重中之重，故对下游游荡河段演变的研究工作开展得最早，成果也较多。钱宁等（1965）认为黄河下游之所以发展成游荡性河道是因为黄河下游的自然地理条件具备下列五条特点：

（1）流域内水土流失十分严重，大量泥沙进入黄河，河道不断堆积抬高。

（2）洪水为暴雨造成，洪峰暴涨陡落，全年内流量变幅较大。

（3）暴雨往往集中在一个地区，随着暴雨中心的不同，同流量下的含沙量有显著差异。

（4）几千年来黄河束范于大堤之间，受人为影响较大，河身上宽下窄，高村以上堤距有宽达 20km 以上的，而陶城埠以下，已基本上为河工建筑物和山头所嵌制，河流不可能有太大的变化，加以泥沙的拣选作用，沿程土质条件极不一致。

（5）河流为了加大挟沙能力，尽量下泄来自流域的泥沙，通过长期的调整作用，坡度一般较陡，水流流速较大，泥沙落淤后又容易发生冲刷。

钱宁（1965）认为这些特点中有的决定了河南境内的游荡性河型，带有根本性，有的则加强了游荡的强度，并指出"河床的堆积抬高和两岸不受约束"是造成黄河下游游荡性河型的基本原因。河床的堆积抬高直接引起河槽的横向摆动，两岸不受约束导致河身宽浅、水流散乱，江心多沙洲。图 6-17 为秦厂站 1954 年 8 月 31 日至 9 月 8 日洪水过程中断面变化，该场洪水以干流来水为主，洪峰流量 13 000m³/s，含沙量较大，河床堆积抬高，主流大幅度摆动。表 6-13 为花园口河段主槽摆动前后若干典型断面变形，可看出摆前主槽处于淤积抬高状态，摆后主槽冲刷，摆前河槽宽浅，摆后则窄深。表 6-14 为主槽摆动前后河段的冲淤变化，可看出摆前淤、摆后冲的现象遍及发生摆动的花园口河段。表中资料既有汛期又有非汛期的资料，流量有大有小，但摆前淤摆后冲的基本规律是一致的，窄深河槽并不能维持长久，之后又会因泥沙淤积抬高而重复上述演变。

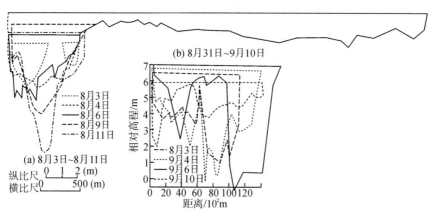

图 6-17　1954 年两次洪峰中秦厂站断面变化

钱宁（1965）在游荡指标分析中一共采用了黄河干流 15 个水文站，渭河 2 个水文站，延河、汾河、伊洛河及沁河各一个水文站的实测资料，还分析了长江 7 个水文站及海河水系 3 个水文站的实测成果。游荡指标分析所选水文站所在河段都是沙质河床，两岸没有冲不动的岩石，而且实测资料变化范围很大，最大

表 6-13　主槽摆动前后断面的变形

时间 （年-月-日）	断面	摆幅 /m	平均冲淤 厚度/m		平均水深/m		$\dfrac{\sqrt{B}}{h}$		滩槽高差/m	
			摆前	摆后	摆前	摆后	摆前	摆后	摆前	摆后
1957-10-3～1957-10-7	2	350	1.02	−2.30	1.63	1.85	32.6	14.7	1.70	1.99
1958-5-6～1958-5-20	1	700	1.20	−1.62	0.75	1.50	49.0	21.0	1.34	1.51
1958-9-10～1958-10-17	60	500	1.10	−2.10	1.31	1.76	27.0	16.5	2.41	2.56
1959-7-19～1959-7-25	55	1100	0.60	−0.23	0.95	1.51	43.0	20.2	0.84	1.43
	65	600	0.16	−0.08	1.04	1.06	57.5	43.0	0.46	0.88
1959-7-25～1959-8-7	58	1300	0.47	−0.71	0.90	1.30	53.1	20.8	0.23	0.55
1959-7-29～1959-8-7	65	800	0.13	−0.10	0.98	1.35	38.8	27.6	1.03	1.28
	67	800	0.71	−0.24	0.80	1.38	54.0	30.1	0.65	1.21
1959-8-19～1959-8-27	65	2450	1.10	−1.61	0.84	1.44	60.5	28.3	1.11	1.67
	71	900	0.37	−0.55	1.05	1.22	44.6	32.0	1.18	1.65

注：负号表示冲刷。

表 6-14　主槽摆动前后河段的冲淤变化

日期 （年-月-日）	河段	流量 /(m³/s)	含沙量 /(kg/m³)	摆幅/m	河段冲淤量/(×10⁴m³)	
					摆前	摆后
1959-7-19	CS65-69	3500	101	700	520	−583
1959-7-25	CS55-58	4900	128	1000	384	−75
1959-8-23	CS65-69	9480	261	2400	689	−349
1959-8-23	CS55-58	9480	261	1500	205	−30

　　洪峰流量 242～92600m³/s，平滩流量 35～58 500 m³/s，平滩流量下的平均水深 0.32～17.0m，平滩流量下的平均河宽 85～3010m，比降 0.11×10⁻⁴～47.6×10⁻⁴，汛期最大含沙量 1.7～1010kg/m³，床沙中径 0.06～0.32mm。通过物理过程判断及统计分析，得出的游荡指标为

$$\text{Ⓗ}=\left(\frac{\Delta Q}{0.5TQ_n}\right)\left(\frac{h_n J}{D_{35}}\right)^{0.6}\left(\frac{Q_{\max}-Q_{\min}}{D_{35}}\right)^{0.6}\left(\frac{B_n}{h_n}\right)^{0.45}\left(\frac{B_{\max}}{B_n}\right)^{0.3} \tag{6-45}$$

式中，h_n、B_n 为平滩流量下的水深、河宽；Q_n 为平滩流量；$Q_{\max}$、$Q_{\min}$ 为汛期最大、最小日平均流量；$B_{\max}$ 为历年最高水位下的水面宽；ΔQ 为一次洪峰中的流量涨幅；D_{35} 为床沙中以重量计 35% 均较之为小的粒径；J 为比降。

　　当 Ⓗ>5 为游荡性河流；Ⓗ<2 为非游荡性河流；Ⓗ=2～5 为过渡性河流。

　　式（6-45）考虑的因素多，且相关系数仅为 0.74，所以还有进一步深入研究的必要。

　　张红武（1992）采用原型分析与模型试验相结合的研究方法制作了一系列模型小河，模型沙材料有粉煤灰、煤屑、煤粉、塑料沙等。先后塑造大小不同、河

型不同的小河 30 多条探索游荡河流的成因，并取得了成果。

江恩惠等（2008，2006）对游荡河道的演变规律和整治工程规划作了深入研究，撰写了两本著作，内容丰富。其认为黄河独特的来水来沙条件是游荡性河段形成和得以维持的必要条件。

张俊华等（1998）研究了黄河下游荡型河道整治及河型转化等问题，采用理论和试验结合的方法对工程问题进行具体分析，并附以实例，内容丰富。

6.5.2　悬推转换集中迅速且两岸无约束是河流游荡的根源

1. 物理图像

粒径 $d<0.04$mm 的泥沙只能作悬移运动，不能作推移运动；$d>0.04$mm 的泥沙既可作悬移运动，又可作推移运动。当水流强度能够挟带全部泥沙作悬移运动时，泥沙不会淤积，若水流强度不足以挟带全部泥沙作悬移运动，则悬沙中的部分粗泥沙就会转为推移质运动。一定的水流条件，对应一个临界推移质输沙率，若推移质来量超过临界推移质输沙率时，则必然有部分推移质会淤积下来，转为床沙，泥沙堆积会引起水流摆动，向侧蚀展宽方向发展。图 6-18 为 Khan 在室内试验得到的断面宽深比与推移质输沙率的关系，表明宽深比增大，推移质输沙率增大，说明了上述机理。河槽的堆积抬高、展宽、摆动使断面形态变得宽浅、分汊。宽浅的游荡河段中淤积的均为粗沙，增大了沙粒阻力；推移运动产生的沙垄地貌，产生沙波阻力，增大了水流动床阻力；宽浅的断面形态，也不利于悬移质的挟带输送，这就形成恶性循环，无论何种来水来沙条件，游荡河段的输沙总体是淤积的，不会达到输沙平衡。图 6-19 为黄河下游河道含沙量沿程变化，说明游荡河段含沙量沿程下降剧烈。从图 6-9 的拣选系数沿程变化分析，$D>0.05$mm、$D>0.1$mm、$D>0.25$mm 及 $D>0.5$mm 的四组泥沙的百分比在游荡河段沿程分选下降，说明游荡河段的输沙是不平衡的。

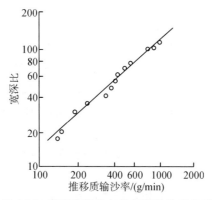

图 6-18　断面宽深比与推移质输沙率关系

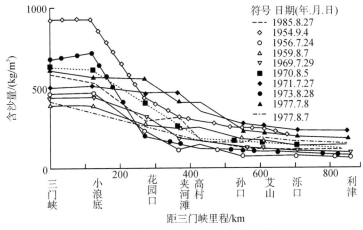

图 6-19　黄河下游河道含沙量沿程变化

双值挟沙力式公中，淤积挟沙力的分子为 $(U-U_H)$，分母为 $gh\omega$，选择常见的水流因子 $U=1.6\text{m/s}$、$h=2\text{m}$，按沙玉清止动流速 U_H 公式分别计算 $d=0.1\text{mm}$、$d=0.05\text{mm}$、$d=0.025\text{mm}$ 的 U_H，其值分别为 0.33m/s、0.246m/s、0.2m/s，再按沉速公式分别计算这三组泥沙的沉速，分别为 0.008 26m/s、0.002 22m/s、0.000 556m/s。由此得出，$d=0.1\text{mm}$ 泥沙的淤积挟沙力约为 $d=0.05\text{mm}$ 泥沙的 1/5，约为 $d=0.025\text{mm}$ 泥沙的 1/23；$d=0.05\text{mm}$ 泥沙的淤积挟沙力约为 $d=0.025\text{mm}$ 泥沙的 1/5，可见 $d>0.05\text{mm}$ 的泥沙易于悬转推。

黄河上、中、下干流中有四个冲积平原河段，都具备陡峻的峡谷段紧接比降较缓的冲积平原的地貌特征，支流渭河北洛河下游也是冲积平原河段。表 6-15 为黄河四个冲积平原河流进口段情况，它们的游荡各有特点。

表 6-15　冲积平原河流进口段情况

河　段	上游段比降/‰	平原段比降/‰	两岸情况	河型
青铜峡库区	1.4	0.51	无约束	游荡
内蒙古河段	0.56	0.16	无约束	游荡
小北干流	1.0	0.45	无约束	游荡
黄河下游	1.1	0.23	无约束	游荡

2. 黄河上游青铜峡库区游荡特征

位于宁夏青铜峡出口的青铜峡水库，全长 46km，库区分三段，坝址以上 8.2km 库段为峡谷，河宽 300～500m，比降约 3.5×10^{-4}；9 断面至 19 断面为长 10km 的宽阔河段，河宽 5000m 左右，比降约 5×10^{-4}，以上为河宽 1500～3000m 的库段；距坝 30km 以上的河道，比降约 14×10^{-4}，河床组成为卵石夹沙，卵石粒径约 7cm。

　　青铜峡水库入库年均水量 299.8 亿 m³，年均沙量 2.24 亿 t，总库容 6.06 亿 m³，1966 年 10 月投入运用，至 1985 年 6 月库区淤积量 6.307 亿 m³。图 6-20 为青铜峡库区平面示意图，图 6-21 为青铜峡水库淤积纵剖面形态，图 6-22 为青铜峡水库各段横断面演变。由图 6-20～图 6-22 可看出，建库前天然情况下宽河段是游荡的，这是由于水流由比降 14×10⁻⁴ 的峡谷段进入比降约 5×10⁻⁴ 的宽河段后，粗沙悬转推强烈且两岸无约束所致。

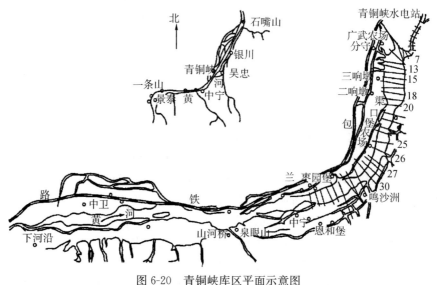

图 6-20　青铜峡库区平面示意图

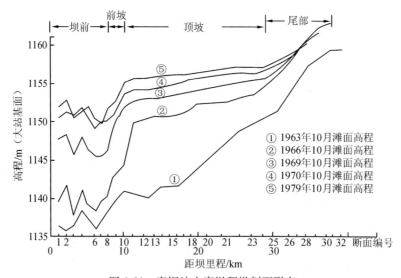

图 6-21　青铜峡水库淤积纵剖面形态

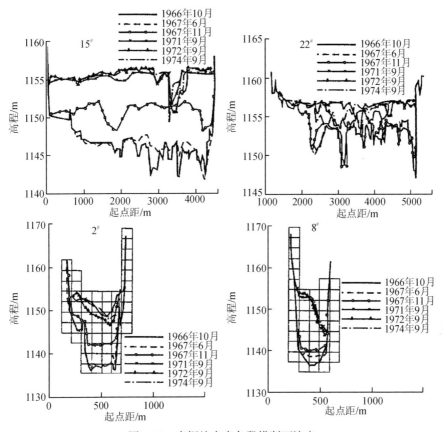

图 6-22　青铜峡水库各段横断面演变

3. 黄河上游内蒙古三湖河口河段游荡特征

宁蒙河段西起宁夏南长滩东至内蒙古榆树湾，全长 1237km。其中，峡谷河段有三段全长 322.5km，过渡型河段长 494.8km，弯曲型河段长 214.1km，三盛公至三湖河口为游荡型河段，尤以三湖河口段摆动较大。宁蒙河段来沙量据安宁渡站实测年均值，20 世纪 50 年代为 2.56 亿 t、60 年代为 1.7 亿 t、80 年代为 0.92 亿t，近期呈缓慢减小趋势。

宁蒙河道主要地貌特征是河道流经乌兰布和、库布齐等沙漠，沙漠沙以风沙降尘、坍岸方式进入黄河，一般流量下，沙漠沙以沙波形式作推移运动，洪水时能挟带部分沙漠沙作悬移运动。内蒙古河段十大孔兑的产沙又有其特征，低温期风蚀、冻融等把泥沙储存在孔兑中，汛期暴雨洪水把储存在沟道中的泥沙集中冲入黄河，如 1989 年 7 月 20 日、21 日，八大孔兑流域普降暴雨，暴雨中心集中在西柳沟一带，西柳沟洪峰流量 6940m³/s，径流量 7350 万 m³，输沙量 4740 万 t，"89.7.21" 大洪水在西柳沟口形成宽 600～1000m、长 7km 的沙坝，当时黄河流量仅 1230 m³/s，造成黄河水位壅高 2.18m，河水倒流，回水影响范围大于 70km（支俊峰等，2002）。这主要是由于前期储备的沙量充沛，且西柳沟纵比降平均约 4.45%，暴雨洪水流量大，洪峰高，尽管泥沙粗且夹有小石子，仍然将大量泥沙输入黄河。三湖河口河段接纳了十大孔兑中主要的三个孔兑的来沙，形成游荡河段，由于粗沙主要不是来水带来，而是分散进入，所以河段的游荡程度不及青铜峡水库，这也与青铜峡水库拦截了粗沙，进入三湖河口河段的粗沙量有所减小，组成比上游稍细有关。图 6-23 为三湖河口游荡河段典型断面变化。总体来说，深泓高程变化不大，但河槽宽度显著减小，缩窄河宽是在河势摆动中形成的，河道宽浅散乱的断面以主槽移位、两岸都淤窄的变化形式为主。

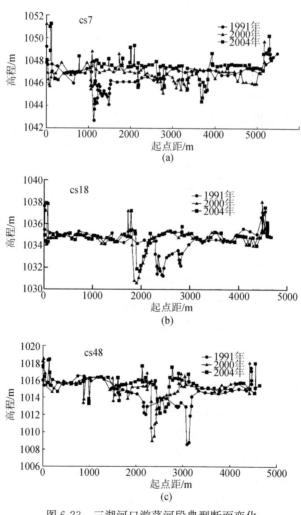

图 6-23　三湖河口游荡河段典型断面变化

4. 小北干流游荡特征

黄河小北干流全长 132.5km，河宽 4~18km，更具游荡的地貌特征，小北干流地理位置紧接北干流，北干流为坡陡流急的侵蚀性峡谷河道，但在多沙粗沙支流的高含沙洪水汇入后，凡是九月前的洪水，北干流仍是淤积的。小北干流比降 $3 \times 10^{-4} \sim 5 \times 10^{-4}$，5~8 月洪水小北干流更易淤积，而 9 月至翌年 4 月，北干流冲刷，小北干流龙门河段冲刷，潼关河段淤积，这是如前所述的低温效应、沿程增能效应以及冻融效应作为动力产生的结果。图 6-24（a）~（f）为小北干流上段、中段和下段典型断面历年套绘图，可见小北干流由于来沙中粗沙多，地形上是突然放宽，所以游荡程度很高。三门峡建库前的天然状态下，龙门河段的比降较潼关河段大，龙门的水温又比潼关低 1°~3°，龙门河段非汛期冲起的泥沙粗，因低温期流量小，挟沙水流容易达到饱和，所以潼关河段淤积，潼关高程抬升。汛期中，出现有利的来水来沙条件时，潼关河床冲刷，潼关高程下降，有利的水沙条件主要来自渭河的高含沙洪水，因渭河下游比降小，渭河洪水只能冲刷潼关，不能冲刷小北干流下段，所以小北干流的游荡已发展至黄淤 42 断面，距潼关仅 2.8km，而潼关是两岸有约束的卡口，河床只能有垂向的冲淤，不会有横向的摆动、游荡，可以说小北干流已是全程游荡的河道。

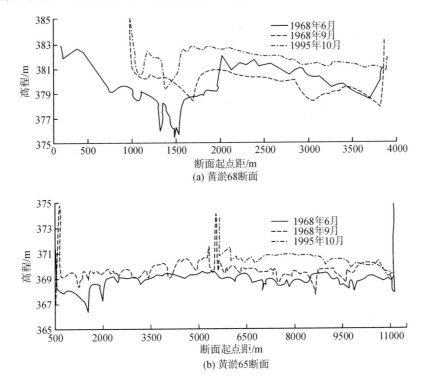

(a) 黄淤68断面

(b) 黄淤65断面

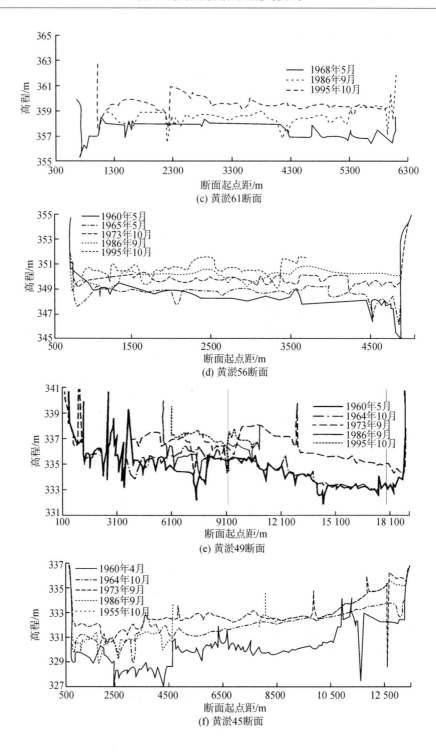

(c) 黄淤61断面

(d) 黄淤56断面

(e) 黄淤49断面

(f) 黄淤45断面

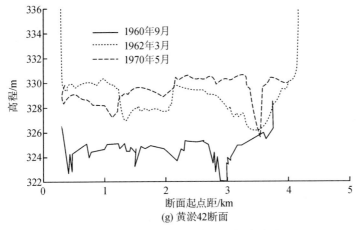

(g) 黄淤42断面

图 6-24　小北干流典型断面历年套绘图

1951～1977 年小北干流揭河底冲刷共 8 次，之后再未发生，表 6-16 为 8 次揭河底冲刷时的水沙参数。1951 年、1954 年的揭河底冲刷都达到潼关，而建库后，没有一次揭河底冲刷能达到潼关，最远点只达到距潼关 60.7km 的夹马口站。龙门至夹马口河段河槽冲刷、滩地淤积，夹马口以下河段河槽淤积严重，如 1977 年 7 月 6 日、8 月 6 日揭河底冲刷，龙门洪峰流量分别为 12 000m³/s 和 11 300m³/s，沙峰含沙量分别为 690kg/m³ 和 805kg/m³。8 月 3 日龙门发生洪峰流量 13 600 m³/s，沙峰含沙量 551kg/m³ 的大洪水，但未发生揭河底冲刷。这三场大洪水时，渭河华县站日平均流量很小，分别为 161 m³/s、64.6m³/s 和 199m³/s，黄河倒灌渭河，黄河东岸滩地淤高 4m 之多，黄河向西摆动冲刷西岸，使黄河、渭河河槽归一，渭河河口上提了 5km（王小艳，2000）。图 6-25 为黄淤 42 断面年内变化，可见经过揭河底冲刷，散乱多槽的 42 断面变为窄深，黄河、渭河河槽归一，但这种情况不能持久，当年或过一、两年又成为游荡河型。

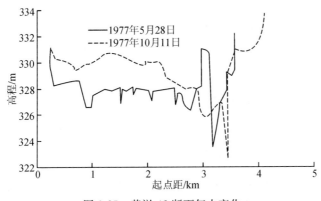

图 6-25　黄淤 42 断面年内变化

表 6-16　龙门站"揭河底"冲刷时水沙参数

| 年份 | 剧烈冲刷时段 | | | | 冲刷深度 /m | 最大含沙量 /(kg/m³) | 最大流量 /(m³/s) |
	起		止	与洪峰关系			
1951	8-14	10:00	8-17	14:00	—	2.6	542	5 530
1954	9-2	23:30	9-4	0:30	峰前开始冲刷	2.3	605	16 400
1964	7-6	19:00	7-7	6:30	峰顶开始冲刷	3.1	610	8 050
1966	7-18	18:00	7-19	20:30	峰后开始冲刷	7.4	933	5 300
1969	7-27	22:00	7-28	8:00	峰后开始冲刷	1.8	750	5 000
1970	8-2	19:25	8-3	10:00	峰前开始冲刷	8.8	825	13 800
1977	7-6	14:00	7-7	8:50	峰顶开始冲刷	4.8	690	12 200
1977	8-6	2:50	8-6	14:30	峰前开始冲刷	2.1	805	11 300

5. 黄河下游游荡特征

黄河下游地貌特征为下游成为游荡强度很大的河道提供了条件,铁谢以上河段为比降陡峻的峡谷,比降 11×10^{-4},从三门峡下泄的水流,无论何种水沙条件,水沙搭配是好是坏,全部泥沙都不会淤积在峡谷河段,甚至连极少量的砾石也被水流输送至铁谢以下河道。由于铁谢以上、以下河段的比降差别悬殊,三门峡水库非汛期蓄水拦截了大量粗沙,下游的游荡强度减小,但游荡河段的河型并未改变,1999 年与 1950 年代的实测资料表明高村以上河型系数近期已明显减小。在北干流、小北干流对粗沙的时空调节后,非汛期经潼关下泄的粗沙进入铁谢以下冲积平原河道后,原本处于悬移状态的粗沙必将部分甚至大部分转变为推移质和床沙。推移质运动有其特殊性,它只能在数倍泥沙粒径的深度范围内作间歇的推移运动,若不能作悬移运动的泥沙数量大,则转为床沙的量就大,它必然要展宽使更多的床沙作推移运动。非汛期流量小,水流强度弱,来沙量虽不大但粗沙量较大,导致淤积强度大、河槽摆动游荡。汛期流量大,粗沙来量也大,悬移转推移的量就大,游荡河道输送粗沙的能力极低,所以无论是何种水沙条件,粗沙被输送入海的比例都极小,粗沙只能在游荡河段淤积,粗沙淤积增大了动床阻力,降低了水流强度,反过来又增大淤积量,形成了恶性循环,黄河下游近 300km 的游荡河段就是这样形成的。

6.5.3　冲积平原河流不游荡的成因分析

上述四例均为游荡河段的实例,以下举两个下游冲积平原河段不游荡的例子,以有助于游荡成因的进一步认识。

1. 北洛河下游不游荡的成因分析

北洛河为黄河的多沙粗沙支流,据 1919～1960 年资料,多年平均水量

6.85 亿 m³、沙量 0.833 亿 t、含沙量 122kg/m³；据 1963～1988 年资料，多年平均水量 6.96 亿 m³、沙量 0.795 亿 t，可见北洛河的来水来沙长时段中是稳定的，变化不大。

图 6-26 为北洛河下游 1960 年、2003 年河底最深点变化，由图可见纵剖面没有"翘尾巴"特征，而是均一比降，平行抬高。图 6-27 为北洛河下游典型横断面套绘图，表 6-17 为典型横断面主槽变动情况，可见无论是直接受三门峡蓄水影响的洛淤 2、洛淤 5 断面或尾部段的洛淤 17 断面，主槽位移甚小且位移前后都是单一河槽，河漫滩宽 1～3km，但河道不游荡，而且没有"翘尾巴"的问题。究其原因，一方面是作推移质运动的卵砾石等物质在洛淤 23 断面（距三门峡大坝 245.2km）附近的洛惠渠渠首被引走，洛惠渠渠首为有坝引水，坝高 16m，为溢流拱坝，洛惠渠渠首每年岁修均要清除相当数量的粗颗粒卵砾石。另一方面，也是主要的原因，北洛河沙量大，粗沙主要在高含沙洪水中带来，经溢流坝下泄的水流几乎都是高含沙水流。北洛河高含沙水流含沙量沿程变化很小，但削峰比甚大，粗沙也不会从悬移转为推移而发生堆积。

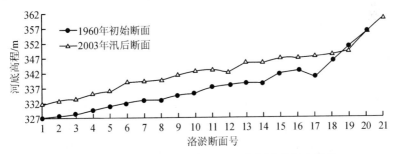

图 6-26　北洛河下游 1960 年、2003 年河底最深点变化

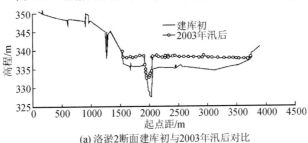

(a) 洛淤 2 断面建库初与 2003 年汛后对比

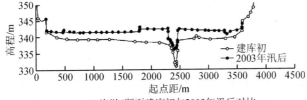

(b) 洛淤 5 断面建库初与 2003 年汛后对比

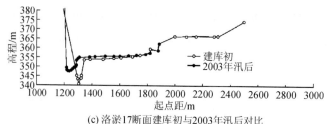

(c) 洛淤17断面建库初与2003年汛后对比

图 6-27　北洛河下游典型横断面套绘图

表 6-17　北洛河河口段洛淤 1～5 断面主槽摆动情况统计

时段	主槽平均摆动距离/m				
	洛淤 1	洛淤 2	洛淤 3	洛淤 4	洛淤 5
1960～1962 年	327.0	−15.0	−36.0	67.0	4.6
1963～1969 年	−119.0	−0.1	14.0	−9.0	2.0
1970～1974 年	−2.2	3.0	25.0	4.8	0.4
1975～1988 年	14.0	−2.5	12.0	10.0	−1.4
1989～1994 年	−9.3	0.0	−2.2	6.5	−9.3
1995～2003 年	−17.0	−1.1	−5.4	−18.0	5.6
均　值	2.7	−1.7	5.0	3.9	−0.4

注：正值表示向右摆动，负值表示向左摆动。

2. 渭河下游不游荡成因分析

冯普林等（2010）、林秀芝等（2005）统计渭河下游华县站 1935～2002 年水文年间，年均水量 71.9 亿 m³、沙量 3.7 亿 t、年均含沙量 51.5kg/m³。根据河道平面形态，渭河下游可分为三个河段，上段渭淤 34 咸阳铁路桥至渭淤 27 泾河口，长 34km，洪水期河宽 0.5～3km，比降 $5×10^{-4}～8×10^{-4}$，属游荡型河段，河道宽浅、多沙洲、心滩，主流摆动频繁，分汊系数 1.7～1.8，河相系数 $\sqrt{B}/h>10$，床沙由粗、中沙夹少量小砾石组成，河漫滩多为细沙组成。中段渭淤 27 泾河口至渭淤 14 赤水河口，长 75km，属从游荡过渡到弯曲的过渡性河道，洪水期河宽 0.5～2km，比降 $2×10^{-4}～5×10^{-4}$，弯曲系数 1.2，河相系数 5～10，河道宽窄相间，床沙由上而下逐渐变细，主要为卵砾石、粗、中、细沙组成，河漫滩主要由粉沙组成。下段赤水河口至渭河口，长 99km，属弯曲性河道，河道窄深，河槽宽小于 500m，河漫滩宽阔，洪水期宽可达 6km，河道比降 $1.0×10^{-4}～1.7×10^{-4}$，弯曲系数 1.6～1.7，河相系数约为 5，床沙主要由细粉沙组成，河漫滩为粉沙、黏土组成。三门峡水库建成后，漫滩洪水被约束在大堤之间。

图 6-28 为渭河下游纵剖面，可见渭淤 21 以下纵剖面平行抬高，表明建库前该河段比降已为最小比降即平衡比降，建库后作为渭河下游侵蚀基准面的潼关河床抬高，最小比降河段只能是平行抬高。

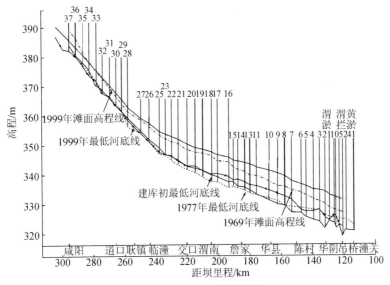

图 6-28　渭河下游纵剖面

渭河悬移质中有一定量的 $d>0.05$mm 的粗沙，1961～1979 年，$d>0.05$mm 的粗沙（未作粒经校正）年均 0.94 亿 t，1980～1998 年年均 0.38 亿 t，其中 1996 年为 1.01 亿 t，1987 年最小仅有 0.13 亿 t。1958～1967 年，华县站测得的推移质输沙量年均 17.6 万 t，最大为 1963 年的 46.95 万 t，最小为 1960 年的 1.92 万 t。这些资料说明渭河的粗沙来量并不少，这些粗沙来自渭河干流、秦岭北麓的南山支流和支流泾河。为何渭淤 27 以上河道游荡，而泾河汇入后的渭淤 27 以下不游荡。曹如轩等对此问题进行了分析研究，认为泾河频繁出现的高含沙洪水有巨大的输沙能力，可以将粗沙以悬移运动形式输送至潼关以下，其根据是双值挟沙力中的挟动流速应作容重的修正，也应作当量粒径的修正，按群体沉速公式（5-20）、起动流速 U_{K1} 公式（4-1）、扬动流速 U_{S1} 公式（4-2）、止动流速 U_{H1} 公式（4-3）计算了临潼站一场含沙量 700kg/m³ 的高含沙洪水中各粒径组泥沙的清水、浑水相应的 U_{K1}、U_{S1}、U_{H1} 和，见表 6-18。可见：①浑水的 U_{K1} 小于清水的 U_{K1}，但小的不多，这是因为只需对容重进行修正；②清水的 U_{S1} 比浑水的 U_{S1} 大两倍多，这是因为高含沙水流容重大、黏性大，泥沙跃入水中后，沉速大幅度减小，因而 U_{S1} 减小，解释了天然河流含沙量越大、粒径越粗的机理；③浑水的 U_{H1} 比清水的 U_{H1} 小得多，这是对粒径作当量粒径修正的结果，揭示了水流强度较弱的高含沙水流仍有较大输沙能力；④粗沙一旦跃入高含沙水流中，因其 U_{H1} 小，所以不易淤下来；⑤清水或一般挟沙水流中，其 U_{K1}、U_{S1} 较大，故难以冲起泥沙，且 U_{H1} 也较大，泥沙被冲起后也易于沉降落淤至河床上。

表 6-18　临潼站各粒径组 U_{K1}、U_{S1}、U_{H1}、比较

d/mm	U_{K1} / (m/s)		U_{S1} / (m/s)		U_{H1} / (m/s)		ω_{ms}/ (cm/s)	
	清水	浑水	清水	浑水	清水	浑水	清水	浑水
0.05	0.28	0.20	0.27	0.11	0.23	0.13	0.23	0.006
0.10	0.31	0.22	0.46	0.19	0.28	0.16	0.84	0.024
0.25	0.40	0.28	0.90	0.39	0.39	0.21	3.28	0.15
0.50	0.51	0.36	1.47	0.64	0.49	0.26	7.62	0.47
1.00	0.66	0.47	2.24	1.02	0.63	0.31	15.8	1.22

　　为使粗、细沙的挟沙力差距一目了然，以流速 $U=1m/s$、水深 $h=1m$ 计算不同粒径泥沙的相对挟沙力，如表 6-19。可看出：①低温效应明显，以 4℃ 和 25℃ 相比，$d=0.025mm$ 泥沙的沉速减小 43.2%，$d=0.25mm$ 泥沙的沉速减小 27.0%，沉速的减小导致水流挟沙力增大；②$d=0.025mm$ 泥沙的相对淤积挟沙力比 0.05mm 泥沙的大 4.6 倍、比 0.1mm 泥沙的大 23 倍、比 0.25mm 泥沙的大 163 倍、比 0.5mm 泥沙的大 706 倍。粒径大小相差小，而挟沙力值相差很大，这就反映了冲积平原河流上游峡谷河道泥沙不淤积，进入冲积平原河段后粗沙必然沿程淤积的机理。据以上分析，可得出粗沙集中悬转推淤积导致河槽摆动、游荡，是河道游荡的根源。在表 1-2 中 $d>0.1mm$ 泥沙的淤积比 98.1%，$d=0.05\sim0.1mm$ 泥沙的淤积比 85.5%，$d=0.025\sim0.05mm$ 泥沙的淤积比 71.9%，$d<0.025mm$ 泥沙淤积比 36.4%，除了因漫滩引起淤积和高含沙水流整体停滞外，主要因素仍是粗细泥沙挟沙力相差悬殊所致。由表 1-3、表 1-4 可看得更清楚，两类洪水总水量一致，但洪水次数不同，表 1-3 的次洪流量小、含沙量大，故以淤积为主，表 1-4 中 $d=0.05\sim0.1mm$ 泥沙有冲有淤，以冲为主；而 $d>0.1mm$ 泥沙仍为淤积，"多来多淤不多排"正是由于泥沙粒径太粗，挟沙力太小所致。

表 6-19　不同泥沙粒径、不同水温的 $(U-U_H)^3/\omega$

d/mm	$U_H/(m/s)$	$T=4℃$		$T=20℃$		$T=25℃$	
		$\omega/(cm/s)$	$(U-U_H)^3/\omega$	$\omega/(cm/s)$	$(U-U_H)^3/\omega$	$\omega/(cm/s)$	$(U-U_H)^3/\omega$
0.025	0.19	0.0358	1483	0.056	949	0.063	843
0.05	0.23	0.143	319.6	0.222	206	0.250	183
0.10	0.28	0.568	65.7	0.826	45	0.904	41.3
0.25	0.39	2.507	9.1	3.237	7	3.443	6.6
0.50	0.49	6.198	2.1	7.546	1.7	7.910	1.7

高含沙大洪水进入冲积平原河道后，在一定条件下会发生揭河底冲刷，河床大幅度冲深，揭河底冲刷过后，同流量水位下降可达数米，黄河龙门站、渭河临潼站、北洛河朝邑站都曾多次观测到这种强烈的揭河底冲刷（曹如轩等，2001，1997）。表 6-20 为 1977 年黄河、渭河、北洛河揭河底冲刷时的水沙参数。可见泾河频繁的高含沙洪水使泾河口以下渭河消除了悬转推条件，使渭河下游下段不会出现持续的粗沙堆积抬高，虽然渭河下游河宽很大，但不会游荡而维持一个窄深稳定的弯曲性河道。图 6-29 为渭淤 28 断面形态，图 6-30 为渭淤 27 断面形态。由图 6-29、图 6-30 可见，渭淤 28 断面是游荡型河道断面形态，渭淤 27 断面则是弯曲型河道断面形态。

表 6-20　1977 年黄河、渭河、北洛河揭河底时水沙参数

站名	时　间 (年-月-日)	最大流量 /(m³/s)	最大含沙量 /(kg/m³)	冲刷深度 /m
龙门	1977-7-6～1977-7-7	12 200	690	4.0
龙门	1977-8-6	11 300	805	2.0
临潼	1977-7-6～1977-7-8	5 550	695	0.5
朝邑	1977-7-6～1977-7-8	1 570	930	3.5

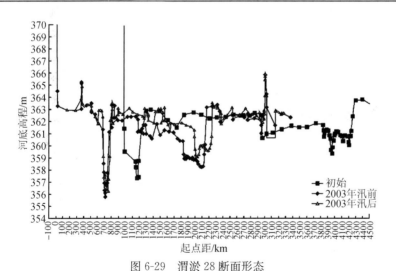

图 6-29　渭淤 28 断面形态

为了论证粗沙集中悬转推是河道游荡的根源，以巴家嘴水库为例再次予以说明。巴家嘴水库位于泾河支流蒲河上，入库多年平均径流量 1.34 亿 m³、沙量0.286 亿 t。库区天然河床由卵石和基岩组成，天然比降 2.28‰，河谷宽 150～500m，水库长约 24km，库容 3.63 亿 m³。1962 年建成后，经过蓄水拦沙、滞洪排沙、泄空冲沙等不同运用，至 1972 年库区累积淤积泥沙 1.58 亿 m³。蒲河流

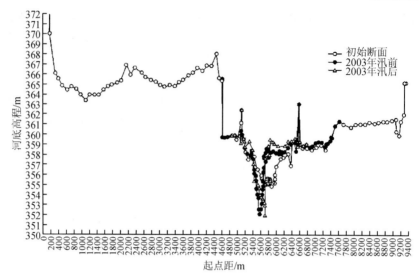

图 6-30　渭淤 27 断面形态

域处于黄土丘陵沟壑区，水土流失严重，非汛期流量仅 $1.5\sim2.7\mathrm{m}^3/\mathrm{s}$，汛期洪水峰高量小，实测最大洪峰流量 $5650\ \mathrm{m}^3/\mathrm{s}$，洪水含沙量高，流量小于 $10\ \mathrm{m}^3/\mathrm{s}$ 时，含沙量变幅大，流量大于 $10\mathrm{m}^3/\mathrm{s}$ 时，含沙量 $500\sim900\mathrm{kg}/\mathrm{m}^3$。入库泥沙组成较细，库区姚新庄站 $d<0.025\mathrm{mm}$ 占 $21.2\%\sim45.4\%$，$d<0.1\mathrm{mm}$ 占 $93.4\%\sim98.9\%$；兰西坡站 $d<0.025\mathrm{mm}$ 占 $32.3\%\sim39.7\%$，$d<0.1\mathrm{mm}$ 占 $91.5\%\sim99.0\%$。因为每场洪水均为高含沙水流，所以挟带的粗沙进入回水末端区后不会转为推移运动，水库淤积没有"翘尾巴"，横断面上的河槽也不游荡摆动。图 6-31 为巴家嘴水库库区淤积纵剖面，图 6-32 为蒲淤 1、13、23 断面套绘图，可看出库区泥沙淤积表现为纵向和横向的平行上升。

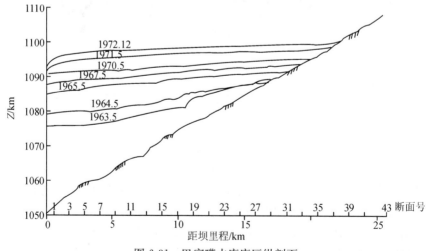

图 6-31　巴家嘴水库库区纵剖面

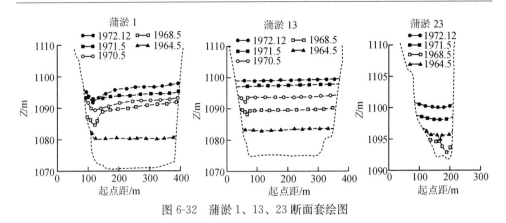

图 6-32 蒲淤 1、13、23 断面套绘图

综上所述，粗沙悬转推迅速、集中堆积、抬高、易淤、易起动和两岸不受约束是河道游荡的充分必要条件。

第7章 黄河中游对粗沙的时空调节

北干流有其独特的自然地理、地貌条件和水沙条件，可概括为坡陡、流急，区间产水约 58.9 亿 m³，产沙高达 7.86 亿 t。北干流泥沙主要产自区间的多沙支流，支流的比降很大，泥沙全部以悬移质输入北干流，再加上黄河上游的来沙，从而直接影响到小北干流的河床演变。小北干流也是有独特边界条件的河段，从而影响到黄河下游的冲淤演变。

7.1 北干流是粗沙的转运调节通道

7.1.1 北干流概况

北干流自河口镇至龙门长 725km，设有四个水文站，将全河段分成三个各有特色的河段，即河口镇—府谷站河府河段、府谷—吴堡站府吴河段和吴堡—龙门站吴龙河段。表 7-1 为黄河河口镇—龙门主要断面水沙特征值。图 7-1 为北干流水系示意图。

表 7-1　黄河河口镇—龙门主要断面水沙特征值

站名	水量/亿 m³			沙量/亿 t			$d>0.05$mm	含沙量/（kg/m³）		
	汛期	非汛期	全年	汛期	非汛期	全年	沙量/亿 t	汛期	非汛期	全年
河口镇	141.0	103.5	244.5	1.09	0.27	1.36	0.232	7.7	2.61	5.6
府　谷	147.1	110.4	257.5	2.46	0.41	2.87	0.766	16.7	3.74	11.2
吴　堡	157.0	118.1	275.1	4.90	0.75	5.65	1.695	31.2	6.35	20.5
龙　门	172.8	130.6	303.4	8.21	1.01	9.22	2.499	47.5	7.73	30.4

1. 河府河段概况

本河段河长 207km，汇入支流 44 条，其中较大支流左岸有红河、偏关河等，右岸有粗沙支流黄甫川汇入。河段边界条件复杂，有两个峡谷、三个冲积平原河段。河口镇—喇嘛湾河长 24km，比降 0.16‰，河道宽浅，江心洲众多，河床由粗细沙组成；喇嘛湾—龙口河长 103km，比降 1.14‰，为峡谷河段，河床为岩石和卵石；龙口—曲峪河长 43.5km，比降 0.59‰，河道宽浅，主流散乱，为沙质河床；曲峪—义门为峡谷河段，河床由岩石、卵石组成，黄甫川在此段汇入；义门—府谷河长 6km，水流分散，历史上河床是淤积抬升的。

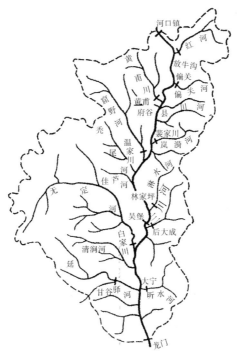

图 7-1 北干流水系示意图

黄甫川挟带的泥沙粗、量大，经常发生极限切应力 τ_B 小、黏滞系数 μ_m 大的粗沙高含沙水流，汇入干流后，受到干流低含沙水流的稀释而淤积成床沙。表 7-2 为 1979 年 8 月 9 日至 8 月 18 日洪水特征值，本次洪水有黄甫川洪水加入，洪峰流量 5990m³/s，平均流量 300m³/s，平均含沙量 465kg/m³，总水量 2.59 亿 m³，总沙量 1.204 亿 t，其中 $d > 0.05\text{mm}$ 沙量占 57%。黄甫川洪水汇入黄河时，干流流量 2520m³/s，支流洪水顶托干流，回水上溯 6km。从表 7-2 可见，尽管河口镇以上来水量大，含沙量很小，但由于黄甫川沙多沙粗，河道仍淤积 0.491 亿 t。

表 7-2 1979 年 8 月 9 日～1979 年 8 月 18 日洪水特征值

站名 (区间)	水量 $W/亿\text{ m}^3$	沙量 $W_s/亿\text{ t}$	平均流量 $\bar{Q}/(\text{m}^3/S)$	平均含沙量 $\bar{S}/(\text{kg/m}^3)$	来沙系数 $(S/Q)/(\text{kg}\cdot\text{s/m}^6)$	冲淤量 /亿 t
河口镇	18.08	0.234	2093	13.0	0.0062	—
河府区间	4.37	2.331	506	533.0	1.0540	0.491
府 谷	22.45	2.074	2598	92.4	0.0356	—

黄甫川粗沙高含沙水流汇入北干流后，受到稀释含沙量降低，挟沙水流沿程分选淤积，落淤泥沙以粗沙为主，至义门水文站，挟沙水流的含沙量和悬沙组成较黄甫站明显减小、变细。第 5 章图 5-9 反映了支流黄甫川的粗沙高含沙洪水汇

入北干流后，粗沙的沿程淤积情况。由于北干流是峡谷河道，两岸有约束，故粗沙淤积不是永久性的，9 月份以后，低温效应作为动力，把汛期淤积的粗沙不断冲刷输至下游。

2. 府吴河段概况

府吴河段长 242km，比降 0.75‰，全河段比降变化不大，汇入的支流、沟道有 106 条之多，特别是多沙粗沙支流窟野河、孤山川汇入。窟野河是本河段水量最大的支流，洪水时挟带大量粗沙汇入干流，形成沙坝，造成干流回水上溯。例如，1977 年 8 月上旬孤山川发生大洪水，洪峰 10300m³/s，沙峰 817kg/m³，洪量 1.1 亿 m³，沙量 0.684 亿 t，汇入干流后河口形成沙坝，回水上溯 6km；1976 年 8 月窟野河大洪水，洪峰 14000m³/s，沙峰 1340kg/m³，洪量 2.29 亿 m³，沙量 1.82 亿 t，平均含沙量 795kg/m³，汇入干流后，块石、卵石在汇口形成沙坝顶托干流，回水上溯 12km。

府吴河段汛期发生的粗沙高含沙洪水总是淤积的，9 月至翌年 4～5 月低温期不断地将汛期淤积的泥沙冲刷输入小北干流。表 7-3 为 1976 年 7 月 29 日至8 月 6 日造成府吴河段淤积 1.954 亿 t 泥沙的洪水特征值。本次洪水主要来自多沙粗沙支流窟野河，全时段府吴区间来水 3.67 亿 m³、来沙 3.238 亿 t，窟野河仅 8 月 2 日水量 1.98 亿 m³、沙量 1.76 亿 t，全程加入水量 3.508 亿 m³、沙量2.61 亿 t，占区间来沙量的 80.6%。图 7-2 为窟野河神木、温家川站流量、含沙量、悬沙 d_{50} 过程，可见洪峰大，洪峰流量 14000m³/s，含沙量高，沙峰含沙量1340kg/m³，挟带的泥沙粗，沙峰时 $d_{50}=0.27$mm，$d>0.05$mm 的百分比达83.4%。还可看出，神木站与温家川站水峰、沙峰是对应的，而且过程线形相似，洪峰、沙峰没有什么衰减，神木至温家川河段冲刷量达 0.53 亿 t（曹如轩，2002）。图 7-3 为干流府谷站、吴堡站该场洪水的水文过程，可见 8 月 2 日府谷站也发生洪峰流量 5320m³/s、沙峰 409kg/m³ 的洪水，干支流洪水相互影响，造成8 月 2 日吴堡站洪峰 24000m³/s、沙峰 631kg/m³ 的洪水。对比府谷、吴堡站的水文过程，只有水峰是增加的，而沙峰是降低的，d_{50} 的过程变形很大，在落峰过程中，流量小于 4000m³/s 后，两站的 d_{50} 变化很小，较长的历时中，d_{50} 维持在 0.04mm 左右，说明了洪峰退落时，粗沙即大量淤积，府吴河段淤积 1.954 亿 t。

表 7-3　1976 年 7 月 29 日～1976 年 8 月 6 日洪水特征值

站名 （区间）	水　量 W/亿 m³	沙　量 W_s/亿 t	平均流量 $\bar{Q}$/(m³/S)	平均含沙量 $\bar{S}$/(kg/m³)	来沙系数 (S/Q)/(kg·s/m⁶)	冲淤量 /亿 t
府谷	14.27	0.671	1835	47.0	0.0256	—
府吴区间	3.67	3.238	472	882.0	1.8690	1.954
吴　堡	17.94	1.955	2307	109.0	0.0472	

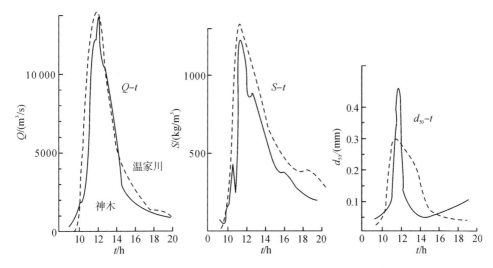

图 7-2　窟野河 1976 年 8 月 2 日洪水 Q、S、d_{50} 过程线

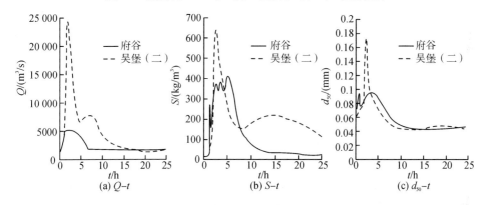

图 7-3　北干流 1976 年 8 月 2 日洪水 Q、S、d_{50} 过程线

本河段碛滩多，有罗家滩、大同碛等 20 个碛滩沿黄河分布。图 7-4 为位于湫水河口的大同碛平面图。大同碛长 2.5km，平均宽度约 370m，碛滩面积约 93 万 m²，滩体高大，枯水位以上体积约 150 万 m³，由块石、卵石粗沙组成，滩槽高差约 4m。湫水河多年平均输沙量 1900 万 t，$d_{50}=0.023$mm，$d>0.05$mm 泥沙占 22.5%，湫水河汇口地形有利于大碛滩的形成。

3. 吴龙河段概况

吴龙河段长 276km，比降 0.96‰，比上两河段陡，河宽也较窄为 300～700m，最窄处不足 100m，河床由块石、卵石和粗沙组成，接纳支流、沟道 240 条，但碛滩数量较少。无定河是本河段最大支流，多年水量 12.9 亿 m³、沙量 1.334 亿 t，无定河也是水沙异源，产沙主要来自黄土丘陵沟壑区，来沙组成相对较细。延河、清涧河、三川河以及屈产河也是本河段较大的支流，产沙主要来自黄土区域。

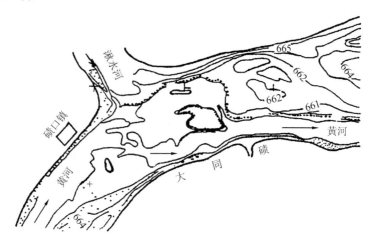

图 7-4　大同碛平面图

本河段支流所处地质条件主要为黄土及黄土夹砒砂岩，泥沙粒径相对较细，挟沙水流以载体含量为主，细沙高含沙水流挟沙能力大，洪水汇入干流后，河槽冲刷。表 7-4 为 1977 年 8 月 5 日至 8 月 8 日洪水特征值及河段冲淤量。这场洪水主要来自无定河、延河、三川河和屈产河，无定河来水量 2.653 亿 m³、来沙量 1.67 亿 t、平均含沙量 630kg/m³；延河来水量 0.71 亿 m³、来沙量 0.44 亿 t、平均含沙量 620kg/m³；三川河来水量 0.66 亿 m³、来沙量 0.23 亿 t、平均含沙量 348kg/m³。图 7-5、图 7-6 分别为无定河白家川站、延河甘谷驿站及北干流吴堡站、龙门站的水文过程，可见支流来水均为细沙高含沙洪水，汇入干流后，输沙能力仍很大，支流洪峰加上北干流的基流，龙门站出现洪峰 12700m³/s、沙峰 821kg/m³ 的高含沙大洪水，使壶口—龙门河段产生了强烈的揭河底冲刷，冲刷量 1.824 亿 t，冲刷延伸到小北干流夹马口站以下，夹马口冲深 1.8m。

表 7-4　1977 年 8 月 5 日～1977 年 8 月 8 日洪水特征值

站名 （区间）	W/亿 m³	W_s/亿 t	$\bar{Q}$/(m³/S)	$\bar{S}$/(kg/m³)	(S/Q)/(kg·s/m⁶)	冲淤量 /亿 t
河口镇	3.100	0.010	897	3.26	0.0036	—
河府区间	0.325	0.044	94	135.00	1.4400	0.022
府谷	3.425	0.032	991	9.34	0.0090	—
府吴区间	2.113	0.495	611	234.00	0.3830	0.011
吴堡	5.538	0.516	1602	93.20	0.0580	—
吴龙区间	7.262	3.660	2101	504.00	0.2400	−1.824
龙门	12.800	6.000	3704	469.00	0.1270	—
全河段						−1.791

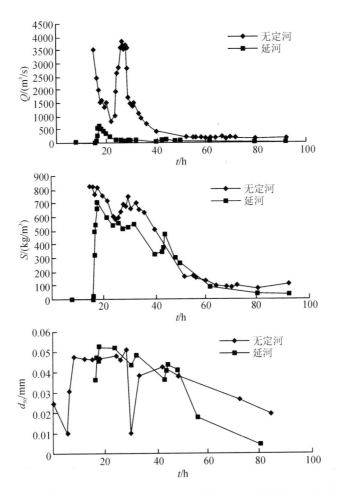

图 7-5　1977 年 8 月 5 日～1977 年 8 月 8 日无定河、延河洪水 Q、S、d_{50} 过程

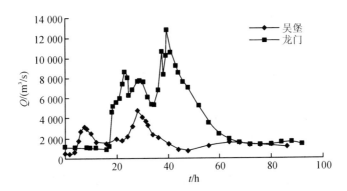

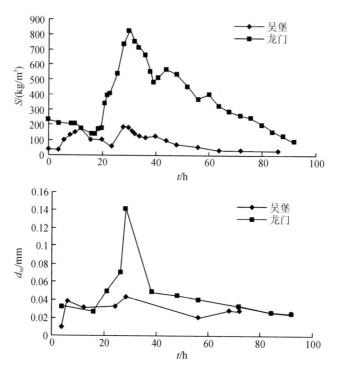

图 7-6　1977 年 8 月 5 日～1977 年 8 月 8 日吴堡站、龙门站洪水 Q、S、d_{50} 过程

本河段有最具特色的景点壶口瀑布，壶口瀑布位于延河口以下 29km，龙门上游约 65km 处，附近河床为岩石，是壶口以上河道的侵蚀基面。壶口有落差近 30m 的连续瀑布，瀑布以下有一个断裂带，再以下则为易冲易淤的沙质河床，遇到高含沙大洪水会发生揭河底冲刷。揭河底冲刷起点为瀑布下游的沙质河床，吴龙河段的冲淤主要集中在壶口以下至龙门的 64km 河段内，它是小北干流"沉积湖"的尾部段。

壶口瀑布上起小河口、下至七郎窝，全长约 6.3km，在水流、泥沙的长期作用下，在河道中切割出长 4.5km、宽 30～50m 的"龙槽"，枯水期上下游落差达到 22m，汛期水流含沙量大时，瀑布呈黄色，是世界上独特的浑水瀑布。壶口瀑布面临严峻的环境、气候剧变等问题，近年来，北干流出现了河道挖沙潮，来沙少了，河床必然引起冲刷，而且壶口至龙门河段是三门峡库区的尾部段，潼关高程目前维持在 327.7m，比建库前抬高了 4.3m，库区淤积末端已上延到龙门站。1977 年前小北干流多次发生"揭河底"冲刷，龙门站河床最大冲深曾达 9m 左右，也使壶口至龙门河段维持冲淤平衡。1977 年后小北干流没有发生过"揭河底"冲刷，原先的冲淤平衡将转为淤积上延发展，再加上北干流、小北干流的引水挖沙等人为因素，使壶口瀑布的来水来沙条件、龙门站上下河道的边界条件都发生了大的变化。淤积上延对壶口瀑布景观的影响，以及瀑布受水流、风化等侵蚀的后果均应予以研究。

7.1.2　支流的水沙

　　黄河的泥沙主要产自中游，而中游的粗沙主要来自北干流的支流、沟道。表 7-5 为北干流主要支流水沙特征值统计。可见主要支流的多年平均沙量 4.74 亿 t，若将未统计的支流、沟道及未控区的沙量计入，则可说明北干流产沙 7.86 亿 t 几乎都来自支流、沟道。表 7-6 为北干流主要支流纵比降，图 7-7 为黄土高原主要产沙区河流纵剖面。可见支流的比降比干流大得多，有的相差达一个数量级，而且还普遍具有下游段比降反而增大的特点，反映了干流下切的速度超过了支流侵蚀下切的速度，有的支流还存在着一系列跌水，表现出这些支流的侵蚀过程还远没有达到平衡（张仁等，1998）。

表 7-5　北干流主要支流水沙特征值统计

河名	站名	时段/年	多年平均水量/(×10⁸m³)	多年平均输沙量/(×10⁸t)	大于某粒径组泥沙量/(×10⁸t)			中值粒径/mm
					0.025mm	0.05mm	0.10mm	
黄甫川	黄　甫	1957～1995	1.583	0.4842	0.2973	0.2227	0.1506	0.050
孤山川	高石崖	1966～1995	0.916	0.2197	0.1240	0.0784	0.0296	0.033
窟野河	温家川	1958～1995	6.670	1.0860	0.6915	0.5259	0.3324	0.061
秃尾河	高家川	1965～1995	3.786	0.1844	0.1358	0.0997	0.0512	0.062
佳芦河	申家湾	1966～1995	0.766	0.1356	0.0850	0.0548	0.0245	0.046
无定河	白家川	1961～1995	12.863	1.1368	0.7095	0.3661	0.0857	0.034
清涧河	延　川	1964～1995	1.430	0.3565	0.1949	0.0830	0.0117	0.028
延　河	甘谷驿	1963～1995	2.270	0.4905	0.2802	0.1337	0.0344	0.030
岚漪河	裴家川	1966～1985	0.885	0.1221	0.0666	0.0366	0.0187	0.030
湫水河	林家坪	1966～1995	0.896	0.190	0.0913	0.0428	0.0077	0.023
三川河	后大成	1963～1995	2.602	0.1892	0.0851	0.0350	0.0051	0.021
昕水河	大　宁	1965～1995	1.591	0.1430	0.0567	0.0210	0.0033	0.018

表 7-6　北干流主要支流纵比降

河　名	河长/km	流域面积/km²	纵比降/‰
黄甫川	127	3 266	2.66
窟野河	242	8 706	2.55
朱家川	158	2 922	5.47
秃尾河	140	3 294	3.61
三川河	176	4 164	4.29
无定河	491	30 216	1.79
清涧河	168	4 080	4.82
延　河	284	7 683	3.29

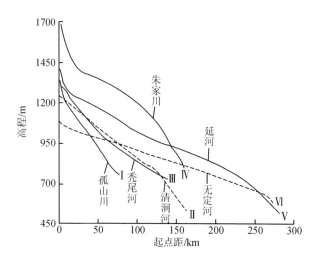

图 7-7　黄土高原主要产沙区河流纵剖面

北干流支流的来水来沙有与众不同的特点，这与支流流域有特殊的地质、地貌条件以及流域的气候环境有关。流域低温期长，在风蚀、冻融等动力的作用下，地表沙被搬运、储备在沟道中，流域地处沙漠及风化严重的砒砂岩地区，为汛期暴雨洪水形成粗沙高含沙水流提供了物质基础。粗沙起动流速小，故易冲；沉速大，故易淤。由于支流比降大，流速大，因此很容易冲刷粗沙，又足以维持挟带的粗沙不淤使之进入北干流。北干流比降远小于支流，断面宽，汇入的粗沙高含沙水流被稀释淤积下来，对北干流时空调节粗沙产生了决定性的影响。

北干流的支流大都是基岩河床或只有薄层砂砾覆盖的基岩河床，支流挟带的泥沙全部处于悬移状态，几乎都可以一直输送到干流，曾在窟野河神木站实地观察到洪水中挟带有卵石、砾石等物质，说明支流是泥沙转运的通道。

7.1.3　粗沙转运调节机理

北干流何以能转运调节如此多的粗沙，原因如下。

1. 地质条件

黄甫川、窟野河、秃尾河等流域内存在有利于产粗沙的地质条件，即侏罗纪、白垩纪地层。该地层为内陆河湖相碎屑岩构成，未经过强烈的区域变质作用，其成岩作用差，结构松散，风化严重，每逢暴雨，松散风化的物质就大量被带入河道。

多沙粗沙支流的地理因素独特，比降陡，且下游河口段比降大于上游段，挟沙能力沿程递增，每逢暴雨洪水，可以将卵石等物质输送至河口。

2. 低温动力条件

河口镇纬度比龙门高约 5°，故北干流上段水温要低于下段，已有研究成果表明当水温小于 20℃时，就应考虑水温对输沙的影响。表 7-7 为义门、吴堡、龙门三站 1960 年水温统计表，可见，义门从 9 月至翌年 6 月应考虑低温效应，吴堡和龙门从 9 月至翌年 5 月应考虑低温效应。第 3 章对低温效应作了分析，低温增大了水的黏性使沉速明显的减小，冻融效应使淤积泥沙的抗冲能力降低，流量沿程增能效应使低温期水流挟沙力沿程不易达到饱和，因此低温是输送泥沙不可忽视的动力。

表 7-7 义门、吴堡、龙门 1960 年月平均水温统计 （单位：℃ ）

河名/站名	1 月	2 月	3 月	4 月	5 月	6 月	7 月	8 月	9 月	10 月	11 月	12 月
黄河/义门	0.3	0.7	2.3	9.2	13.9	17.4	22.3	21.6	16.9	10.1	3.0	0.7
黄河/吴堡	0.2	0.5	4.8	10.6	16.2	22.6	24.5	22.9	18.1	11.9	3.8	0.2
黄河/龙门	0.2	0.9	6.8	12.4	17.6	23.8	25.4	23.9	19.6	13.0	5.1	—

3. 低温冲、高温淤的逆时空调节

多数河流都是汛期洪水冲刷，但北干流并非如此，6～8 月高温洪水期，上游来水以基流为主，北干流的洪水均是支流发生暴雨的洪水，只要洪峰流量大，沙峰一定也大，会在汇口形成沙坝，顶托干流基流形成回水。因此，依靠汛期基流不可能将所有沙坝全部冲掉，汛期高温期北干流是淤积的。表 3-12 的统计资料证实了这种分析。

低温效应下，高温期留存在汇口沙坝的泥沙，被逐渐冲刷，且没有洪水将支流粗沙输入干流，故自 9 月起至翌年 5 月，北干流是冲刷的，将高温期的留存淤沙基本冲完。焦恩泽统计了 1964～1988 年 193 场洪水北干流的冲淤量，也发现凡是 9 月份出现的洪水全河段都是冲刷的，6～8 月的洪水仅少数次洪是冲刷的，大多数次洪是淤积的（张仁，1998）。

通过这些分析，说明了北干流转运调节大量粗沙的机理是支流泥沙可全部输入干流，粗沙高含沙水流是非均质流，干流水流强度较支流弱，又受到稀释所以淤积。但干流在低温效应、冻融效应和流量沿程增能效应的作用下，可将留存在干流的淤沙全部输出北干流，实现北干流多年冲淤平衡。

7.2 小北干流是黄河粗沙的时空调节通道

7.2.1 小北干流概况

小北干流龙门至潼关长 132.5km，下段比降比上段缓，平均比降约 4.1×10^{-4}。其可分三个河段，上段禹门口—庙前河长 42.5km，河宽 4～8km；中段庙前—夹马口河长 30km，河宽 3～5km；下段夹马口—潼关河长 60km，河宽 3～18km。

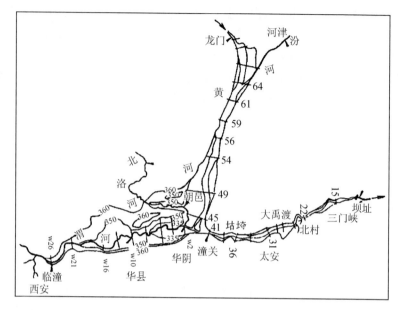

图 7-8　小北干流流域示意图

图 7-8 为小北干流流域示意图。

　　黄河最大支流渭河在潼关附近汇入，多沙支流北洛河汇口位置多变。目前，在渭淤 2 断面附近汇入渭河，支流汾河在龙门以下汇入。地质工作者将小北干流称之为"湖盆"，为沉积环境，小北干流比降小于北干流，又是冲积平原河道，粗沙主要来自北干流，粗沙输入小北干流后，由悬移运动转为推移运动沿程堆积，造成小北干流无固定河槽，主流摆动散乱，游荡多变。1977 年汛期小北干流发生过两次高含沙大洪水，龙门以下河道发生揭河底冲刷，形成完整的单一主槽，单一主槽不能长久维持，而后又会塌滩淤槽，恢复游荡特性。

7.2.2　低温期冲淤特性

　　小北干流龙门水文站纬度 35°40′，潼关站纬度 34°35′，气候仍较寒冷。表7-8 为龙门、潼关两站月均水温统计，可见龙门站需考虑水温对输沙影响的时段有 8 个月，潼关站为 7 个月。龙门的水温比潼关低 1～3℃，龙门河段的比降又略大于潼关河段，所以 1～3℃ 的温差增冲粗沙的能力就显现出来，对小北干流的泥沙时空调节起了显著作用。表 7-9 为龙门、潼关两站 1980～1990 年月均悬沙 d_{50} 统计，可见同期的龙门 d_{50} 较潼关粗，而在高温期，两站的 d_{50} 均较低温期的 d_{50} 细。

　　"八五攻关"项目"拦减粗泥沙对黄河河道冲淤变化的影响"子专题"小北干流冲淤演变"的研究中，先后有张仁、梁国亭、曹如轩、王新宏提出了水动力学模型，戴明英提出了分组粒径输沙计算法，经实测资料验证，计算都有较好的精度，这些模型都与上站来水来沙相联系。

表 7-8　黄河龙门站、潼关站月平均水温统计　　　　　　（单位：℃）

年份	站名	1月	2月	3月	4月	5月	6月	7月	8月	9月	10月	11月	12月
1958年	龙门站	0.30	—	5.20	13.30	18.90	23.50	25.50	23.20	20.60	12.40	4.90	0.50
	潼关站	0.40	3.40	8.20	14.30	18.30	22.90	25.60	23.50	21.20	14.10	8.40	2.70
1959年	龙门站	0.30	1.10	6.40	11.90	18.60	24.00	24.00	19.30	14.80	4.70	0.70	
	潼关站	0.60	3.80	8.70	14.40	18.10	24.10	26.30	25.30	20.90	16.10	7.60	—
1981年	龙门站	0.38	0.90	5.61	13.80	16.80	24.20	25.00	23.30	19.30	9.50	2.46	0.42
	潼关站	0.44	1.92	8.70	14.40	19.60	25.80	26.10	24.10	19.70	11.50	5.04	1.37

表 7-9　1980～1990 年黄河龙门站、潼关站月均 d_{50} 悬沙统计（单位：mm）

站名	1月	2月	3月	4月	5月	6月	7月	8月	9月	10月	11月	12月
龙门站	0.081	0.073	0.051	0.038	0.037	0.020	0.021	0.024	0.029	0.036	0.042	0.054
潼关站	0.049	0.046	0.042	0.035	0.022	0.016	0.015	0.016	0.021	0.030	0.038	0.045

李保如（1994）提出的计算潼关输沙率的公式较特别，计算中区分汛期和非汛期，汛期中还区分是龙门来水来沙为主，还是以华县来水来沙为主。以1969～1974 年汛期的月平均资料以及 1950～1960 年 62 次洪峰资料，分别建立潼关汛期月平均和洪峰平均的输沙率关系式，

$$Q_{s潼} = kQ_{潼}^{m}(S/Q)_{四站}^{n} \tag{7-1}$$

式中，$Q_{s潼}$ 为潼关平均输沙率（kg/s）；$Q_{潼}$ 为潼关平均流量（m³/s）；$(S/Q)_{四站}$ 为四站平均来沙系数（kg·s/m⁶）；k、m、n 分别为系数和指数，取值见表7-10。

表 7-10　潼关汛期输沙率关系式的系数和指数

主要来源	月平均关系			洪峰平均关系		
	k	m	n	k	m	n
龙门	0.182	2.16	0.825	0.046	2.30	0.89
华县	0.900	1.96	0.845	0.182	2.13	0.83

经用 1969～1974 年实测资料验证，月平均关系误差 3%；用 1950～1960 年实测资料验证，洪峰平均关系误差 4%。

李保如提出的计算汛期潼关输沙率公式区分为黄河来水为主和渭河来水为主是符合实际的，因为黄河来水即便不是粗沙支流来水，而是无定河、延河等黄土

地区的来水，所以水流挟带的泥沙也较渭河粗。黄河来水时潼关淤多冲少，渭河来水时，只要不是高含沙小洪水，潼关一般都是冲刷的。麦乔威（1995）提出的计算汛期潼关输沙率的方法也是这样考虑的。

非汛期来沙主要来自龙门，且含沙量较小，四站至潼关为冲刷状态，潼关的输沙率关系可以不考虑不同的水沙来源与四站的来沙系数。由于非汛期有畅流期和封冻期，因此需要根据各月的具体情况确定计算关系式，根据 1950～1960 年及 1969～1974 年共 65 个月的平均资料，建立潼关非汛期平均输沙率关系式。

$$Q_{s潼} = kQ_{潼}^{m} \tag{7-2}$$

潼关非汛期输沙率关系式的系数 k 和指数 n 见表 7-11。

表 7-11 潼关非汛期输沙率关系式的系数和指数

系数/指数	11月、5月	3月、4月	12月、1月、2月封冻期
k	0.185	0.000 573	1.16
m	1.61	2.45	1.40

用实测资料验证式（7-2），1969～1974 年的误差为 6%，1950～1960 年的误差为 8%。虽然较汛期的 3% 和 4% 大，但都小于规定允许的测验误差，精度是不错的。

式（7-2）中的系数、指数分三个时段，对此李保如未作解释。我们认为是低温效应导致必须分段进行计算，为此用潼关流量 $Q=400\mathrm{m}^3/\mathrm{s}$ 对三个时段计算潼关输沙率，得出 11 月、5 月 $Q_{s潼}$ 为 2861kg/s，3 月、4 月 $Q_{s潼}$ 为 1359kg/s，封冻期的 $Q_{s潼}=5097\mathrm{kg/s}$。表明 12 月、1 月、2 月封冻期输沙率最大，这正是水温最低的时候，不到 2℃，低温效应显著。潼关的来沙量由龙门来沙及龙门河段冲刷两部分组成，且以后者为主，四站的来沙系数不能反映龙门河段冲刷的实际，因此式（7-2）不出现习惯上采用的考虑上站龙门的含沙量因子，而且泥沙粒径与水温成反比，水温低粒径粗。

非汛期小北干流以低温效应为动力冲刷龙门河段，输向下游的泥沙有0.67 亿t，造成了下游河道每年非汛期年均淤积 0.79 亿 t 泥沙。龙毓骞等（2006）认为这两个数值比较接近不仅仅是一种偶合，而是反映了一种随机的规律。如果非汛期没有从上游河道通过冲刷得到粗泥沙的补给，下游河道的淤积状况将会好得多。事实确是如此，小水淤积的部位是主槽，使河道变浅、水流分散，降低了输水输沙能力，使主流易于摆动、冲塌岸滩、河槽展宽，加速河道游荡，从而影响到汛期河道的输沙能力。

表 7-12 为 1950～1988 水文年四站至潼关年均冲淤量，可看出三门峡建库前的 1950～1960 年和建库后的 1960～1988 年，小北干流非汛期冲、汛期淤的规律是相同的，反映了低温效应的作用。

表 7-12　1950 年 7 月～1988 年 6 月四站至潼关冲淤量　（单位：亿 t）

水文起止年		四站来沙			潼关沙量			冲淤量		
		汛期	非汛期	全年	汛期	非汛期	全年	汛期	非汛期	全年
1950～1960		16.169	1.565	17.734	14.652	2.208	16.860	1.517	−0.643	0.874
1960 ～ 1970	全沙	15.194	1.919	17.113	12.030	2.330	14.360	3.164	−0.411	2.753
	$d<0.025$mm	7.058	0.840	7.897	6.392	0.798	7.189	0.666	0.042	0.708
	0.025mm$<d<0.05$mm	4.185	0.477	4.662	3.165	0.576	3.740	1.020	−0.099	0.922
	$d>0.05$mm	3.952	0.602	4.554	2.474	0.956	3.430	1.478	−0.354	1.124
1970 ～ 1975	全沙	11.860	1.163	13.023	10.088	2.183	12.271	1.772	−1.020	0.752
	$d<0.025$mm	5.394	0.429	5.823	5.166	0.531	5.698	0.227	−0.102	0.125
	0.025mm$<d<0.05$mm	3.136	0.238	3.374	2.757	0.500	3.257	0.379	−0.262	0.117
	$d>0.05$mm	3.331	0.496	3.827	2.165	1.151	3.316	1.166	−0.656	0.510
1975 ～ 1988	全沙	8.359	1.161	9.520	8.066	1.505	9.570	0.293	−0.344	−0.050
	$d<0.025$mm	4.382	0.525	4.907	4.452	0.536	4.988	−0.071	−0.011	−0.082
	0.025mm$<d<0.05$mm	2.262	0.259	2.521	2.086	0.404	2.472	0.194	−0.145	0.049
	$d>0.05$mm	1.716	0.377	2.093	1.546	0.565	2.110	0.170	−0.188	−0.017
1960 ～ 1988	全沙	11.425	1.432	12.857	9.843	1.920	11.763	1.582	−0.488	1.094
	$d<0.025$mm	5.518	0.620	6.138	5.273	0.628	5.901	0.245	−0.008	0.237
	0.025mm$<d<0.05$mm	3.104	0.333	3.438	2.582	0.483	3.065	0.522	−0.149	0.373
	$d>0.05$mm	2.803	0.479	3.281	1.988	0.809	2.797	0.815	−0.331	0.484

注：四站分别为黄河龙门、渭河华县、汾河河津、北洛河状头四个水文站。

7.2.3　高温期冲淤特性

高温期即汛期小北干流与北干流一样是淤积的，因为龙门站的水沙主要来自北干流的多沙粗沙支流，北干流是侵蚀性河道，汛期还淤积，小北干流是冲积平原河道，所以汛期淤积是必然的。根据 1919～1960 年水沙量统计，龙门站汛期水量 193.75 亿 m³，沙量 9.261 亿 t。小北干流河道宽浅游荡，水流挟沙力比北干流小得多，不可能将全部来沙保持悬移运动状态，一部分粗沙转为推移运动，一部分转为床沙淤积，使小北干流游荡河段长度不断增加，三门峡水库建库前已发展至黄淤 42 断面。因潼关断面河宽不足 1000m，两岸有约束不会游荡，所以游荡河型已遍及全小北干流。三门峡水库建库前的统计资料说明了小北干流在天然情况下 1950～1953 年，低温期冲刷，高温期淤积。两站实测输沙率资料反映龙门—潼关河段低温期冲刷，实际上冲刷只发生在龙门河段，潼关河段是淤积的，潼关站同流量水位是抬升的，而且水位抬升的规律也与水温关系密切。高温期龙潼河段淤积，淤积特性与低温期相反，即龙门河段淤，潼关河段冲。上述冲淤引起的问题和内在机理有深刻的河流动力学根源，将在第 8 章深入讨论。

7.3　潼关至三门峡河段对粗沙的调节

7.3.1　潼三河段概况

黄河流至潼关受秦岭阻挡折向东流，潼关至孟津是黄河最后一个峡谷河段，河宽数百米至千米，其中潼关—三门峡河段是三门峡水库的一部分，全长113.5km，该河段虽为峡谷河道，但上段和下段的输沙能力不同，大流量与常流量的输沙能力也不同。

潼关处于汇流区与峡谷河道的交接地带，中科院地理所（1983）分析了西安铁路局1966年建铁路跨河大桥时在潼关附近的钻探资料，得出潼关河床近代沉积地层较薄，平均厚约16m，下部为沙砾石层，粒径40～70mm，分选差，向上过渡为粗中沙夹少量砾石，表明这一时期是冲刷性沙砾石河床，上部细沙沉积层位稳定，为河流多次分选的冲积物，反映潼关河床是由冲刷性演变为相对平衡的微淤性河床。

笔者分析了建库前后潼关、陕县两站床沙中值粒径 d_{50} 变化，潼关站建库前后的 d_{50} 点群是混杂在一起的，说明床沙组成接近，而陕县站建库后，床沙细化；分析了两站建库前后汛期输沙率 Q_s 和水力因子 $Q^{1.6}J^{1.2}S_{上}^{0.8}$ 关系，表明潼关站建库前后输沙特性一致，无富余挟沙能力，陕县站建库后 Q_s 大于建库前，这与建库后床沙细化、河床变窄深有关，是陕县（三门峡）河段有富余挟沙力的佐证（曹如轩，2006）；分析了建库前潼三河段中各河段的水位比降与流量的关系，表明潼三河段小流量时比降大，大流量时比降小，这是由于三门峡基岩河床宽仅120m左右，相当于一个溢流坝，小水时水流经鬼门、神门和人门下泄，大水时则壅水，壅水范围最远仅距潼关25km，说明了大洪水壅水的严重程度。

7.3.2　河段冲淤特性

潼三河段汇入的支流既小又少，只有支流宏农河稍大些，因此河段几乎没有水沙的补充。天然情况下，河段对泥沙没有时空分布上的调节，泥沙调节仅表现为沿程冲淤，椐1950～1953年的统计资料，潼三河段汛期年均冲刷0.5103亿t，非汛期年均冲刷0.6067亿t。表7-13为1950～1953年潼关至陕县站（三门峡）月均冲淤量，可看出潼三河段仅7月为淤积，其他的10～11个月均为冲刷，正是冲刷期塑造的深槽，在7月出现大水时，三门峡站的壅水影响到河段的输沙造成淤积。因为三门峡站为基岩河床，所以潼三河段不可能持续冲刷，也不会持续淤积。非汛期年均冲刷0.6069亿t泥沙，大部分应是潼关站水文测验中未测临底含沙量及推移质，水文测验也没有规定要测临底含沙量，而在三门峡站，潼关站未测的沙量转为悬移质状态被测到。

表 7-13　1950～1953 年潼关至陕县站(三门峡)月均冲淤量　（单位：×10⁸ t）

时段	水文站	9月	10月	11月	12月	1月	2月	3月	4月	5月	6月	7月	8月
1950 年 9 月	潼关	1.810	1.649	0.582	0.114	0.112	0.143	0.203	0.260	0.246	0.216	1.10	4.08
～	陕县	1.877	1.821	0.705	0.130	0.142	0.173	0.312	0.314	0.309	0.244	1.078	4.389
1951 年 8 月	ΔW_s	−0.067	−0.172	−0.123	−0.016	−0.030	−0.030	−0.109	−0.054	−0.063	−0.028	0.022	−0.309
1951 年 9 月	潼关	1.858	0.941	0.333	0.134	0.085	0.103	0.179	0.524	0.634	0.192	1.852	2.396
～	陕县	2.387	1.366	0.522	0.167	0.113	0.131	0.229	0.477	0.681	0.271	1.826	2.495
1952 年 8 月	ΔW_s	−0.529	−0.425	−0.189	−0.033	−0.028	−0.028	−0.050	0.047	−0.047	−0.079	0.026	−0.099
1952 年 9 月	潼关	1.141	0.435	0.258	0.106	0.093	0.083	0.242	0.091	0.087	0.350	2.348	10.420
～	陕县	1.156	0.514	0.326	0.143	0.113	0.108	0.373	0.144	0.137	0.630	2.114	10.474
1953 年 8 月	ΔW_s	−0.015	−0.079	−0.068	−0.037	−0.020	−0.025	−0.131	−0.053	−0.050	−0.270	0.234	−0.054

　　三门峡建库后，不同运行方式对泥沙的时空调节是不同的。1960 年 9 月～1962 年 3 月蓄水拦洪期间，洪水期曾排泄异重流，平时下泄清水。1962 年 3 月～1973 年 10 月水库滞洪排沙运用，此时段初期，水库死库容还未淤满，库内淤积泥沙向坝前搬移。之后水库进行了二次改建，期间下泄沙量既包括来沙还包括淤积在水库里的泥沙，下泄沙量较过去大得多。改建完成后 1973 年 11 月开始采用蓄清排浑运用，非汛期蓄水，来沙被拦截在库内，下泄清水；汛期洪水期排沙，下泄包括来沙和淤沙的浑水，汛期下泄的浑水挟带的泥沙粗，导致下游河道的淤积比大。可见建库后，水库对泥沙的时空分布上的调节是明显的，对下游仍是不利的，其根本原因仍是北干流来的粗沙，而下游排粗沙的能力很低。

7.4　渭河下游对粗沙的调节

7.4.1　渭河下游概况

　　渭河是黄河最大的一级支流，渭河下游左岸有多沙粗沙支流泾河、北洛河和石川河汇入，右岸支流均发源于秦岭北麓，主要有沣河、灞河、零河、龙河、赤水河、罗敷河等。右岸支流以产粗沙推移质为主，这些支流流量小，大部分推移质出峪口后即淤成冲积扇，进入渭河的仅有一部分。20 世纪 80 年代以来，结合三门峡库区治理，右岸水量较大的支流都建了水库，粗沙被拦截，进入渭河的粗沙几乎没有了。据徐建华等（2000）统计，渭河年均沙量 3.63 亿 t，居黄河支流的首位，其中 $d>0.05$ mm 的沙量 0.4075 亿 t，居第二位，仅次于窟野河，$d>0.1$ mm 的沙量居第四位，前三位为窟野河、黄甫川、无定河。这种排序仅是以粗沙量多少作为标准，实际上渭河泥沙细，水流的细沙含量高，发生高含沙洪水时，细沙和水组成载体，是输送粗沙的介质，黏性大，极限切应力比粗沙高含沙水流大得多，并有静态极限切应力，因此渭河高含沙洪水中的粗沙在流量较小时，也不会转为推移质运动。渭河高含沙洪水是冲刷潼关河床、降低潼关高程的动力，也是泾河口以上渭淤 28 断面游荡而汇口以下渭淤 27 断面不游荡的根源。渭河粗沙对黄河下游的危害远不及北干流支流秃尾河、佳芦河、孤山川、清涧河等，这些支流的粗沙量较渭河少，但 d_{50} 比渭河粗 1～4 倍之多。天然情况下，渭河下游主槽是动态冲淤平衡滩地微淤的冲积平原河流，泾河口以上河道比降 6×10^{-4}，是游荡河道；泾河口—交口河段比降 5×10^{-4}，是过渡性河道；华县—渭河口比降 1.4×10^{-4} 达到最小比降，是弯曲性河道。三门峡建库后，作为渭河下游侵蚀基面的潼关高程抬升，渭河下游纵比降变缓，见表 7-14。可见洪水位比降和滩面比降持续变缓，渭河由天然情况下的地下河变为悬河。华县以下河床纵剖面平行抬高，这是因为建库前渭河下游是冲淤平衡的，比降已是最小比降。

表 7-14　渭河下游临潼—华县河段比降变化

洪水年份	洪水位 (3000m³/s) 比降/10^{-4}	常水位 (200m³/s) 比降/10^{-4}	滩面比降 /10^{-4}	全断面平均河床比降/10^{-4}
1965	2.32	2.28	2.50	2.40
1977	2.17	2.34	2.19	2.37
1981	2.11	2.27	2.17	3.25
1992	2.13	2.28	2.14	2.17
1996	1.95	2.16	2.12	2.10
2003	1.94	—	2.08	2.10

7.4.2　天然情况下渭河下游冲淤特性

渭河下游交口—华县的横断面形态由深槽和滩地组成，华县以下则由深槽嫩滩、高滩组成，华县主槽的过洪能力达到 $4500 \sim 5000$ m³/s，具有调节泥沙的能力。

表 7-15、表 7-16 分别为黄河龙门站与渭河华县站来沙粒径对比和含沙量对比。可看出，华县的沙量平均 3.659 亿 t，占龙门沙量的 44.2%，但粗沙来量仅占龙门的 17.3%，细沙来量占龙门的 67.9%。渭河华县站汛期、年均含沙量均比龙门大，但又有质的不同，渭河泥沙粒径组成细，"载体"量大，"载荷"量小，有利于泥沙的输送。高含沙小洪水渭河淤积，但淤积仅发生在主槽中，由于主槽过洪能力大，之后的洪水将淤在主槽中的泥沙冲走。泥沙的调节表现为高含沙小洪水淤，一般挟沙水流洪水冲，高含沙大洪水冲刷量大的特点，主槽成为粗泥沙的调节库。

表 7-15　1960～1988 年（水文年）龙门站、华县站多年平均来沙粒径对比

粒径/mm	龙门站来沙/亿 t			华县站来沙/亿 t			华县沙量占龙门沙量比例/%		
	汛期	非汛期	水文年	汛期	非汛期	水文年	汛期	非汛期	水文年
全沙	7.303	0.971	8.274	3.282	0.377	3.659	44.9	38.8	44.2
$d<0.025$	3.058	0.343	3.401	2.070	0.240	2.310	68.0	70.0	67.9
$0.025<d<0.05$	2.022	0.218	2.240	0.808	0.086	0.894	40.0	39.4	35.9
$d>0.05$	2.223	0.410	2.633	0.404	0.051	0.455	18.0	12.2	17.3

表 7-16　龙门站、华县站含沙量对比

站名	汛期平均含沙量/(kg/m³)				年平均含沙量/(kg/m³)			
	1950～1959 年	1960～1969 年	1970～1979 年	1980～1989 年	1950～1959 年	1960～1969 年	1970～1979 年	1980～1989 年
龙门	54.9	49.3	51.4	26.4	37.0	32.9	31.8	17.9
华县	64.2	71.4	95.2	36.7	50.1	44.9	67.8	35.8

天然情况下，渭河下游之所以能保持动态冲淤平衡，是因为：

（1）有相对稳定的侵蚀基准面，潼关河床是渭河的侵蚀基准面，它是由冲刷性过渡为冲淤平衡的微淤性河床，它的稳定是渭河下游维持相对稳定的基础条件。

（2）渭河干支流洪水特别是泾河高含沙洪水的冲刷作用是维持渭河下游相对稳定的动力。华县站的实测资料说明大洪水的冲刷作用大，尤其是高含沙大洪水的冲刷作用更大，使华县主槽过洪能力达到 4500～5000m³/s，即使洪水流量大，洪水位也并不高，就是因为大水冲刷扩大了过水断面面积。

（3）渭河悬移质粒径比黄河细。渭河挟沙水流的粒径细，含沙量高，同粒径泥沙沉速比一般挟沙水流小得多，因而渭河即使在较弱的水流强度下仍有较大的输沙能力。

（4）渭河下游高含沙洪水有特殊的造床作用，泾河口以上河道游荡，以下则不游荡，就是因为渭河下游的高含沙水流挟沙力大，能保持挟带的粗沙处于悬移状态而不会转为推移运动。渭河下游的高含沙洪水具有静态极限切应力，漫滩洪水能塑造出滩唇，这增大了河槽的过流能力，漫滩水流横向流动受到静态极限切应力的制约不可能流远。

7.4.3　三门峡建库后渭河下游的冲淤演变

三门峡建库后，渭河下游发生了剧烈的冲淤演变。表 7-17 为渭河下游冲淤量及分布统计（蒋建军等，2007），可看出对泥沙的时空调节特点。

（1）建库后渭河下游泥沙淤积不断发展，1960 年 6 月～1999 年 10 月共淤积泥沙 13.03 亿 t，占同期潼关以上总淤积量的 34.6%，淤积量是很大的。

（2）泥沙淤积重心不断上移，二期改建前渭河下游泥沙淤积重心在华县以下河段，占渭河总淤积量的 75.7%，二期改建期间泥沙淤积重心上移至临潼—华县河段，占渭河总淤积量的 87.5%。蓄清排浑全年控制运用期淤积重心又下移到华县以下河段，但临潼以上河段由冲刷变为淤积，淤积末端仍在上延。

表 7-17　渭河下游冲淤量分布

断面		枢纽改建前 1960 年 6 月～ 1966 年 5 月		第一期改建期 1966 年 5 月～ 1969 年 10 月		第二期改建期 1969 年 10 月～ 1973 年 10 月		蓄清排浑期 1973 年 10 月～ 1999 年 10 月		建库以来 1960 年 6 月～ 1999 年 10 月	
		冲淤体积 /(×10⁸m³)	占百分比/%	冲淤体积 /(×10⁸m³)	占百分比/%	冲淤体积 /(×10⁸m³)	占百分比/%	冲淤体积 /(×10⁸m³)	占百分比/%	冲淤体积 /(×10⁸m³)	占百分比/%
渭拦—渭淤 1		0.1908	8.9	0.2143	3.1	−0.0088	−0.7	0.1560	5.7	0.5523	4.2
渭淤	1～10	1.4452	67.6	4.9683	72.3	0.1637	12.6	1.6087	59.2	8.1859	62.9
	10～26	0.5683	26.6	1.6477	24.0	1.1381	87.5	0.6718	24.7	4.0259	30.9
	26～28	−0.0624	−2.9	0.0191	0.3	0.0412	3.2	0.1284	4.7	0.1263	1.0
	28～37	−0.0029	−0.2	0.0172	0.3	−0.0331	−2.6	0.1542	5.7	0.1354	1.0
合 计		2.1390	100	6.8666	100	1.3011	100	2.7191	100	13.0258	100

注：负号表示冲刷。

近年来，渭河来水来沙大幅度减少，河道淤积减缓，但仍可能出现大洪水，故渭河下游的防洪问题和盐碱、溃涝灾害仍存在（唐先海等，2001）。

渭河下游对泥沙的时空调节引发了众多问题，反映为：

（1）同流量水位上升，随着淤积发展河床逐年抬高，华县以下主槽缩小，滩地抬高 4～5m，导致洪水位上升。如 1996 年 7 月华县流量 3500 m³/s，洪水位高达 342.25m，较建库前抬升 4.84m，临潼站洪水位较建库初期抬升 2.5m。

（2）主槽过洪能力减小。建库前华县站过洪能力 4500～5000 m³/s，1995 年减小到 800 m³/s，2000 年约为 1500 m³/s，2000 年 10 月临潼站出现 $Q=2300$ m³/s 的小洪水，渭河下游全面漫滩。

（3）临背差加大，渭河下游成为悬河。建库前渭河下游为未设堤防的地下河，建库后渭河两岸修建了大堤，随着滩面不断淤高，华县以下河段临背差达到 3～4.4m，华县—临潼河段临背差 2～3m。

（4）河势恶化。建库前渭河下游为稳定的弯曲河道，建库后由于主槽过洪能力大幅度减小，水流漫滩频繁，引起河势恶化，河道摆动，塌岸严重，汇流区河势恶化，使渭河尾闾出流不畅，1970 年以来黄河主流西倒，形成黄河夺渭的不利局面，渭河汇口上提 3.2～5.0km。

（5）渭河洪水位抬升造成渭河倒灌南山支流概率增大，使支流出流不畅，过洪能力减小，口门淤塞，成为悬河。

（6）库区生态环境恶化。由于地下水位上升 2～3m，引发库区渍涝、盐碱化面积加大，河道比降减缓出流不畅，加之来水量减少，造成河道自净能力降低，污染加重。

7.5　中游泥沙时空调节对下游的影响

北干流对粗沙的调节影响到小北干流，小北干流及渭河对粗沙的调节影响到潼关—三门峡河段，三门峡—小浪底是峡谷侵蚀性河段，比降 11×10^{-4}，粗沙不淤积，没有对粗沙的调节问题，因此潼三河段尤其是潼关河段对粗沙的时空调节后形成的水沙条件直接影响到黄河下游的冲淤演变。

图 7-9 为多年平均的黄河干、支流粒径 $d > 0.05$mm 的泥沙所占百分比 $P_{d>0.05}$ 与悬沙 d_{50} 的关系。可见北干流主要粗沙支流的 $P_{d>0.05}$ 在 40%～60%，经过中游对泥沙的时空调节后，至利津 $P_{d>0.05}$ 降至 14% 左右。据实测资料，多年平均主要支流年产沙 4.74 亿 t，就是这些支流所产的粗沙造成小北干流的游荡问题、潼关高程问题、下游高村以上 300km 河段的游荡问题和黄河下游的防洪问题。

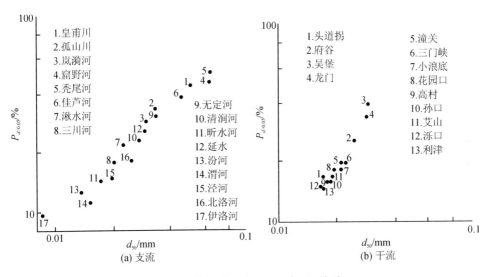

图 7-9　黄河干支流 $P_{d>0.05}$ 与 d_{50} 关系

天然情况下，粗沙经潼关以上黄河干支流的时空调节后，低温的非汛期，三门峡以上冲刷粗沙 0.67 亿 t，并被输入三门峡—小浪底河段，相应地下游非汛期年均淤积 0.79 亿 t。这说明对粗沙的时空调节使下游河道变淤，否则下游的淤积状况将会好得多。高温的汛期，下游洪水本应挟带多一些的粗泥沙入海，但相当部分的粗沙却在中游淤积，对下游也没有好处。

三门峡建库后，情况发生了巨大变化。蓄水拦洪期间，仅有异重流排沙，泥沙几乎全部被拦截在库内，以平均库区淤积 1.93 亿 t 换取下游冲刷泥沙 1.0 亿 t，并造成渭河下游的严重问题。蓄清排浑全年控制运用后，非汛期下泄清水，下游河道发生冲刷的范围也只局限于河道的上段，而且上段冲刷的泥沙一般将在下段淤积。汛期排沙，下游发生严重淤积，说明下游河道不能适应水库蓄清排浑运用，小浪底水库投入运用后，情况也是一样的。

一般情况下，渭河来洪水时，黄河下游冲多淤少，其原因是渭河含沙量虽高但粒径组成细，经过黄河的低含沙水流的稀释后才进入下游的，故含沙量不很高。熊贵枢根据黄科院撰写的黄河下游河床演变基本资料汇编，分析了 1950～1985 年花园口出现的 152 次洪峰的水沙来源及下游河道冲淤统计情况。凡渭河来沙占三黑小 20%～30% 以上的洪峰，经泥沙的时空调节后，黄河下游处于微冲状态。如 1955 年 9 月 11 日 27 日华县来沙 1.06 亿 t，占三黑小沙量的 42.4%，全下游冲刷 0.613 亿 t。若渭河的洪水来自粗沙支流，则下游是淤积的，如 1973 年 8 月 28 日至 9 月 7 日，渭河洪水来自泾河的粗沙支流马莲河，沙量 1.32 亿 t，渭河来沙 4 亿 t，三黑小沙量达 7.35 亿 t，洪水平均含沙量 212kg/m³，下游出现高含沙水流，河道严重淤积，总淤积量达 3 亿 t。

第8章　利用三门峡基岩天然落差降低潼关高程

潼关高程问题是三门峡水库的一个特殊问题，潼关河段没有富余挟沙力，三门峡水库建库前的天然情况下，潼关河床即是相对冲淤平衡又是微淤的，这是受河流动力学粗沙冲淤有不同临界条件的制约所致。这一"先天不足"造成潼关河床稍受干扰即引发问题。三门峡水库投入使用这样大的干扰使潼关高程问题暴露无遗，由于潼关地理位置的特殊性，潼关高程变化影响到多个方面。

8.1　重新认识天然情况下的潼关高程问题

8.1.1　地理位置的独特性

黄河小北干流在潼关接纳了最大支流渭河及支流北洛河，受阻于秦岭折向东流进入峡谷河段至三门峡。潼关—三门峡河段河长 113.5km，河谷宽 1~2.5km，河床平均比降 3.5×10^{-4}，河道冲积物多为砂及砂砾石。潼关河床近代沉积地层表现较薄，河床沉积物平均厚约 16m，下部沙砾石层，颗粒不匀，粒径 4~7cm，分选差，向上过渡为粗中砂夹少量砾石，表明这一时期是冲刷性砂砾质河床；上部细砂沉积层位稳定，颗粒均匀，为河流多次分选后的冲积物，如图 8-1，反映潼关河床是由冲刷性演变为相对平衡的微淤性河床（中国科学院地理研究所渭河研究组，1983）。

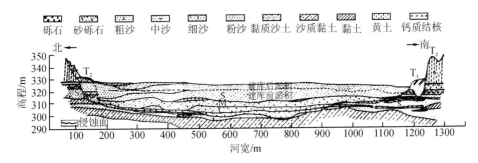

图 8-1　黄河潼关河床地质剖面图

潼关高程是小北干流、渭河和北洛河的侵蚀基准面。小北干流、渭河及北洛河有各自的来水来沙条件和演变规律，小北干流为淤积环境，受北干流来水来沙影响，河道游荡散乱，游荡已发展至全小北干流。

三门峡坝址附近大部分基岩裸露，河道狭窄，宽仅 120m，自右向左排列有鬼门、神门和人门三个石岛，这里水流集中，河床冲刷强烈，所以河床沉积物极薄，沉积物多为砂及砂砾石，厚 0.5～3.0m，粒径 5～20cm，砾石含量 10%～80%。表 8-1 为建库前三门峡（上）、（下）两站月平均水位变化，可见当来水流量小时，水流由"三门"流过，"三门"以上河段呈现降水曲线，当来水流量大时，由于河宽过窄，三门以上河段呈壅水曲线。图 8-2 为韩曼华等（1986）提供的潼关至三门峡河段 1843 年洪水水面线，可见壅水曲线回水末端到达距潼关 25km 的岳村。三门峡（下）至小浪底平均比降为 11×10^{-4}，三门峡（上）至潼关平均比降 3.5×10^{-4}，表明三门峡河段是有富余比降的，三门峡基岩上下有一个天然的集中落差，但未被人们认识，坝址天然基岩起溢流坝功能，1960 年三门峡水库建成后，富余比降的存在就被湮没了。

表 8-1　三门峡（上）、（下）水文站月均水位变化　　　　（单位：m）

年份	水文站	1月	2月	3月	4月	5月	6月	7月	8月	9月	10月	11月	12月
1952年	三门峡(上)	281.13	281.41	281.97	282.57	282.96	282.18	284.47	284.89	283.86	282.90	282.39	281.27
	三门峡(下)	277.68	277.86	278.31	278.91	279.23	278.51	280.68	281.04	280.18	279.26	278.74	277.81
1953年	三门峡(上)	281.14	281.30	282.13	281.67	281.61	281.45	282.73	284.24	284.23	284.01	282.88	281.57
	三门峡(下)	277.66	277.81	278.53	278.11	278.06	277.91	278.96	280.46	280.39	280.22	279.13	278.05

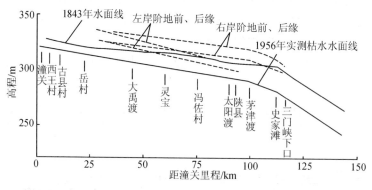

图 8-2　1843 年洪水水面线与一级阶地纵剖面

8.1.2　天然情况下影响潼关高程的因素

天然情况下影响潼关高程因素主要有三个。

1. 北干流、小北干流来水来沙的影响

北干流的支流按所处地质条件可分为三类。第一类主要为砒砂岩地质条件，如黄甫川、窟野河、秃尾河等支流，多年平均产粒径 $d > 0.05$mm 的粗沙 10^8 t。

这些支流泥沙组成很粗，沙峰含沙量往往超过 $1000kg/m^3$，泥沙中径 $d_{50} >$ 0.1mm，$d > 0.05mm$ 的泥沙含量可超过 90%。粗沙高含沙水流具有黏滞系数 μ_m 大、极限切应力 τ_B 小的流变特性，所以天然的粗沙高含沙水流不会出现均质流，而是非均质流。这些粗沙支流坡陡流急，每年 5～8 月每逢暴雨，即产生粗沙高含沙洪水，沿程多为冲刷，汇入干流后，受到稀释，发生沿程分选落淤，在各支流河口形成碛滩。第二类为砒砂岩、黄土兼有的地质条件，如无定河、佳芦河、延河等支流，泥沙中径较第一类细，暴雨洪水若为细沙高含沙水流则冲刷，否则为淤积。第三类为黄土地质条件，如三川河、清涧河及北干流左岸的一些支流，泥沙中径一般小于 0.03mm。二、三类细沙高含沙洪水汇入北干流后，北干流是冲刷的，有时冲刷可以延伸到小北干流。1951～1977 年在龙门站观测到的八次细沙高含沙洪水揭河底冲刷中，有三次冲刷达到潼关，三次的最大流量分别为 $13\ 700m^3/s$、$17\ 500\ m^3/s$、$13\ 800m^3/s$，最大含沙量分别为 $542kg/m^3$、$605kg/m^3$、$826kg/m^3$。揭河底冲刷将小北干流由游荡河道塑造成单一的窄深河槽，但这种窄深河槽长则 2～3 年、短则当年就又回归为游荡河道。

实测资料表明，每年 5～8 月北干流全河段是淤积的，这是因为支流的粗沙来量过多，由粗沙高含沙水流的输沙特性决定的。

北干流所处的地理位置纬度高，低温时段长，低温效应、冻融效应和沿程增能效应都成为增大水流输沙能力的动力。每年 9 月气温降低，暴雨减少，因此 9 月份的洪水北干流是冲刷的，冲刷可延伸到小北干流上段的龙门河段。小北干流下段的潼关河段纬度较龙门低，低温效应减弱，而且非汛期流量小，沿程冲刷就是含沙量恢复饱和过程，经过近百公里的冲刷，水流含沙量已达饱和，因此非汛期潼关河段是淤积的，淤积并非止于潼关，而是延伸到距潼关下游 23.3km 处的彩霞站附近，导致非汛期潼关高程的抬升。

汛期北干流粗沙支流的高含沙洪水在北干流的淤积也延伸到小北干流的龙门河段，粗沙沿程淤积使小北干流的游荡河段发展到距潼关 2.8km 处的黄淤 42 断面，可说已遍及小北干流全河段。

表 8-2 为龙、华、河、状四站至潼关、潼关至三门峡 1950～1960 年多年平均冲淤量，少沙年 1952 年冲淤量及多沙年 1958 年冲淤量。可看出四站至潼关河段非汛期冲、汛期淤的规律是明显的，仅个别情况有例外为冲刷，从全年看多年平均是淤积的，特殊的水沙情况是冲刷的。潼关至三门峡河段非汛期和全年都是冲刷的，汛期则是少沙年冲刷、多年平均微淤及丰沙年是冲淤平衡的。

综上所述，潼关特殊的地理位置和北干流来水来沙条件，特别是由纬度差引起的低温效应等的影响，使北干流及小北干流的龙门河段非汛期持续冲刷，由于冲起的泥沙粒径粗，被挟带至潼关河段淤积，潼关高程抬升，造就上段冲下段淤的态势。汛期中，小北干流削峰滞沙，集中淤积，而北干流的细沙高含沙洪水及渭河的高含沙洪水有巨大的输沙能力，是潼关高程冲刷下降的决定性因素，因而汛期潼关高程是下降的。因为非汛期淤积在潼关河段的泥沙粗，汛期很难全部冲掉，所以北干流的粗沙在潼关河段的淤积，是天然情况下潼关河床处于相对冲淤平衡又是微淤的根源。

表 8-2　四站至潼关、潼关至三门峡 1950～1960 年多年平均冲淤量、
1952 年及 1958 年冲淤量　　　　　　　（单位：亿 t）

水文站	1950～1960 年多年平均冲淤量			1952 年冲淤量			1958 年冲淤量		
	汛期	非汛期	全年	汛期	非汛期	全年	汛期	非汛期	全年
四站	15.45	1.53	16.98	6.23	0.85	7.08	26.81	1.91	28.72
潼关	14.09	2.04	16.13	5.82	1.32	7.14	27.08	2.42	29.50
三门峡	14.04	2.33	16.37	6.07	1.97	8.01	27.08	2.98	30.06
四站—潼关	1.36	−0.51	0.85	0.41	−0.47	−0.06	−0.27	−0.51	−0.78
潼关—三门峡	0.05	−0.29	−0.24	−0.25	−0.65	−0.87	0	−0.56	−0.56

2. 渭、洛河来水来沙的影响

渭河的平均含沙量比龙门站大，但特点是粒径细。图 8-3 为渭河临潼站 d_{50}-S 与龙门站 d_{50}-S 比较，可见渭河的来沙比龙门的细得多。细沙高含沙水流多为宾汉体，并具有静态极限切应力，在流速小时，容易形成整体淤积，但淤积体极易破坏。例如在水槽作明流或异重流输沙试验时，若为高含沙水流，试验结束后，水槽中留下一槽淤泥，厚度有时可达 10cm 或更厚一些，但用清水很容易就把槽中留下的淤泥冲完；若不是高含沙水流，沿程分选淤积的泥沙易固结，试验结束后，很不容易清洗槽中的淤沙。

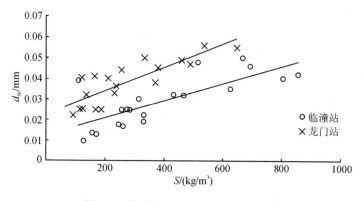

图 8-3　临潼站、龙门站 d_{50}-S 比较图

渭河、洛河的高含水流即具有淤积物不易固结冲刷的特点，渭河的高含沙小洪水既有沿程分选淤积，又有流量沿程减小而含沙量不变的整体淤积。建库前，

渭河高含沙小洪水的淤积都发生在河槽内，很容易在下一场洪水中被冲掉，因此能长期维持河槽 $4500\sim5000\mathrm{m}^3/\mathrm{s}$ 的过洪能力。渭河的高含沙大洪水有巨大的输沙能力，对潼关高程有冲刷降低作用。

　　高含沙洪水对潼关河床的冲刷作用受到河势变化的影响，历史上黄河有时靠西岸行水，但靠东岸行水居多。建库前，黄河靠东岸行水，渭河在潼关汇入黄河，各有各的河槽。图 8-4（a）～（c）为 1960 年黄淤 42、43、44 断面横剖面，这三个断面的测量范围包括了渭河渭拦 1～8 断面的河槽横剖面（图 8-5）。由图 8-4 可见渭河河槽为窄深单一河槽，河槽最深点比黄河低，而黄河有主槽和几个副槽，呈现游荡河型。

　　黄淤 41 即潼关断面距黄淤 42 断面 2.8km，河型不游荡，潼关以下的黄淤 35～40 断面中，最窄的黄淤 40 断面河谷宽 2876m，黄淤 35～38 断面河谷宽 3000～6816m，河槽宽 815～1820m，可以说河谷是相当宽的，但河型均不游荡。究其原因，一是潼关河谷宽不足 1000m，两岸有约束；二是渭河高含沙洪水有巨大的输沙能力，粗沙不会集中淤积。

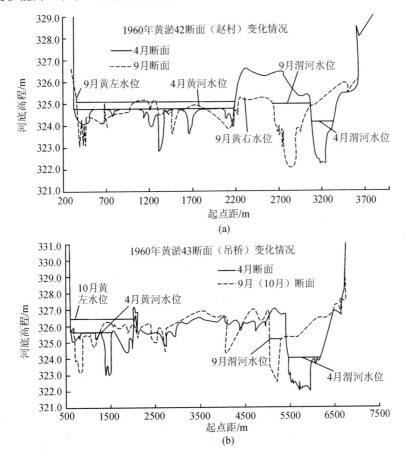

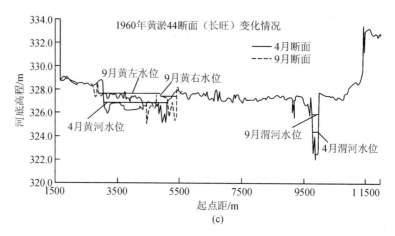

图 8-4　1960 年黄淤 42、43、44 断面横剖面

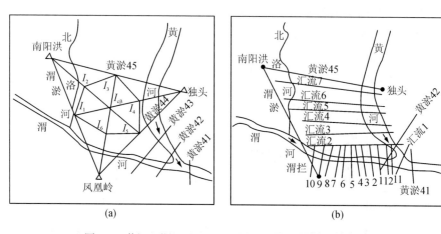

图 8-5　黄河、渭河、北洛河汇流区淤积断面平面布置图

　　河型游荡意味着河道泥沙堆积，堆积到一定程度就要摆动。建库后，随着泥沙淤积的发展黄河西倒，使渭河河口上提 5km。由于黄河比降大于渭河，故渭河口上提后，渭河高含沙洪水冲刷潼关河床作用被削弱（陕西省三门峡库区管理局，2007）。

3. 下边界三门峡基岩的影响

　　三门峡坝址天然基岩有溢流坝的功能，可由潼关至潼关以下各站平均水位比降 J 与潼关流量 Q 的关系予以说明。图 8-6 为建库前潼关至彩霞站（距坝 90.2km）、太安站（距坝 74.2km）、老灵宝站（距坝 51.6km）、北村站（距坝 42.3km）、陕县站（距坝 21.3km）、三门峡（上）、（下）站的水位比降 J 与潼关流量 Q 的关系。可见潼关至彩霞、太安的 J 与 Q 呈正比关系；潼关至老灵宝、北村的 J 与 Q 几乎没有关系；潼关至陕县、三门峡（上）、（下）的 J 与 Q 呈反比关系。流量大时，因潼关卡口起壅水作用，其冲刷作用不及彩霞、太安站，所以潼关至彩霞、太安的 J 与 Q 呈正比关系。受三门峡基岩的制约，小流量时，水流由高程较低的神门、鬼门、人门下泄，水位低、比降大；大流量时，因河宽过窄，发生严重的壅水，比降小、水位高，所以潼关至陕县至三门峡（上）、（下）的 J 与 Q 呈反比关系。图 8-7 为焦恩泽（2004）给出的潼关至陕县河段水位差与流量关系，其规律也呈反比关系。由图 8-7 可见，大、小流量的水位差值可达 5m 多，分析其原因，大流量时，三门峡（上）、（下）的壅水回水末端远远超过陕县，流量不大时，三门峡（上）、（下）的降水曲线仅影响到陕县，而潼关河床冲淤变化引起的大、小流量水位变化比陕县的小得多。J 与 Q 呈反比关系制约了大水时对潼关河床的冲刷作用，也说明了三门峡水库湮没了潼关至三门峡河段的富余比降，这对潼关以上黄河、渭河的河床演变有很大影响，认识到这点是很有启发性的，应利用坝址基岩的溢流坝功能，以除害兴利，造福人民。

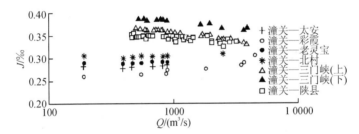

图 8-6　建库前潼关至三门峡各河段水位比降 J 与潼关流量 Q 关系

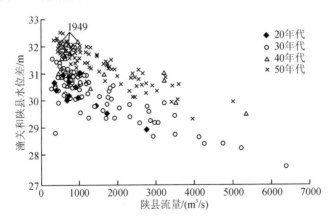

图 8-7　潼关和陕县水位差与陕县流量关系

8.1.3　天然情况下潼关河床处于动态冲淤平衡微淤状态

潼关河床是渭河下游的侵蚀基准面，其河床高程要维持渭河下游的平衡比降，潼关河床又受三门峡基岩的制约，其河床高程又要维持潼关至三门峡河段应有平衡比降，因此潼关河床应有一个动态相对冲淤平衡的河床高程，以满足渭河下游和潼三河段均维持应有的平衡比降。三门峡基岩高程是不变的，作为潼关的侵蚀基准面保证了潼关河床既不会持续淤积，又不会持续冲刷，因而使潼关河床成为动态相对平衡的微淤性河床。

图 8-8 为建库前后潼关站、三门峡站汛期输沙率 Q_s 与水力因子 $Q^{1.6}J^{1.2}S_{上}^{0.8}$ 关系，可见潼关站建库前后的点群是混杂在一起的，三门峡站建库前点群在建库后点群的下方，表明潼关河段没有富余挟沙力，三门峡河段有富余挟沙力（曹如轩，2006）。再分析建库前后陕县站、潼关站河床质 d_{50} 变化，可知潼关站建库前后河床质相近，而陕县站建库后床沙明显细化，如图 8-9，通过这些分析进一步说明建库前潼关河床是动态冲淤平衡的微淤性河床。

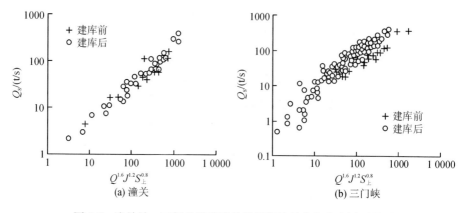

图 8-8　潼关站、三门峡站建库前后汛期输沙率与水力因子关系

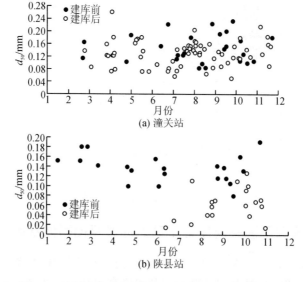

图 8-9　潼关站、陕县站建库前后河床质 d_{50} 时程分布

表 8-3 为摘自《陕西省三门峡库区志》（陕西省三门峡库区管理局，2007）给出的建库前潼关高程变化，可看出建库前的 1933～1939 年、1950～1959 年，潼关高程变化的基本规律是非汛期淤积抬高，汛期冲刷下降。胡春宏等（2008）认为在资料间断不全的时段，潼关高程抬高数值较大，如 1929～1939 年的 9 年间，潼关高程抬升总量 0.9m，在资料完整的时段潼关高程变化小，如 1950～1959 年的 10 年间，潼关高程有升有降，上升总量 0.26m，可以认为潼关高程是相对稳定的。钱意颖等（1993）也认为建库前潼关河床是相对平衡的微淤性河床。应当指出，潼关河床非汛期淤积抬升，汛期冲刷下降并非每年均如此。如 1930 年汛期、非汛期均淤，1957 年汛期不冲反而淤积，非汛期则不冲不淤，但从较长一个时段分析，潼关河床总是冲少淤多。潼关河床几百年来淤积抬高 16m，表明在较长时段中，全过程有冲有淤，但总体是微淤的。潼关处于冲积游荡河道与两岸有约束的峡谷河道的交接地带，北干流带来的粗沙经小北干流 132km 的分选淤积，潼关河段的床沙已比龙门河段的细化。

表 8-3　1929～1959 年潼关高程变化

年份	水位/m		冲淤变化/m		年份	水位/m		冲淤变化/m	
	6月30日	11月1日	汛期	非汛期		6月30日	11月1日	汛期	非汛期
1929	321.28	321.14	−0.14	—	1951	323.70	323.08	−0.62	0.51
1930	321.28	321.61	0.33	0.14	1952	323.27	322.80	−0.47	0.19
1933	322.37	320.86	−1.51	0.76	1953	323.08	322.70	−0.38	0.28
1934	321.29	321.20	−0.09	0.43	1954	323.16	322.68	−0.48	0.46
1935	322.19	321.83	−0.36	0.99	1955	323.04	322.82	−0.22	0.36
1936	322.45	322.30	−0.15	0.62	1956	323.48	323.46	−0.02	0.66
1937	322.34	321.64	−0.70	0.04	1957	323.46	323.64	0.18	0.00
1938	322.23	321.96	−0.27	0.59	1958	323.83	323.26	−0.57	0.19
1939	322.26	322.04	−0.22	0.30	1959	323.33	323.45	0.12	0.07
1950	323.20	323.19	−0.01	—					

8.2　重新认识建库后潼关高程问题

8.2.1　潼关高程演变特性

三门峡建库后，从根本上改变了下边界条件，潼关河床的侵蚀基准面由坝址基岩转变成坝前水位，天然情况下潼关河段没有富余挟沙力，水库蓄水造成潼关河段的淤积，在回水消退后，已不能恢复至原有的状态。

1960 年 9 月三门峡水库蓄水，至 1962 年 3 月库水位在 330m 以上的天数共计 200 天，高水位蓄水拦截了来沙，库区泥沙淤积严重，淤积上延迅速，渭河口形成固定拦门沙，潼关高程由建库前的 323.4m 抬高到 1961 年汛后的 329.1m。迫使水库在 1962 年 3 月起将蓄洪拦沙运用改为滞洪排沙运用，由于当时水库泄流规模小，汛期一般洪水即产生滞洪淤积，虽经一期改建，至 1969 年汛后，潼关高程仍在 328.65m，较建库前抬高 5.25m。为此进行二期改建，改建是在 "两个确保前提下，合理防洪、排沙放淤、径流发电，非汛期水位 310m，汛期水位 305m，必要时降至 300m"。二期改建扩大了水库泄流规模，1969 年 10 月至 1973 年 10 月非汛期平均蓄水位 306.28m，汛期敞泄运用，平均水位 297.97m，至 1973 年汛后潼关高程降至 326.64m，较 1969 年汛后下降 2.01m，但比建库前仍高出 3.24m。

1973 年 11 月水库蓄清排浑运用，非汛期蓄水，平均蓄水位较 1970～1973 年高 10.02m，且高水位历时长，汛期平均水位较 1970～1973 年高 6.03m，且低水位历时少，致使 1974～2000 年潼关至三门峡库段不能达到冲淤平衡，累积淤积量 2.61 亿 m^3，2000 年潼关高程又抬升至 328.33m。

表 8-4 为 1963～2005 年龙华河状四站至潼关、潼关至三门峡冲淤量，可见水库二期改建完成，转为蓄清排浑全年控制运用后，四站至潼关非汛期总是冲刷的，与建库前相同。汛期除 1980～1985 年冲 0.0552 亿 t 外，其余年份都是淤积的，这反映了建库后小北干流汛期削峰滞沙作用依然存在，且强度较建库前大。潼关至三门峡非汛期都是淤积的，汛期总是冲刷的。

表 8-4 1963～2005 年龙华河状四站至潼关至三门峡冲淤量（单位：亿 t）

时段	水文站	11月～翌年 6月总 W_s	11月～翌年 6月年均 W_s	7～10月 总 W_s	7～10月 年均 W_s	总 W_s	年均 W_s
1963 ～ 1973	龙华河状四站	17.4683	1.7468	166.0771	16.6077	183.5454	18.3545
	潼关	24.4149	2.4415	129.87	12.987	154.2849	15.4285
	三门峡	34.0923	3.4092	122.616	12.2616	156.7083	15.6708
	四站—潼关	−6.9466	−0.6947	36.2071	3.6207	29.2605	2.926
	潼关—三门峡	−9.6774	−0.9677	7.254	0.7254	−2.4234	−0.2423
1973 ～ 1980	龙华河状四站	6.7891	0.9699	76.5467	10.9352	83.3358	11.9051
	潼关	11.527	1.6467	71.5093	10.2156	83.0363	11.8623
	三门峡	2.7424	0.3918	83.614	11.9449	86.3564	12.3366
	四站—潼关	−4.7379	−0.6768	5.0374	0.7196	0.2995	0.0428
	潼关—三门峡	8.7846	1.2549	−12.1047	−1.7293	−3.3201	−0.4743

续表

时段	水文站	11 月~翌年 6 月总 W_s	11 月~翌年 6 月年均 W_s	7~10 月 总 W_s	7~10 月 年均 W_s	总 W_s	年均 W_s
1980 ~ 1985	龙华河状四站	6.4122	1.2824	34.36	6.872	40.7722	8.1544
	潼关	7.918	1.5836	34.636	6.9272	42.554	8.5108
	三门峡	1.769	0.3538	45.9743	9.1949	47.7433	9.5487
	四站一潼关	−1.5058	−0.3012	−0.276	−0.0552	−1.7818	−0.3564
	潼关一三门峡	6.149	1.2298	−11.3383	−2.2677	−5.1893	−1.0379
1985 ~ 1990	龙华河状四站	6.9586	1.3917	34.6495	6.9299	41.6081	8.3216
	潼关	8.0608	1.6122	28.7416	5.7483	36.8024	7.3605
	三门峡	1.7044	0.3409	35.8752	7.175	37.5796	7.5159
	四站一潼关	−1.1022	−0.2202	5.9079	1.1816	4.8057	0.9611
	潼关一三门峡	6.3564	1.2713	−7.1336	−1.4267	−0.7772	−0.1554
1990 ~ 1995	龙华河状四站	7.6895	1.5379	41.7674	8.3535	49.4569	9.8914
	潼关	11.5149	2.303	31.227	6.2454	42.7419	8.5484
	三门峡	3.4562	0.6912	39.0484	7.8097	42.5046	8.5009
	四站一潼关	−3.8254	−0.7651	10.5404	2.1081	6.715	1.343
	潼关一三门峡	8.0587	1.6118	−7.8214	−1.5643	0.2373	0.0475
1995 ~ 2000	龙华河状四站	6.2373	1.2475	28.042	5.6084	34.2794	6.8559
	潼关	9.01	1.802	23.7032	4.7406	32.7133	6.5427
	三门峡	0.7463	0.1493	29.0064	5.8013	29.7526	5.9505
	四站一潼关	−2.7727	−0.5545	4.3388	0.8678	1.5661	0.3132
	潼关一三门峡	8.2637	1.6527	−5.3032	−1.0607	2.9607	0.5922
2000 ~ 2005	龙华河状四站	6.3264	1.0544	28.0836	4.6806	34.41	5.735
	潼关	7.6205	1.2701	24.5432	4.0905	32.1637	5.3606
	三门峡	3.1355	0.5226	24.7952	4.1325	27.9308	4.6551
	四站一潼关	−1.2941	−0.2157	3.5404	0.5901	2.2463	0.3744
	潼关一三门峡	4.485	0.7475	−0.252	−0.042	4.2329	0.7055

　　表 8-5 为建库后潼关高程变化,可见潼关高程居高不下,1963~1973 年为水库改变运用方式及工程改建阶段,总计 11 年,淤积抬升总计 4.79m,冲刷下降总计 3.26m,年平均抬升 0.14m。1974~2005 年总计 32 年,淤积抬升总计5.19m,冲刷下降总计 4.33m,年平均抬升 0.26m。由于各时段年限和水沙条件不同,具体抬升数字难以比较,但冲淤规律是基本相同的,即淤多冲少,总趋势是水位上升。近期黄河来水来沙量减少较多,潼关高程有所下降,当前约为 327.7m。

　　吴保生等(2006)分析了来水来沙对潼关高程的影响及变化规律,得出两点结论。一是潼关高程的变化取决于库区当年水流能量的大小,同时还与前期约

6年来水和坝前水位条件有关；二是水库运用方式应与新的来水来沙条件相适应，才能满足降低和控制潼关高程的要求。

表 8-5　三门峡水库潼关高程变化表

年份	潼关站（六）1000m³/s水位		潼关高程升降值/m			年份	潼关站（六）1000m³/s水位		潼关高程升降值/m		
	汛前	汛后	汛期	非汛期	年平均		汛前	汛后	汛期	非汛期	年平均
1959	323.33	323.45	0.12	—	—	1983	327.39	326.57	−0.82	0.33	−0.49
1960	323.8	323.4	−0.4	0.35	—	1984	327.18	326.75	−0.43	0.61	0.18
1961	—	—	—	—	—	1985	326.96	326.64	−0.32	0.21	−0.11
1962	325.93	325.11	−0.82	—	—	1986	327.08	327.18	0.1	0.44	0.54
1963	325.14	325.76	0.62	0.03	0.65	1987	327.3	327.16	−0.14	0.12	−0.02
1964	326.03	328.09	2.06	0.27	2.33	1988	327.37	327.08	−0.29	0.21	−0.08
1965	327.95	327.64	−0.31	−0.14	−0.45	1989	327.62	327.36	−0.26	0.54	0.28
1966	327.99	327.13	−0.86	0.35	−0.51	1990	327.75	327.6	−0.15	0.39	0.24
1967	327.73	328.35	0.62	0.6	1.22	1991	328.02	327.9	−0.12	0.42	0.3
1968	328.71	328.11	−0.6	0.36	−0.24	1992	328.4	327.3	−1.1	0.5	−0.6
1969	328.7	328.65	−0.05	0.59	0.54	1993	327.78	327.78	0	0.48	0.48
1970	328.55	327.71	−0.84	−0.1	−0.94	1994	327.95	327.69	−0.26	0.17	−0.09
1971	327.74	327.5	−0.24	0.03	−0.21	1995	328.12	328.28	0.16	0.43	0.59
1972	327.41	327.55	0.14	−0.09	0.05	1996	328.42	328.07	−0.35	0.14	−0.21
1973	328.13	326.64	−1.49	0.58	−0.91	1997	328.4	328.05	−0.35	0.33	−0.02
1974	327.19	326.7	−0.49	0.55	0.06	1998	328.4	328.28	−0.12	0.35	0.23
1975	327.23	326.04	−1.19	0.53	−0.66	1999	328.43	328.12	−0.31	0.15	−0.16
1976	326.71	326.12	−0.59	0.67	0.08	2000	328.48	328.33	−0.15	0.36	0.21
1977	327.37	326.79	−0.58	1.25	0.67	2001	328.56	328.23	−0.33	0.23	−0.1
1978	327.3	327.09	−0.21	0.51	0.3	2002	328.72	328.78	0.06	0.49	0.55
1979	327.76	327.62	−0.14	0.67	0.53	2003	328.82	327.94	−0.88	0.04	−0.84
1980	327.82	327.38	−0.44	0.2	−0.24	2004	328.24	327.98	−0.26	0.30	0.04
1981	327.95	326.94	−1.01	0.57	−0.44	2005	328.25	327.71	−0.54	0.27	−0.27
1982	327.44	327.06	−0.38	0.5	0.12						

注：潼关站（六），系潼关设站以来基本水尺断面第六次迁移，位于黄淤41断面上游310m。

众多文献指出，按输沙量资料，龙门至潼关河段非汛期冲刷、汛期淤积。但是潼关同流量水位变化说明，潼关河床非汛期淤积水位抬升，汛期冲刷水位下降，这反映出龙潼河段上段龙门河段和下段潼关河段输沙特性的不同。图 8-10 为 1982 年龙门、潼关、三门峡站各月平均悬移质 d_{50} 变化，图 8-11 为 1982 年龙门、潼关、三门峡站各月平均 $d>0.05$mm 泥沙所占百分比变化。由图 8-10、

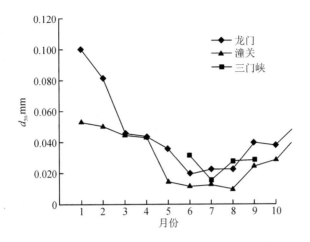

图 8-10　1982 年龙门、潼关、三门峡站各月 d_{50} 变化

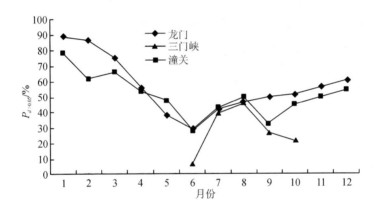

图 8-11　1982 年龙门、潼关、三门峡站各月粒径 $d > 0.05$mm 百分比变化

图 8-11 可看出龙门河段的输沙能力比潼关河段大，挟带的泥沙也比潼关河段粗，$P_{d>0.05}$ 的百分数也比潼关河段大，尤其是温度最低的 1 月、2 月份，3 月份龙门、潼关河段 d_{50}、$P_{d>0.05}$ 百分数相差小，是因为桃汛期潼关河段输沙能力增大。1~4 月龙、潼两站 d_{50} 均大于 0.05mm，这正是粗沙淤积引起潼关高程抬升的根源。三门峡站汛期的 d_{50}、$P_{d>0.05}$ 的百分比大于潼关，是水库排沙所致。龙门河段的比降比潼关河段大，非汛期低温效应也比潼关河段大，故非汛期龙门河段的输沙能力大于潼关河段。表 8-6 为 1980 年 11 月~10 月水文年龙门站、龙华河状四站和潼关站的月平均水力因子统计，可看出潼关的含沙量大于龙门，说明龙门河段发生冲刷。从水位变化分析，非汛期开始的 11 月份，潼关的月均流量655m³/s、月均水位 326.77m，至翌年 2 月，月均流量 620m³/s 的月均水位上升至 327.45m，说明潼关河床淤积抬升。这是由于龙潼河段为冲积平原河道，淤积

挟沙力大于冲刷挟沙力。图 8-12 （a） 为 1952～1953 年、1980～1981 年水文年潼关月平均水位与流量的关系，图 8-12 （b） 为 1959 年潼关实测水位与流量关系，可很好地反映低温期潼关河床淤积、水位抬升，汛期高温期冲刷、水位下降的现象。1952～1953 年潼关的水位流量关系变化很小，这与表 8-3 的资料一致，表明潼关的水位流量关系受到低温效应的影响，而未受到人为因素的影响。1980～1981 年潼关水位流量关系表明 9～12 月的水位低于 6～8 月的水位，体现低温期的冲刷作用，但水温最低的 1 月、2 月中，同流量水位高于 11 月、12 月，这应是 1 月、2 月龙门河段冲刷强烈造成潼关河段淤积所致，当然也与当年水库的运用细节有关。另外每年龙门、潼关的温差，最低水温都是不同的，也会影响到潼关河段的冲淤和水位变化。总之，非汛期潼关断面同流量水位变化主要与上一年汛期冲刷量及本年非汛期各月水温有关。图 8-12 （a） 中 11 月、12 月同流量水位最低，应是汛期冲刷所致，之后即为上升过程，1 月、2 月上升幅度大是龙门河段冲刷强度大导致潼关淤积也多，3 月、4 月同流量水位虽上升，但上升幅度减弱，6 月水位变化小，是低温效应消失所致。

表 8-6　　1980～1981 年水文年龙门、四站和潼关站月均水力因子

站名	水力因子	11 月	12 月	1 月	2 月	3 月	4 月	5 月	6 月	7 月	8 月	9 月	10 月
龙门	Z/m	378.17	378.39	380.23	379.31	378.65	378.38	377.99	378.02	379.58	379.26	380.52	380.42
	$Q/(m^3/s)$	497	438	468	565	814	610	356	387	1970	1310	3090	3010
	$S/(kg/m^3)$	6.42	3.65	1.37	4.39	9.79	3.84	2.91	36.1	55.7	41.1	13.0	8.97
	$Q_s/(t/s)$	3.19	1.60	0.640	2.480	7.970	2.350	1.040	10.40	110.000	53.600	40.200	27.000
四站	$S/(kg/m^3)$	5.11	3.31	1.48	3.58	9.46	3.59	3.00	87.40	57.70	51.10	16.80	8.20
潼关	Z/m	326.77	326.85	327.36	327.45	327.52	327.35	326.98	327.06	328.07	328.02	328.44	327.91
	$Q/(m^3/s)$	655	473	452	620	851	678	352	300	2390	2360	4510	3530
	$S/(kg/m^3)$	7.52	8.21	6.35	9.64	12.50	5.18	4.70	41.10	46.70	53.10	24.40	14.30
	$Q_s/(t/s)$	4.92	3.88	2.8700	5.9800	10.6000	3.5200	1.6500	12.3000	112.0000	125.0000	110.0000	50.6000

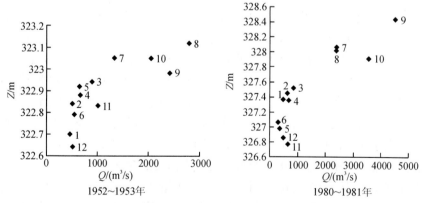

图 8-12(a)　1952～1953 年、1980～1981 年水文年潼关站月平均水位流量关系

（◆旁数字为月份）

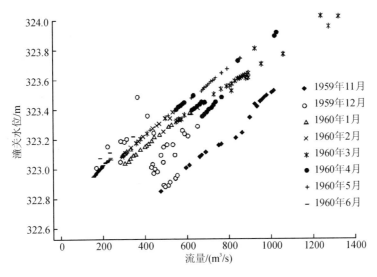

图 8-12(b)　1959 年潼关站实测水位流量关系

龙潼河段是冲积平原河道，输沙符合不平衡输沙理论，含沙量沿程变化为

$$S = S_* + (S_0 - S_{0^*}) \sum_i^n p_{0i} e^{-\frac{\omega_i L}{q}} \qquad (8\text{-}1)$$

按挟沙力双值理论（邓贤艺等，2009）

$$S_\nu = K \frac{\gamma_m}{\gamma_s - \gamma_m} \frac{(U - U_0)^3}{gR\omega_{ms}} \qquad (8\text{-}2)$$

若泥沙粒径 $d > 0.04\text{mm}$，计算冲刷挟沙力时，U_0 取扬动流速 U_s，计算淤积挟沙力时，U_0 取止动流速 U_H。$d < 0.04\text{mm}$ 的泥沙其起动流速大于扬动流速，所以计算冲刷挟沙力时，U_0 取起动流速 U_K。这样就构成了扬动与止动双值、起动与止动双值的挟沙力双值关系。

非汛期潼关淤积抬升，但并不是说整个非汛期潼关河床都是持续淤积抬升的，非汛期中的桃汛期，潼关河床有的年份冲刷，有的年份淤积。如 1981 年 3 月 23 日至 27 日桃汛，潼关河床冲刷，表现为潼关输沙率大于龙门、也大于四站，3 月 17 日潼关流量 746m^3/s，水位 327.29m，3 月 30 日潼关流量 742 m^3/s，水位 327.10m，经冲刷同流量水位下降 0.19m。再分析潼关（六）水位站资料，3 月 17 日水位 327.50m，3 月 30 日为 327.37m，冲刷后同流量水位下降 0.13m，说明潼关水文站和潼关（六）水位站冲淤性质相同。潼关是卡口，有利于中水流量冲刷，3 月份低温效应的动力作用有所减弱，但仍能发挥一定的作用，在有利的水沙条件下发生冲刷。1977 年桃汛期潼关河床是淤积的，为丰沙年，桃汛期发生三场洪水，2 月 8 日至 18 日最大流量 $Q_m = 1110$ m^3/s，2 月 25 日至 3 月 5 日 $Q_m = 1040\text{m}^3/\text{s}$，3 月 8 日至 4 月 9 日 $Q_m = 2150\text{m}^3/\text{s}$。2 月 16 日流量 1060$\text{m}^3/\text{s}$

水位 327.15m， 3 月 19 日流量 1060 m³/s、水位 327.27m，至 4 月 7 日流量 1060 m³/s、水位 327.40m，河床淤积，同流量水位抬升 0.25m。桃汛期潼关河床冲淤主要取决于来水来沙和水库水位的控制，侯素珍等（2011）对如何优化桃汛期桃汛洪水过程使之有利于冲刷降低潼关高程作了深入的分析研究。

汛期龙门河段淤积，潼关河段冲刷，潼关河床冲刷下降，这是因为龙潼河段为宽浅的冲积平原游荡河道，削峰滞沙现象明显。赵业安、李勇等在黄河下游"96.8"洪水的综合分析报告中指出，龙潼河段削峰率大，龙门流量越大，峰形尖瘦，削峰比越大，当流量小于 5 000 m³/s 时，削峰不明显，流量 5 000～10 000 m³/s 时，削峰比一般为 10％～20％；洪峰流量大于 10 000 m³/s 时，削峰比为 20％～30％。史辅成等（1985）在"龙门至潼关河段滞洪作用浅析"一文中也给出了同样的分析。削峰滞沙使龙门河段淤积，而潼关河床冲刷下降主要是渭河高含沙洪水和北干流来的细沙高含沙洪水冲刷所致。

8.2.2　潼关高程居高不下的原因

三门峡水库蓄清排浑运用后，潼关高程仍然抬升且居高不下，其原因是水库采用蓄清排浑运用是有条件的。水库蓄水位及排沙水位的取值必须符合两个必要条件，第一个必要条件是库区河段在天然状态下应具有富余挟沙力即富余比降，因为只有具有富余比降才能补偿回水的影响，否则回水造成河床淤积，淤积引起水位抬高，又进而影响上游断面，这种回水、淤积的连锁反应，引起淤积上延，形成"翘尾巴"淤积。淤积使比降减缓，若河段没有富余比降，则汛期冲沙时，只有来水来沙条件很有利时才能冲刷，一般的水沙条件及不利的水沙条件都不能把蓄水期的淤沙全部冲掉，因而达不到年内冲淤平衡。第二个必要条件是汛期排沙期中水位降落应有足够的幅度，以满足冲沙所需的比降，且低水位应有足够的历时，否则到汛末冲刷也发展不到淤积末端。

根据床沙与比降的内在关系，若建库前后床沙接近即 $d/d_0 \rightarrow 1$，则建库前后的比降也接近即 $J/J_0 \rightarrow 1$。潼关站建库前后床沙 d_{50} 是混杂的，说明潼关河段没有富余比降即没有富余挟沙力，这一论断在上节也作了论述，第一个必要条件不满足。再分析汛期水位取值能否满足冲沙所需比降的条件，1962 年、1970～1973 年中，凡溯源冲刷发展到潼关断面的，潼关至古夺比降均为 2.6×10^{-4}～2.9×10^{-4}，与建库前该河段比降相同，蓄清排浑期间，潼关至大禹渡比降约 2.0×10^{-4}，已经达不到所需的冲刷比降，第二个必要条件也不满足。

直接的回水影响可引起潼关河床淤积和潼关高程抬高，间接的回水影响也同样会造成潼关高程的抬高。这是因为间接的回水影响到无富余挟沙力的潼关河段，引起纵比降的调整而发生淤积，潼关高程抬高。

冲淤相对平衡应该既是冲淤量平衡，又是冲淤部位平衡，否则即使是冲刷年，潼关高程仍然可以是抬升的。图 8-13 是 2000 年 10 月库区纵剖面及潼关站流量 860m³/s 时实测水面线（蒋建军等，2007），可见至 10 月，距坝 74.2km 的太安站以上河段的淤积泥沙没有被冲掉，说明必须具有满足冲刷比降的条件，溯源冲刷和沿程冲刷的联合作用才能使冲刷达到或越过潼关。表 8-7 为三门峡水库库区不同运用时期的冲淤量，可见潼关至三门峡库段在 1964～1973 年的改建期有空库运行机会，溯源冲刷范围超过潼关，潼关以下库段冲刷 9.225 亿 m³。1973 年 11 月改建完成，水库蓄清排浑控制运用，潼关以下库段又呈现淤积状态，1973 年 11 月至 2006 年 10 月淤积 1.421 亿 m³，而淤积部位是潼关河段，潼关高程由 1973 年汛后的 326.64m 逐年抬升，至 2002 年汛后上升至 328.78m，至 2005 年汛后为 327.71m，潼关高程的升降表明水库运用方式的影响是很关键的（张晓华等，2008）。

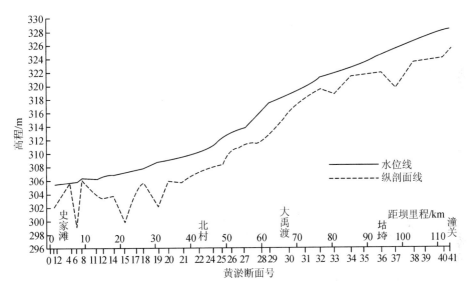

图 8-13　2000 年 10 月库区纵剖面及潼关站流量 860m³/s 时实测水面线

表 8-7　三门峡水库区不同运用时期的冲淤量　　　　　（单位：亿 m³）

时期	河段				累计
	潼关—三门峡	龙门—潼关	渭 1～37	洛 1～23	
1960 年 9 月～1964 年 10 月	35.725	6.343	1.873	0.481	44.449
1964 年 11 月～1973 年 10 月	−9.225	12.028	8.470	0.800	12.073
1973 年 11 月～1986 年 10 月	0.554	0.562	−0.235	0.148	1.029
1986 年 11 月～2006 年 10 月	0.867	4.666	3.052	1.548	10.133
1973 年 11 月～2006 年 10 月	1.421	5.228	2.817	1.696	11.162
1960 年 9 月～2006 年 10 月	27.948	23.599	13.16	2.977	67.684

由表 8-7 分析说明，以水库现状，即使三门峡水库全年敞泄运用也不能把潼关高程降至天然水平。因为建库前，潼关河床即是相对冲淤平衡又是微淤的，建库后侵蚀基准面抬高，比降减小，即使水库不蓄水，潼关高程也不可能降至天然水平，这是冲积平原河流造床基本理论决定的。建库前天然情况下，潼关高程微淤，建库后为大淤，这都是河流动力学理论决定的。

8.3　潼关高程成为问题的原因及影响

河流天然来水来沙总是丰、平、枯随机出现，河流相对冲淤平衡是指水沙有利的年份冲刷，水沙不利的年份淤积，不是单向淤积，也不是单向冲刷，而是有冲有淤，在一个较长的时段内冲淤平衡。天然情况下，潼关河床是相对冲淤平衡又是微淤的，潼关高程成为问题的关键是因为潼关河段特有的上、下边界条件。上边界条件是潼关以上干流下泄的粗沙及北干流汛期淤积的粗沙，在非汛期低温效应、冻融效应、流量沿程增能效应的作用下，被水流冲起输送至潼关河段时，水流挟沙已达到超饱和状态。究其原因，一是潼关河段纬度低于龙门河段，低温效应减弱，挟带粗沙能力降低；二是潼关河段比降较龙门河段缓；三是潼关河段河道条件差，游荡强度大，河道更宽浅，故潼关河段的淤积是必然的。下边界条件是三门峡宽仅 120m 有溢流坝功能的基岩，大水时壅水，小水时落水，但冲刷范围都不可能达到潼关。潼关河床微淤反映了潼关河段没有富余挟沙力，从较长时段看不可能达到完全的冲淤平衡，潼关高程只能是很缓慢的抬升，河床淤积后难以排除。其原因一是来水来沙是随机的；二是水流挟沙力是双值的，淤积挟沙力大于冲刷挟沙力，冲刷比降大于淤积比降，受这样的河流动力学理论的制约，潼关高程非汛期抬升后，汛期不能将淤积完全冲掉，只有个别的水沙特别有利的年份例外，可能达到年内冲淤平衡或冲刷量大于淤积量。渭河的细沙高含沙洪水、黄河水沙条件有利的洪水，流量大输沙能力大，可以冲刷潼关河床，使同流量水位下降，特别是细沙高含沙洪水中，起动流速、扬动流速均减小，更易于冲刷。三门峡建库后，水库回水引起的直接的、间接的影响，使潼关河段淤积加重，潼关河床不再是冲淤相对平衡微淤，而是淤积严重，因此潼关高程成为问题的根源是经北干流时空调节后输移至潼关河段的粗沙淤积，且三门峡水库蓄水抬高了侵蚀基准面，加重了潼关河段泥沙的淤积。前者是先天的，后者是人为的。

潼关是小北干流、渭河、北洛河的侵蚀基准面，天然条件下潼关河床的相对平衡微淤性质已造成了小北干流的全程游荡，也造成了渭河的二华夹槽问题，但它毕竟是微淤的，因此潼关高程尚未成为引起人们重视的问题，建库后，微淤转为严重淤积，潼关高程抬升成为潼关以上河流洪涝灾害的根源，出现了潼关高程问题。

潼关高程是以流量 $Q=1000\text{m}^3/\text{s}$ 的水位表示的，影响水位的因素主要为河床的冲淤量、河底阻力和河岸阻力，河底阻力可划分为沙粒阻力和沙波阻力，其实质是床面形态的动床阻力问题。一年中汛前、汛后两次测定的潼关高程难以作出冲淤量、动床阻力分别对潼关高程的影响度，但粗沙的冲淤量是首要的。

1960 年 9 月至 2000 年 10 月三门峡水库拦截泥沙 67.3 亿 m³，其中 57% 的泥沙淤积在潼关以上小北干流、渭河和北洛河库段，为黄河下游防洪减淤作出了巨大贡献，但是淤积在渭河下游的 13.3 亿 m³ 泥沙给渭河下游的生态环境造成了极大的问题。

8.3.1　小北干流演变加剧

小北干流自龙门至潼关全长 132.5km，平均河宽 10 多 km，两岸无约束，是典型的游荡河道。据钱意颖等（1993）的分析研究，公元 155 年以来，小北干流多年平均沉积量 0.2472 亿 m³。潼关高程抬升使小北干流的淤积强度加大，既有汛期粗沙的沿程淤积，又有潼关高程抬高引起的溯源淤积。1960 年 9 月至 1999 年 10 月淤积泥沙 21.85 亿 m³，年均淤积 0.56 亿 m³，河道游荡摆动频繁。

粗沙集中淤积引起河道游荡，游荡河道的输沙是不平衡的，但从长时段分析还是可以分清冲淤性质的。图 8-14 为三个时段小北干流冲淤厚度沿程变化。由图可见，1950～1960 年小北干流处于天然状态，淤积厚度沿程减小，属沿程分选淤积性质，该时段是来水来沙起决定作用。1960～1982 年淤积厚度的沿程变化发生变化，既有沿程淤积，又有溯源淤积，且溯源淤积的比重大。表 8-8 为小北干流汛末同流量 $Q=1\,000\,\text{m}^3/\text{s}$ 水位变化，反映出的淤积情况与图 8-14 是一致的（张晓华等，2008）。20 世纪 80 年代后，来水来沙减少，但小北干流的淤积性质并没有改变，表明上游来的粗沙量仍超过小北干流的临界输沙能力。与此同时，潼关高程也在继续抬升，表明潼关河段也未能适应来水来沙所要求的输沙条件。

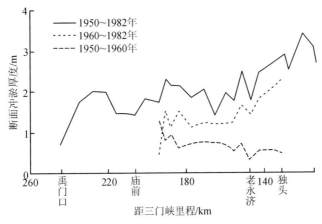

图 8-14　三个时段小北干流冲淤厚度沿程变化

表 8-8　　小北干流汛末同流量（1000m³/s）水位变化

年份	水位/m					与上年份测量水位差/m				
	龙门	尊村	老永济	上源头	潼关	龙门	尊村	老永济	上源头	潼关
1960 年	380.39	—	—	329.76	323.4	—	—	—	—	—
1964 年	380.35	—	—	331.26	328.09	—0.04	—	—	1.500	4.690
1973 年	379.09	—	—	330.97	326.64	—1.262	—	—	—0.290	—1.450
1986 年	381.79	343.84	335.56	331.07	327.18	2.700	—	—	0.100	0.540
1995 年	383.45	344.45	336.34	332.52	328.28	1.640	0.610	0.780	1.450	1.100

　　小北干流淤积范围不断上延，1961 年淤积发展到潼关断面以上 29.41km 的黄淤 49 断面，1964～1965 年淤积上延至距潼关 48.3km 的黄淤 53 断面，至 1968 年发展到距潼关 77.6km 的黄淤 59 断面，1969 年发展到 110.3km 处的黄淤 65 断面。1974～1984 年淤积基本上在黄淤 66 断面附近波动，1985 年后，潼关高程持续抬升，淤积继续上延至距潼关 127.6km 处的黄淤 68 断面。应当指出，小北干流的淤积范围并非止于 68 断面，只是以上已无观测断面，龙门水文站位于 68 断面以上 2.52km 处，1994 年龙门站流量 10900m/s 的洪水位高达 387.19m，比 1967 年同流量水位高 2.24m，比 1992 年同流量水位高 1.24m。由此判断，淤积范围应超过龙门站，即已上延至北干流，向壶口方向发展。

8.3.2　渭河下游洪涝盐碱灾害严重

　　1960 年 9 月至 2000 年 10 月渭河下游淤积泥沙 13.5 亿 m³，淤积重心不断上移，渭河下游已成悬河，临潼以下临背差 2.2～4.0m，防洪问题突出，渍涝盐碱灾害严重。

　　防洪问题突出已有共识，主要表现为河床逐年抬高，主槽过洪能力减小，同流量水位上升等。如 "96.7" 洪水，华县洪峰流量 3450m/s，洪水位高达 342.25m，较建库前抬升了近 6m。根据分析，渭河下游大堤防洪能力与规定的 50 年一遇设防标准相差较远，难以防御较大洪水，尤其是支流的过洪能力小，堤防标准低，二华地区防洪问题更为突出。

　　渍涝盐碱灾害的严重性则分析研究得不足，建库以来库区地下水位升高 2～3m，部分南山支流已成悬河，临背差 2～4m，小北干流朝邑滩、新民滩临背差也在 2m 以上。目前，渍涝盐碱化面积已发展到近 60 万亩，主要分布在二华夹槽、黄河滩和西安草滩等地区，有的地区已出现沼泽化，长期存在明水。

　　二华夹槽是渭河下游独特来水来沙条件造成的。渭河的细沙高含沙水流具有静态极限切应力，当细沙高含沙洪水开始漫滩或因受黄河顶托倒灌开始漫滩时，会在河岸处形成滩唇，漫过滩唇的水流水深不大，在滩面上横向流动时，因滞流水深不断减小，所以不能流远，并在滩面形成较大的横比降。与此同时，主槽冲刷、水深增大，所以流量不很大的高含沙洪水漫过滩的流量不大。渭河下游滩面最宽处近 20km，正是滩唇的存在造就滩面上有较大的横比降，形成高程低于渭河滩面高程的二华夹槽。图 8-15 是渭河及二华夹槽地区渭淤 9 大断面，形象地指出了渭河下游不利的防洪防涝地形，可说是先天不足。

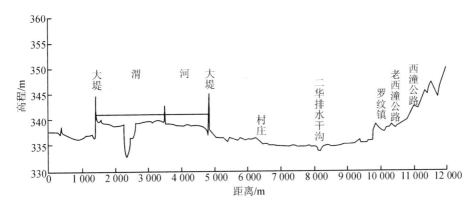

图 8-15　渭河及二华夹槽地区渭淤 9 大断面

若洪水不是高含沙水流，水流漫滩后，在横比降较大的滩面上流动时发生沿程淤积，水流会流得较远。如 1954 年华县洪峰流量 7660m/s，洪水漫滩淹没夹槽中的土地，当地村民创造的防洪经验是将房屋桩基垫高 1～2m，或把房屋建于地势高处，因为漫滩洪水的持续时间仅 1～2d，过后即退落。渭河下游是地下河，二华夹槽的出流较顺畅，所以建库前漫滩洪水不会造成夹槽的灾害。

建库后，潼关高程抬升，渭河下游水位抬升，渭河河口上移 5km，常遇洪水即可造成大漫滩，使二华夹槽大面积受淹，因渭河下游已成悬河，积水已不能自排，需要抽水排涝，渭河下游几次决口均是"小水成大灾"。因此，唯有利用三门峡基岩天然落差，将潼关高程降低到建库前水平才是根治之策。

8.4　降低潼关高程的方案

8.4.1　敞泄排沙降低潼关高程

敞泄排沙可以是全年敞泄，也可以是汛期敞泄、非汛期控制运用，也可以是汛期洪水时敞泄、平水时和非汛期控制运用。

敞泄排沙可以使潼关高程有所降低，但不能将潼关高程降至建库前天然情况下的 323.4m 高程，即使全年敞泄也不可能。

1. 潼关河段没有富余挟沙力

已经分析论证了潼关河段没有富余挟沙力，实测资料说明 1973 年 11 月至

2006 年10 月潼关至三门峡河段淤积泥沙 1.42 亿 m，淤积部位为潼关至潼关以下 20km 的河段，再往下的河段是冲刷的，说明蓄清排浑控制运用难以把潼关高程降下来，因为天然情况下是微淤的，所以侵蚀基准面抬高后，更不可能冲至原河床。

2. 冲刷比降大于淤积比降

据挟沙力双值理论，冲刷比降大于淤积比降。三门峡水库蓄洪运用期间，水库纵向淤积为完整三角洲，三角洲顶点位于距潼关 39.3km 的太安附近，顶坡段比降约 2.0×10^{-4}，$1974 \sim 2000$ 年潼关至坝前史家滩比降也约 2.0×10^{-4}，应为淤积比降。

1962 年 3 月下旬桃汛前随着库水位的下降，发生以太安为起冲点向上发展的溯源冲刷，3 月 20 日太安水位开始急剧下降，至 3 月 29 日累计下降 3.05m。库水位下降的影响于 3 月 27 日传递到古夺站，4 月 4 日传递到潼关站，经过 15 天的冲刷，潼关同流量水位下降 1.94m，这期间太安以下库区仍处于壅水状态，溯源冲刷冲起的泥沙以异重流排沙排出库外。三门峡站 3 月 20 日前含沙量均很小，不足 $0.1 \mathrm{kg/m^3}$，3 月 21 日异重流排沙含沙量 $11.8 \mathrm{kg/m^3}$，3 月 26 日最大为 $43.3 \mathrm{kg/m^3}$，至 4 月 7 日含沙量减小到 $0.76 \mathrm{kg/m^3}$。图 8-16 为冲刷过程，潼关至古夺比降约 3.0×10^{-4}。

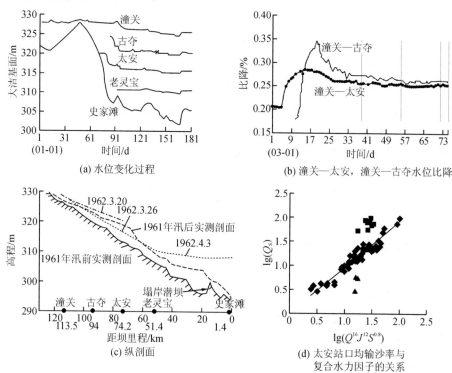

(a) 水位变化过程

(b) 潼关—太安，潼关—古夺水位比降

(c) 纵剖面

(d) 太安站口均输沙率与复合水力因子的关系

图 8-16　1962 年三门峡库区冲刷过程

1969年下半年至1973年12月，水库二期改建期间，全年敞泄运用，库区发生由下而上的溯源冲刷，至1973年12月，潼关河段比降超过3.0×10^{-4}，潼关高程下降近2.0m，故3.0×10^{-4}应为冲刷比降，与天然情况下潼关至彩霞河段比降3.0×10^{-4}相当。

1973年12月转为蓄清排浑全年控制运用，潼关高程又持续抬高，若继续全年敞泄，潼关高程还能再降一些，但不可能降到天然情况下的323.4m。

3. 侵蚀基准面抬高

天然情况下，三门峡基岩是潼关河段的侵蚀基准面。建库后，坝前水位成为侵蚀基准面。图8-17为建库前三门峡（上）水位流量关系和三门峡枢纽泄流曲线（刘继祥，1994），可见建库前后同流量水位相差$10\sim40$m。潼关河床在天然情况下才能维持在323.4m的相对冲淤平衡状态，侵蚀基准面抬高了那么多，依靠现有的边界条件是不可能把潼关高程再降回到323.4m。

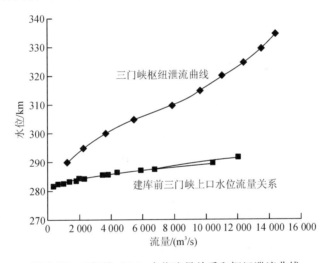

图8-17　三门峡（上）水位流量关系和枢纽泄流曲线

周建军等（2006）根据三门峡的实际资料，从水沙条件类比、冲刷能量近似方法等方面对目前情况下潼关高程可以降低的幅度进行研究，提出利用小浪底水库建成的有利时机，三门峡水库全年敞泄运用，几年内将潼关高程降低2m是可行的。这个结论也表明了全年敞泄运行不可能将潼关高程降低到建库前的天然状态水平。

8.4.2　黄河下游输沙特性对水库蓄清排浑运用的制约

黄河下游是无富余挟沙力的堆积河道，上段铁谢至高村为不平衡的游荡河段，利津以下河口段也是不平衡的堆积抬高河段，高村至利津河段虽然也是抬高的，但它是平衡的、结构性的抬高。

费祥俊等（2009）对黄河下游的输沙特性进行分析，给出全下游排沙比 η、下游河道泥沙淤积率 $W_{s下d}$ 及入海沙量 $W_{s入海}$ 分别为

$$\eta = 0.108(S/Q)_{进}^{-0.53} \tag{8-3}$$

$$W_{s下d} = 86.4Q_{进}^2\left[\left(\frac{S}{Q}\right)_{进} - 0.108\left(\frac{S}{Q}\right)_{进}^{0.47}\right] \tag{8-4}$$

$$W_{s入海} = 86.4Q_{进}^2\left[0.108\left(\frac{S}{Q}\right)_{进}^{0.47}\right]\Delta t \tag{8-5}$$

图 8-18 为根据式（8-3）绘出的黄河全下游河段 η（S/Q）$_{进}$关系，图 8-19 为根据式（8-4）绘出的非漫滩洪水下的淤积率 $W_{s下d}$ 与来水来沙关系，图 8-20 为根据式（8-5）绘出的下游淤积量、入海沙量与来水来沙关系。由图 8-18～图 8-20 可见，只有在来沙系数很小时，即相当于水库初期蓄洪拦沙运用，下泄的水流含沙量小，粒径细，下游河道不淤或稍有冲刷，否则来沙不能全部入海而淤在河道中；当来沙系数大于 0.055 后，下游淤积量大于入海沙量，这相当于水库后期蓄清排浑运用集中排沙。因此，水库减淤和下游减淤是不可兼得的。

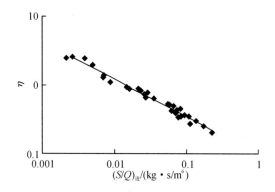

图 8-18　黄河全下游河段 η 与（S/Q）$_{进}$的关系

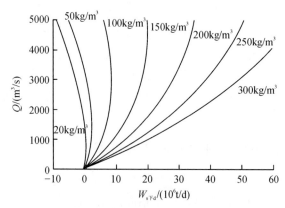

图 8-19　非漫滩洪水下的淤积率与来水来沙关系

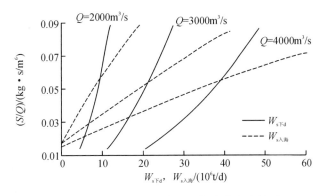

图 8-20　下游淤积量、入海沙量与来水来沙关系

式（8-3）～式（8-5）实质上反映了粗沙的影响。黄河的实测资料表明，在一定流量下，挟沙水流中值粒径 d_{50} 随含沙量的增大而增大，$d > 0.05\text{mm}$ 泥沙的含量百分数 $P_{d > 0.05}$ 也随 d_{50} 的增大而增大。图 8-21 为黄河下游 18 场高含沙洪水 $P_{d > 0.05}$-d_{50} 关系，图 8-22 为黄河下游 18 场洪水 $d > 0.025\text{mm}$ 泥沙的 d_{50} 与平均流量构成的来沙系数 S/Q 与 d_{50} 的关系。可见在一定流量条件下，含沙量越大，d_{50} 越粗，水流挟带粗沙的能力越小，导致排沙比小。水流含量大，d_{50} 必然粗，$P_{d > 0.05}$ 也必然大，黄河干流资料都反映了这一特性（表 2-11、图 2-14）。式（8-3）与式（8-5）表明了粗沙是制约黄河下游不能全部排沙入海的事实。

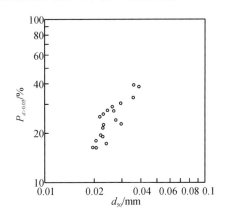

图 8-21　黄河下游 18 场高含沙洪水 $P_{d > 0.05}$ 与 d_{50} 的关系

韩其为（2009）根据三门峡水库 20 年运行资料，建立了下游河道排沙比 η_2 与水库排沙比 η_1 的关系。

$$\eta_2 = 0.743\eta_1^{-0.833} \tag{8-6}$$

并用小浪底初期运用的 7 年资料进行验证，结果表明符合实际，式（8-6）表明下游河道冲淤分界的水库排沙比为 0.70。若水库排沙比小于 0.70，下游河道冲刷，若水库排沙比大于 0.70，下游河道淤积，其物理本质也与粗沙有关。图 8-23 为根据式（8-6）绘出的 η_2 与 η_1 的关系。

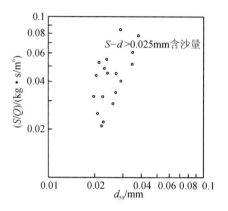

图 8-22　黄河下游 18 场高含沙洪水 S/Q 与 d_{50} 的关系

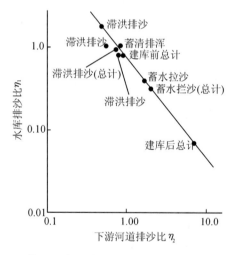

图 8-23　黄河下游河道排沙比与三门峡水库排沙比关系

　　黄河下游河道排粗沙能力很低，但并非一点都没有，图 8-24 为潘贤娣等的分析结果，表明进入下游河道的粗沙含量小于 10%，下游河道不淤或有冲刷。事实上挟沙水流进入水流强度弱的河段后，悬移质中的大部分粗沙会转为推移运动，一定的水流条件下，有一个临界推移质输沙率与之对应，当水流中的粗沙量超过临界推移质输沙率时，粗沙转为床沙淤积下来，治理的目标是河道不淤积，所以对水流具有的少量输送粗沙的能力应加以利用，有利于河道建立稳定的出流条件。

　　小浪底水库承担下游防洪、防凌、减淤兼顾供水灌溉发电等主要功能，效益巨大。三门峡水库敞泄排沙虽可使潼关高程有所下降，但下泄泥沙全部进入并淤在小浪底水库，会影响小浪底的使用年限，所以不是双赢方案。

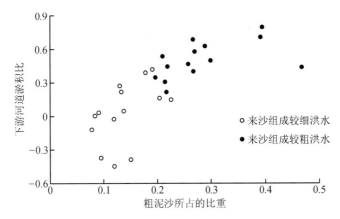

图 8-24　黄河下游河道淤积比与来沙组成关系

8.4.3　自排沙廊道排沙

自排沙廊道是谭培根（2006）的发明专利，其特点是在廊道顶部的进水进沙孔上设置异形、导向的进水进沙装置，廊道断面采用沿程水深缓增的 U 形断面，使导向后的水流在廊道中产生纵向螺旋流，并在沿程布置一系列进水进沙孔，沿程增能使螺旋流保持其强度，因此排粗沙效率高，耗水量很小，可以连续排沙，也可以间隙排沙，已在陕西省东雷抽黄灌区和山西省尊村抽黄灌区应用，解决了总干渠的严重泥沙淤积问题。

东雷灌区总干渠引水流量 $40m^3/s$，总干渠淤沙厚度最大 4m，廊道首部高程与渠底一致，廊道长 44m，最大水深 0.33m，首部距上游引水隧洞 130m，廊道流量 $0.3\sim0.5m^3/s$。经 2004 年 4 月至 2006 年 4 月廊道间接排沙，隧洞出口至首部淤沙全部冲完，隧洞出口以上 100m 范围淤沙也全部冲光，200m 处淤沙面下降 1.2m，1310m 处下降 0.5m。

建库前三门峡（上）、三门峡（下）两站有 $3\sim4m$ 的落差，建库后侵蚀基面抬高，上下落差近 10m，把自排沙廊道的出口布置在三门峡（下）附近，就可以多争取到 10m 落差，使廊道首部至潼关的比降满足冲沙所需。

根据廊道的水力特性和输沙特性，为了降低潼关高程并不需要把廊道首部布置于潼关，而是依靠廊道首部高程低形成首部至潼关的大比降。廊道排沙时，首部以上河道产生自下而上的溯源冲刷和自上而下的沿程冲刷，两种冲刷的联合作用对潼关河段进行有效的冲刷排沙。廊道不排沙时，首部以上存在一个动态的河槽库容，通过潼关的粗沙沿程淤积在槽库容中，廊道排沙时将槽库容中的淤沙排走。

廊道首部进口端布置于原河床 10m 以下，以降低廊道首部的高程，具体位置以首部至潼关河段比降大于冲刷比降为准，这样的布置可以把潼关高程降至天然情况水平 323.4m。图 8-25 为三门峡水库自排沙廊道布设示意图。与此同时，在北干流、小北干流选择合适位置建自排沙廊道拦截粗沙，将粗沙放淤、利用，减少进入潼关河段的粗沙，既可使小北干流不再游荡，又有利于降低潼关高程。为使小浪底水库蓄清排浑恢复库容，又不使下游粗沙淤积，可在小浪底以下河段建自排沙廊道拦截粗沙，将粗沙加以利用放淤，使之不进入下游河道。

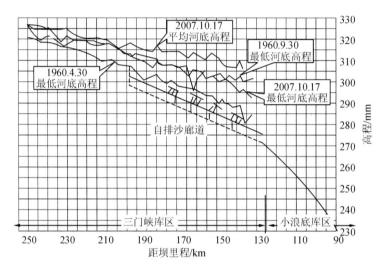

图 8-25　三门峡水库自排沙廊道布设示意图

自排沙廊道排沙方案是一个双赢的方案。三门峡水库不必全年敞泄，汛期洪水期敞泄，平水期和非汛期控制运用，可以恢复扩大水库淤损库容，提高水库兴利效益，并可与小浪底水库联合调水调沙运用，由三门峡排出的粗沙不进入黄河而是输往放淤地，因此小浪底水库可以长期蓄洪调水调沙运用。

第9章 黄河宁蒙河段的产沙、输沙特性

9.1 宁蒙河段概况

9.1.1 自然地理

黄河宁蒙河段位于兰州下游，从宁夏下河沿至内蒙古准格尔旗马栅乡出境，全长 1168.1km，平均纵比降 0.25‰。其中宁夏河段从中卫县南长滩至石嘴山头道坎北的麻黄沟，长 379km。宁蒙河段上具有控制性水文站六个：下河沿站、青铜峡站、石嘴山站、巴彦高勒站、三湖河口站和头道拐站；控制区间河流长度为：下河沿至青铜峡约 124km，青铜峡至石嘴山约 194km，石嘴山至巴彦高勒 142km，巴彦高勒至三湖河口 221km 及三湖河口至头道拐 300km（图 9-1）。

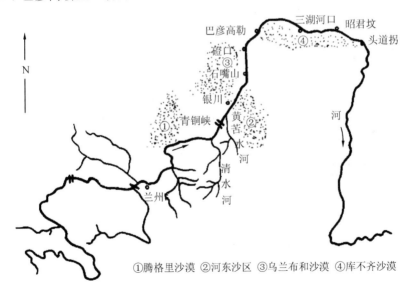

①腾格里沙漠 ②河东沙区 ③乌兰布和沙漠 ④库不齐沙漠

图 9-1 宁蒙河段及水文站分布示意图

宁夏河段水流自南向北流动，内蒙古河段流向自西向东，且纬度高，气温的差异造成河段上下的冬季封河、春季开河不同步，内蒙古河段常发生凌汛灾害。

黄河宁蒙河道发育在卫（中卫）宁（中宁）区、银（川）吴（忠）和河套构造凹陷区内，这三个凹陷区之间是青铜峡和巴彦高勒两个相对隆升区。因此，穿

行过几个大型断陷盆地中，主要包括中卫盆地、中宁盆地、银川盆地和河套盆地等。其中，中卫盆地与中宁盆地位于下河沿到青铜峡之间，规模较小，第四纪沉积厚度约160m（廖玉华等，1989）。银川盆地上起青铜峡，下至磴口，西依贺兰山，东靠鄂尔多斯高原西缘，南北长165km，东西宽42～60km，盆地堆积了厚约700m的第四纪沉积物（童国榜等，1998）。河套盆地西自磴口，东到河口镇，北靠阴山山脉，南临鄂尔多斯高原，东西长约480km，南北宽40～80km，第四系厚度北部沉降中心可达2400m，向南部减少到只有几十米（杨根生，2002）。这样的地质构造条件形成了黄河宁蒙河段宽谷与峡谷相间的串珠状河谷地貌形态。

地质历史时期银川盆地和河套盆地在不断构造沉降中，不断接受泥沙沉积。历史上黄河河道在沉降盆地中曾发生了往复迁徙和泛滥，在银川平原和河套平原上留下了大量古河道遗迹（李炳元等，2003；朱士光，1989）。按照师长兴（2010）和邵时雄等（1991）的研究，银川和河套盆地不但是一个不断接受泥沙沉积的沉陷盆地，而且相对于地质历史时期泥沙沉积速率，目前处于一个快速沉积的阶段。

河段所在区域属温带干旱半干旱的荒漠和荒漠草原带，年均降水150～363mm，由东端托克托的400mm左右渐减至西段乌达的150mm左右。降雨年际变化大，年内分布也极不均匀，75%的降雨集中在7～9月，其他月份降雨少。表现出终年干旱少雨，日照长，蒸发大。

流域内自产径流很少，仅2.0亿m³左右，但过境的径流不少，据1952～1985年资料，头道拐多年平均来水量约258亿m³。径流量主要集中在汛期7～10月，区间支流洪水历时短，过程陡涨陡落，洪量小，多年平均悬移质输沙量约1.5亿t。

9.1.2 河流环境

宁蒙河段属于黄河上游二级阶地，黄河出青铜峡后，沿鄂尔多斯高原的西北边界流动，河流流域的大部地区为荒漠和荒漠草原，干流河床坡度平缓，水流流动缓慢，两岸有大片冲积平原，即银川平原和河套平原，这两处平原上的黄河河道均为游荡型河道。图9-2和图9-3展现的是这两处游荡型河道中典型的横断面形态。

表9-1为黄河上游干流特性，可看出青铜峡以下干流比降小，尤其是内蒙河段下端三湖河口至昭君坟比降 1.1×10^{-4}，昭君坟至包头比降 0.9×10^{-4}，包头至头道拐比降 1.1×10^{-4}，已接近黄河河口比降，具有与黄河下游相似的淤积环境，即没有富余挟沙力。河口镇以下黄河又进入峡谷，故头道拐河床高程相当于内蒙古河段的局部侵蚀基准面。

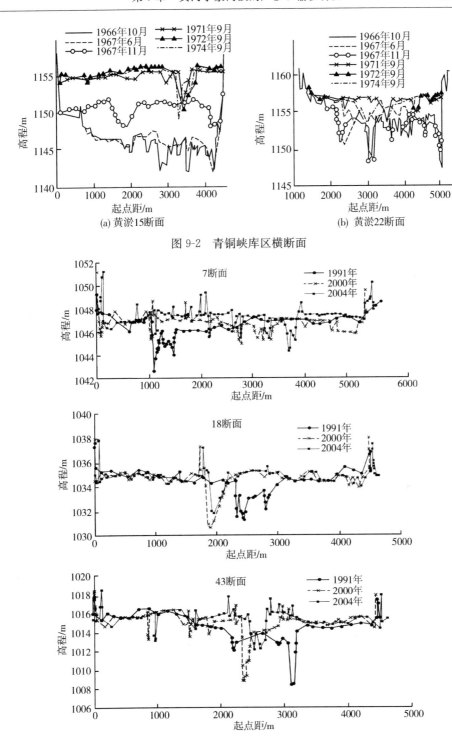

(a) 黄淤15断面　　　　　　(b) 黄淤22断面

图 9-2　青铜峡库区横断面

图 9-3　内蒙古巴彦高勒至三湖河口河段典型横断面

表 9-1　黄河上游干流河道特征表

河段	河长/km	河道平均宽度/m	滩槽差/m	河床组成	平均比降/‰	河型
唐乃亥—贵德	189.6	240	5～10	卵石	2.440	峡谷
贵德—循化	165.6	350	3～5	砂、卵石	2.120	过渡峡谷
循化—盐锅峡	146.6	320	5～10	砂、卵石	1.900	峡谷
盐锅峡—兰州	64.8	290	5～10	砂、卵石	0.940	深峡谷
兰州—下河沿	362.1	300	3～10	砂、卵石	0.790	过渡
下河沿—青铜峡	124.0	200～3300	3～5	粗砂	0.780	游荡
青铜峡—石嘴山	196.0	200～5000	3～5	粗沙	0.201	过渡
石嘴山—巴彦高勒	142.0	200～5000	3～5	沙质	0.207	峡谷
巴彦高勒—三湖河口	221.0	600～8000	1～2	沙质	0.138	宽河谷游荡
三湖河口—昭君坟	126.0	1000～7000	1～2	沙质	0.117	游荡至弯曲
昭君坟—包头	58.0	900～5000	1～2	沙质	0.090	弯曲
包头—头道拐	116.0	900～5000	1～2	沙质	0.110	弯曲

　　宁夏河段接纳的主要支流有清水河、苦水河和都思兔河，这些支流径流小、泥沙多、泥沙粒径较细。内蒙古河段三湖河口至头道拐河段南岸接纳了毛不浪、不日嘎斯太、黑赖沟、西柳沟、罕台川、哈什拉川、呼斯太沟等十大孔兑。这些孔兑的共同特点是发源于沙漠，周边植被差、土质松、流程短、比降大、水流急，汛期暴雨经常发生粗沙高含沙洪水，平时则基本干枯断流。河段左岸有昆都仑河、五当沟、大黑河等七条支流。

　　黄河上游流域分布有腾格里沙漠、河东沙区、乌兰布和沙漠及库布齐沙漠，河段上游大部分河段穿行于沙漠之间，由于干旱多风，因此土壤风蚀严重，遭风蚀的土地面积约 5.87 万 km²，主要分布在青海的共和沙区和宁夏沙坡头至内蒙古河口镇之间的黄河两岸沙漠区（图 9-4）。沙坡头至河口镇是风沙活动的主要分布区，区域终年干旱多风，年均风速 2.7～4.8m/s，春季大风更盛，大风日数达 10～32d，使得两个风口河段即中卫河段和乌海至三盛公河段的风沙活跃，是风沙入黄的主要来源。

　　黄河上游河道的人类活动显著。自上往下修建了龙羊峡、刘家峡、李家峡、青铜峡等大型水利枢纽。此外宁蒙河段还建有历史悠久的特大型灌区，由青铜峡水库和三盛公水利枢纽提供灌区用水，这些工程对宁蒙河段的演变有很大影响。

图 9-4　黄河宁蒙河段沙漠地貌

9.2　粗沙来源

9.2.1　水沙异源特征

宁蒙河道的水沙与黄河下游类似，也是异源的。水量主要来自上游兰州以上区域，在境内 328.23 亿 m³ 的水量中，兰州以下产水量只有 2.23 亿 m³；大量泥沙则来自下游。图 9-5 为中科院寒区旱区环境工程研究院拓万全博士提出的沙量平衡图，由图可见，当地产沙量是上游河道水流输进宁蒙河道沙量的 1.55 倍。图 9-6 是宁蒙河道 20 世纪 60 年代和 21 世纪 10 年代泥沙颗粒级配情况，可以看到，整个内蒙古河道悬移质的主体粒径是 0.025～0.1mm，床沙的粒径是 0.05～1.0mm，主体粒径范围在河段上下游明显不同。上游石嘴山—巴彦高勒河段，床沙主体粒为 0.1～0.5mm，份额约为 84%，且 0.1～0.25mm 泥沙所占份额最大，约为 55%，0.1mm 以下的泥沙份额不到 10%，尽管粒径沿程略有调整，但不明显，河床质粒径级分布几乎相当；下游头道拐河段，虽然主体粒径依然是 0.1～0.5mm 的泥沙，但从所占份额看，0.25～0.5mm 的粗泥沙所占份额由 31% 左右降低到约 4%，0.1～0.25mm 的泥沙份额却从上游的 55% 提高到 68%，0.1mm 以下的泥沙份额也提高到 21%，这与孔兑来沙有关系，与上游相比，床沙粒径明显细化。然而，对于内蒙古河段，不论是河段上游还是河段下游，床沙分布的共同特点是 0.1mm 以上的粗泥沙分布集中度高，上游均匀系数为 0.58，下游为 0.6，即具有沿程集中度增加的趋向性。对 2012 年 9 月洪水中三湖河口的泥沙级配进行分析（表 9-2），不难发现，尽管自 60 年代以来，上游修建了许多大中型水利工程和灌溉工程，但这种泥沙的组成情况至今没有发生大的改变。它表明河段的粗（基于运动性质而言）泥沙主要来自河段周边。

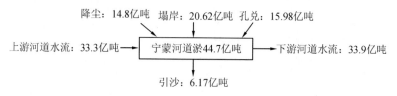

图 9-5　宁蒙河段泥沙来源

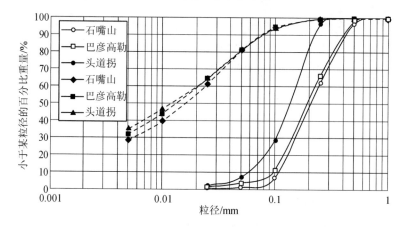

图 9-6　内蒙古河段泥沙颗粒级配

虚线为悬移质颗粒级配；实线为河床质颗粒级配

表 9-2　2012 年 9 月大洪水过程中三湖河口断面水流动力区实测泥沙组成

	悬移质			床沙	
测点位置（相对水深）/m	0.6	0.8	0.9		
距离河底高度/m	2.11	1.06	0.53	河底	河底下
粒径级 /mm（<0.005）	8.32	7.94	9.16	3.18	0.30
0.005～0.01	5.76	5.33	6.05	3.18	0.3
0.01～0.025	19.23	18.52	18.73	2.02	0.2
0.025～0.05	31.60	33.23	29.91	9.20	0.7
0.05～0.1	24.82	26.67	24.52	21.40	28.7
0.1～0.25	7.84	7.09	9.30	27.18	45.0
0.25～0.5	1.84	1.06	2.07	29.78	10.0
0.5～1.0	0.59	0.16	0.26	6.93	8.20
>1.0	0.0	0.0	0.0		

注：实测时动力区水力要素：流量为 2210m³/s，平均垂线流速为 1.85m/s，含沙量为 6.91kg/m³，平均垂线水深为 5.28m。

上述泥沙的级配组成及沿程变化符合冲积河流的性质，即床沙与悬沙只有粗细之分，其级配组成具有相当的一致性，尽管来沙在时空分布上并不均匀，且无论是量还是发生时间都很随机，但床沙沿程调整细化规律不变。

9.2.2　粗泥沙进入宁蒙河段的形式

1. 上游来沙

宁蒙河道上游来沙的主要形式是黄河干流来沙。受龙羊峡、刘家峡两座水库的拦截，进入宁蒙河段的粗沙量不大。尽管兰州站以下仍有祖历河和清水河等支流向黄河输入粗泥沙，但受青铜峡水库和三盛公水利枢纽的影响，粗泥沙基本被拦截在库尾，使进入宁蒙河道的粗泥沙大大减少。

2. 当地来沙

宁蒙河段所在区域风沙活跃，大量沙漠沙以风沙流带入黄河，根据杨根生的研究，乌兰布和沙漠每年由风沙流带入黄河的沙漠沙为 0.1779 亿 t，由库布齐沙漠带入十大孔兑的沙漠沙为 0.1589 亿 t，并储存在孔兑中，每逢暴雨，即以粗沙高含沙洪水形式进入黄河，每年向黄河输送 0.2391 亿 t 泥沙（杨根生等，2003；杨根生，2002）。除风沙外，乌兰布和的沙丘移动，也会以栽倒方式将大量沙漠沙带入黄河，同时塌岸泥沙也是进入黄河的沙源。

目前，风沙、塌岸泥沙及没有测站控制的支流、孔兑来沙的沙量还难以估计和预测。但从现有的水文资料分析，见表 9-3，入黄的当地沙随年代递增，在宁蒙河段的泥沙来源中所占比重不断增加，1952～1968 年占下河沿来沙的 44.4%增加到 1987～2003 年的 180%。入黄泥沙中有 63%以上的泥沙粒径 $d>0.1$mm，根据中国科学院寒区旱区环境与工程研究所沿河道钻探成果，宁蒙河道河床下 1～5m，$d>0.08$mm 的泥沙约占 50%以上。石晓萌等（2013）通过对沙样的重矿物特征分析，证明了宁蒙河道的粗颗粒床沙主要来源于当地产沙。

表 9-3　宁蒙河道当地产沙统计

年代	下河沿站干流来沙/亿t	乌兰布和沙漠		十大孔兑		青铜峡—头道拐		当地产沙	
		来沙/亿t	占干流比例/%	来沙/亿t	占干流比例/%	来沙/亿t	占干流比例/%	总量/亿t	占干流比例/%
1952～1968年	35.132	3.054	8.7	3.330	9.5	9.201	26.2	15.584	44.4
1969～1986年	19.397	3.245	16.7	3.719	19.2	9.534	49.2	16.497	85.1
1987～2003年	13.165	3.253	24.7	3.937	37.5	15.452	117.4	23.642	180

9.3　粗沙的输移与河床演变

9.3.1　天然情况下粗沙的输移与河床变化

1952～1968 年黄河上游经历了 1952～1960 年的枯水大沙，1961～1968 年的大水小沙和 1964 年的大水大沙过程，且时段中没有大型水利工程的影响，可将此时段作为有代表性的天然情况。

1. 水动力条件

根据青铜峡站 1954～1968 年丰、平、枯代表年不同流量级洪水发生次数与历时资料，可知 $Q>2000\text{m}^3/\text{s}$ 的洪水出现频率平均为每年 1.8 次，平均历时每年 14.4～42d，$Q>3000\text{m}^3/\text{s}$ 的平均每年 0.6 次，每年历时 6.8～10.2d，即在宁蒙河段，平均每两年就有大洪水冲刷河道，它们维系着河道基本微淤平衡的演变情形。这期间河段的流速流量关系基本代表天然河道的关系。彩图 1 是头道拐、三湖河口站 1954～1968 年的流速与流量关系，可见两站具有共同的特点，即 $Q<2000\text{m}^3/\text{s}$ 时，流速随流量的增加而增大；$Q=2000～3000\text{m}^3/\text{s}$ 时，流速达到 1.8～2.0m/s，但流速变幅较大；$Q\geqslant3000\text{m}^3/\text{s}$ 时，流速变幅开始减小并呈现稳定趋势，说明洪水的能量在 3000m^3/s 以上达到稳定，该能量也能使河床达到稳定，因为河床的变化必然反映在同流量的流速变化上。这种稳定或许是由地貌条件所决定的。

2. 悬推和推悬集中转换的界限粒径

宁蒙河道，尤其是青铜峡上游和乌海下游河道泥沙颗粒粗，存在推移质运动形态，这一点不仅可从 20 世纪 60 年代，头道拐站在 1962～1967 年实测到了推

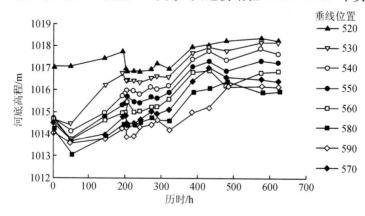

图 9-7　三湖河口 2011 年洪水过程中各垂线河底高的变化

移质得以证明，而且从悬移质颗粒级配可以看到，悬移质中存在约 33% 的粒径在 0.05~0.25mm 的泥沙，特别在相对水深 0.9 处，即临河底处，0.1~0.25mm 的颗粒占到约 10%，考虑到这些粗颗粒泥沙分布的均匀性，及图 9-7 给出的洪水过程中三湖河口断面动力区河底高程随时间呈趋势性且带有波动性的变化，可以设想到临底应有数量不小的泥沙做推悬交换运动。推悬交换的比例影响了河段的冲淤演变，而交换的比例与悬推和推悬交换的界限粒径有关。

在悬推集中转换的物理图形中，悬移质转换为推移质的粒径应是该粒径组泥沙作悬移运动，但悬浮高度处于临底层，并具有一定的挟沙力。据此，分析了 $d=0.08\sim0.1$mm 粒径组泥沙在常遇流量 500m^3/s、1000m^3/s 及洪水流量 2000m^3/s 情况下的挟沙力和悬浮高度。分析中按双值挟沙力公式（5-20）、式（5-29）、式（4-5）及悬浮指标公式计算相关数值。表 9-4 为分析计算结果，可见 0.08~0.1mm 粒径组泥沙在常遇流量 1000m^3/s 时的冲刷挟沙力 0.68~1.41kg/m^3，500m^3/s 时的冲刷挟沙力几乎为零，2000m^3/s 时则为 3.67~5.62kg/m^3，且大部分该粒径组泥沙的悬浮高度处于临底约 20cm 厚度，笔者曾在三湖河口站临底层 20cm 左右取样分析，说明了该范围内的粗沙含量高，也说明了 0.6 相对水深处的一点取样法漏测了临底层悬移的粗沙和推移质。分析计算说明 $d=0.08\sim$ 0.1mm 泥沙冲刷难、淤积易。一旦洪水退落，悬移的泥沙将集中转为推移运动，故可认为宁蒙河段悬推集中转换的界限粒径可定为 0.08~0.1mm。

表 9-4 头道拐站挟沙力

粒径 /mm	沉速 /(m/s)	流量 /(m³/s)	水深 /m	流速 /(m/s)	扬动流速 /(m/s)	冲刷挟沙力 /(kg/m³)	淤积挟沙力 /(kg/m³)
0.08	0.0056	500	2.2	0.8	0.49	0.25	0.63
		1000	2.5	1.2	0.50	1.41	3.53
		2000	3.0	1.8	0.52	5.62	14.05
0.1	0.0084	500	2.2	0.8	0.54	0.15	0.38
		1000	2.5	1.2	0.55	0.68	1.70
		2000	3.0	1.8	0.58	3.67	9.18

同理，推移质运动含有跃移形式，故也可根据悬浮指标经验地判定。经验认为，当悬浮指标 $z<0.06$ 时，泥沙可以全部悬浮至水面，泥沙为冲泻质；$z>0.1$ 为河床质；$z>3$ 时，90% 泥沙的悬浮高度不超过 0.1 倍的水深，泥沙只能在邻河底处做推移运动，即为推移质。笔者根据内蒙古河段三湖河口水文站实测资料，计算了代表年 120 多个样本点不同粒径的悬浮指标，经假设检验，表明粒径 $d>0.3$mm 的泥沙悬浮指标与推移临界悬浮指标无差异，粒径在 0.05mm$<d<$

0.125mm 的泥沙差异显著。根据 Bagnold（1956）的分析方法，建立无量纲的单宽输沙率（φ）与无量纲水流拖曳力（θ_*）的关系，同样可以得到类似的结论：即洪水期粒径 $d>0.3$mm 的泥沙做推移质运动，0.05mm$<d<0.1$mm 的泥沙多做悬移质运动，是悬推交换的主体，0.1mm$<d<0.25$mm 则是床沙质推悬交换的主体。这也就是粒径大于 0.25mm 的颗粒在多年平均悬移质级配中所占分量不高，而 0.1~0.25mm 的颗粒在悬移质中约占 10%，在床沙中占到近 60% 的原因。寒旱所钻孔探测成果指示河心滩的泥沙组成绝大部分在 0.08mm 左右，也证明了水流不能将粒径大于 0.25mm 的泥沙大量扬起，搬运到河心滩上。从实测结果表 9-2 也可以看到粒径级 0.1~0.25mm 以上的泥沙中至少有 66% 悬浮高度小于 0.53m，随着粒径的加大，这个比例也会加大至 90% 以上。至于粒径 0.025~0.075mm 的泥沙，无论从悬浮指标或实际观测结果看，在中洪水（约 2500m³/s）期的运动基本为悬移质运动形态，只有在小流量时 0.05~0.1mm 的泥沙从悬移转变到推移，对河床暂态性冲淤变化起作用。

3. 当地沙的输移

宁蒙河段床沙主要由沙漠沙经风沙流、塌岸和水流侵蚀、挟带分散汇入，上游挟带而来的泥沙含沙量一般是不饱和的，因此床沙中 $d<0.08$mm 的泥沙被冲刷以悬移质输出头道拐，而 $d>0.08$mm 的泥沙组成床沙的主体，床沙中 $d<0.05$mm 的泥沙含量很少，偶尔也有新近塌岸进入河床的少量细沙，随着细沙被不断冲走，床沙粗化。在一般水流条件下，床沙只能以推移质形式作沙波运动，20 世纪 60 年代，对头道拐站 1962~1967 年推移质输沙量进行了实测，列于表 9-5，这不仅表明推移质的存在，还可以看出推移质的数量占到悬移质数量的 22%。

表 9-5　头道拐站年推移质输沙量

项目	1962 年	1963 年	1964 年	1965 年	1966 年	1967 年
年平均流量/（m³/s）	660	844	1160	598	793	1390
推移质输沙量/万 t	31.7	34.1	31.7	29.1	31.7	52.2
悬移质输沙量/万 t	11 000	16 200	29 900	8 040	18 400	31 600

4. 粗泥沙运动带来的河床演变

1）横向变化过程

笔者曾利用三湖河口实际观测资料对 2012 年洪水期河槽的横向变化做了分析。2012 年 7~9 月的洪水是自 1989 年以来最大的洪水，洪峰流量达 2850m³/s，其中 Q 大于 2000m³/s 的历时为 43.7 天，Q 大于 2500m³/s 的为 18 天，Q 大于 2700m³/s 的为 4 天。分析从河流动力区（河段内水流流程各横断面内单宽流量相较于同断面其他位置明显偏大的区域）能量、动力区位置及动力区宽度入手，探讨了动力区泥沙的运动及河床变化过程，具体如下。

水流动力区也是输沙，特别是粗泥沙输送的最大区域，它所带来的河床演变决定了河床横向演变的发展方向。河道动力区的特征见图 9-8 和图 9-9。图 9-10 给出了 2012 年洪水过程中河床横断面的演变情况。其中彩图 2（a）反映出涨水开始到落水初期时段中河床深泓向右岸移动约 100m。其形成的原因是涨水初期，受弯道河势的影响，水流动力区靠近左岸，在冲走大量细泥沙（小于 0.05mm）外，积极参与推悬交换的泥沙（0.05～0.25mm）也开始大量运动到左岸，且流量越大，挟带的量越大，携带的颗粒越粗。表 9-5 指示出涨水时左岸的泥沙较右岸粗，特别是接近峰顶时，0.1～0.25mm 泥沙大量运动。然而，由前面分析可知，这部分泥沙的悬移高度低，很容易做推移运动，并因推移质运动呈间歇性、表层性或层移性（钱宁等，1986）和易产生动床阻力的特点，抵消了水流动力而使左侧河床淤积抬高，这个过程可以通过彩图 2（a）～（c）明显观察到。伴随左侧淤积的发展，以及水流流量的增大，河床动床阻力不断加大（图 9-11），直到水流动力无法克服阻力并越过阻力区，加上"大水趋直"的河势影响，迫使水流动力区向右岸移动。同时，淤积减小过水面积造成动力区能量快速加大，右岸冲刷，见彩 2（d）。随着退水流量的不断减少，动力区能量减小，动力区原本携带的以 0.25mm 为主体粗泥沙淤积下来［表 9-6 和图 9-10（b）］。由于淤积下来的粗泥沙在原动力区位置（起点距 530～630m）形成了较大的水流阻力，配合在流量减小后，河势驱动的动力区位置回归左岸，回归过程中，水流避开阻力较大的区域，向河道两侧绕行，同样因过水面积小，使得退水的动力区宽度减小，但动能较涨水时大（图 9-8），对岸壁冲刷的力更强［彩图 2（d）右岸的冲淤情况］，同时在淤积体背水区形成回流区，泥沙继续淤积，最终形成"W"河床形态（或心滩），见图 9-10（c），并使河道展宽，其宽深比由 6 增加到 8.7，见图 9-12。但这种形态是暂时的，由于河道变宽浅，将有利于泥沙的再度淤积。

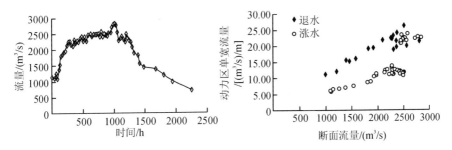

图 9-8　三湖河口河段洪水过程及动力区单宽流量 q 与断面流量 Q 的关系

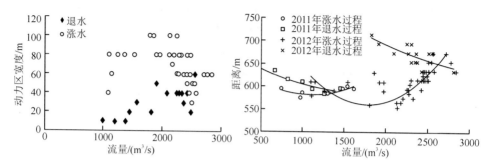

图 9-9　三湖河口河段洪水动力区宽度及位置变化

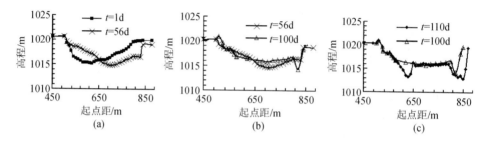

图 9-10　2012 年洪水过程中的河床横断面演变

表 9-6　洪水起涨期至降落初期河底沙样粒径在横向上的分布

采样时间	流量 /(m³/s)	流速 /(m/s)	采样位置	给定粒径的泥沙颗粒含量/%		
				0.05～0.1mm	0.1～0.25mm	0.25～0.5mm
2012 年 8 月 15 日(涨水)	2290	1.73	左岸边	33.3	26.3	5.5
			主流区左侧	25.0	25.2	6.8
			主流(中)	25.6	26.3	8.8
			主流区右侧	38.9	19.6	1.4
			右岸边	15.6	3.3	0.3
2012 年 8 月 20 日（涨水）	2490	1.87	左岸边	35.0	31.6	2.7
			主流区左侧	31.4	22.0	4.1
			主流(中)	32.5	27.8	5.1
			主流区右侧	38.6	19.9	2.6
			右岸边	15.5	1.2	0.0
2012 年 8 月 31 日(涨水并 接近峰顶)	2720	1.88	左岸边	23.9	9.3	1.7
			主流区左侧	10.9	57.9	21.7
			主流(中)	18.6	48.3	14.2
			主流区右侧	18.0	4.3	1.1
			右岸边	30.4	14.9	2.4
2012 年 9 月 15 日(降落)	2210	1.86	左岸边	28.4	15.4	3.0
			主流区左侧	23.6	29.3	7.6
			主流(中)	32.0	54.4	5.8
			主流区右侧	31.2	22.3	3.9
			右岸边	25.0	62.8	5.1

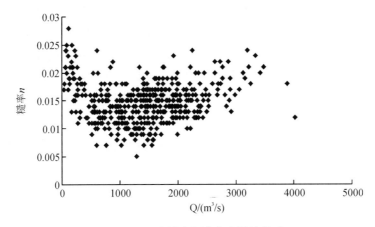

图 9-11　河床糙率与洪水流量的关系

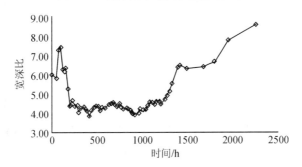

图 9-12　2012 年洪水过程中河床横断面宽深比的变化

上述实例分析表明，强劲的水流动力区使粗泥沙在河床临底处或悬浮或推移式的运动，河床会因粗泥沙形成的床面形态阻力抵消水动力而使河床淤积，进而改变水动力区的位置与强度，产生新的河床变形。换句话说，多粗泥沙河流河床的横向变形主要取决于水动力区在横断面上的位置和动力区能量与河床动床阻力的消长，这种消长关系也会改变动力区位置，退水时河道展宽是这种关系的证明。利用实测资料分析三湖河口不同流量下断面宽深比的变化如下式

$$\frac{\sqrt{B}}{H} = k\bar{Q}^{\alpha}\left(\frac{\sqrt{B}}{H}\right)_{0}^{\beta} \tag{9-1}$$

式中，$\left(\dfrac{\sqrt{B}}{H}\right)_{0}$ 为前期宽深比；α、β 为经验参数。

表 9-7 为三湖河口不同流量级下经验参数的变化情况。从表 9-7 可看出涨退水过程中宽深比的变化。在涨水过程中，流量小于 1500m³/s 时，河道处于微淤状态；当流量在 1500～2000m³/s 时，河床发生明显淤积，河道变宽浅，这主要是粗泥沙开始不连续性运动并形成动床阻力，而此时的河流动力相比阻力处于弱势的缘故；当流量增加到 2000～3000m³/s 时，更多的粗泥沙开始运动，河流动

力也在增强，动力与阻力基本相当，但河床存在冲淤，这种冲淤变化是在河床形态条件和泥沙条件的随机作用下发生的，与流量关系不大，整体上看，河床基本保持冲淤平衡。而当流量增加到 3500m³/s 以上，河床会发生明显冲刷，这是动力进一步增强到可以克服动床阻力所致。退水过程中，流量从 3000m³/s 到 2000m³/s 时，存在小范围的明显冲刷，但随着退水的水流动力不断减小，河床会明显回淤。

表 9-7　三湖河口不同流量级下横断面宽深比变化

水情	流量级 /(m³/s)	时段平均流量因子指数 α	前期河相系数因子指数 β	复相关系数	横断面形态变化趋势	样本容量 n
涨水	<1500	0.0302	0.8845	0.904	变宽浅/流量影响不显著	290
	1500~2000	0.1306	0.9441	0.951	变宽浅/易淤	127
	2000~2500	−0.0502	0.9029	0.9276	变窄深/流量影响不显著	115
	2500~3000	0.0049	0.9047	0.9413	变宽浅/流量影响不显著	86
	>3500	−0.2315	0.8683	0.8187	变窄深/易冲	41
退水	3000~2500	−0.021	0.9691	0.9503	变宽浅/流量影响不显著	48
	2500~2000	0.2107	0.8956	0.8653	变窄深/易冲	75
	2000~1500	−0.2331	0.8826	0.8691	变宽浅/易淤	103
	<1500	−0.0187	0.9792	0.9721	变宽浅/流量影响不显著	270

以上统计结果及分析表明了动床阻力对河床的影响，其中粗泥沙运动对这种阻力的形成有较大贡献。进而从一个侧面反映了粗泥沙运动及悬推转换易导致河床的游荡。

2）纵向变化过程

黄河上游具有峡谷到平原再到峡谷再进入平原的地貌，峡谷河道纵比降远大于平原河道纵比降，从水力学知，陡坡变缓坡的交接处必然存在水流能量的局部损失，故大量泥沙特别是上游带来的粗泥沙很容易在交接处淤积，故交接处的河道往往是游荡型河道，银川盆地上的青铜峡至磴口，河套盆地上的石嘴山至三湖河口历史上都发育着游荡河道，现如今受水利工程拦阻粗泥沙的影响，游荡段的位置会发生一些改变。因为宁蒙河道的粗沙分头进入河道，在时空分布上有很大的非均匀性和随机性，且悬转推的集中度小，强度也较弱，所以宁蒙河段中游荡河段长度小，游荡程度远不及小北干流和黄河下游。

宁蒙河道是冲积平原河道，其冲淤演变受挟沙力双值关系的制约，河床可以淤积，也可冲刷，但不能达到真正的冲淤平衡。尽管来水来沙及泥沙组成是非恒定随机的，但冲淤有别，易淤难冲，淤积挟沙力大于冲刷挟沙力，粗沙的冲淤基本性质决定了内蒙古河段下段只能是相对冲淤平衡又偏微淤的情况。正因为上述背景的存在，再配合人类引水和水库调洪，便形成了洪水期内蒙河道悬移质沿程冲淤特点：由上游洪水产生全河段冲刷的概率为 0.2248，冲上游淤下游情况发生的概率 0.2186，两者基本相当。一般为沿程冲淤交替，总体上看，呈现图 9-13 的情况。对于推移质冲淤，河段冲淤的主要影响因素是低温效应、水沙搭配和河道形态，汛期大水时河段上段巴彦高勒至三湖河口河段冲刷，但冲起的粗沙不能长距离输移，在河段下段即三湖河口至头道拐河段淤积下来，经由高建恩公式计算 2012 年洪水洪峰段 0.125mm 泥沙的输移量，其结果为巴三河段冲刷，三头河段淤积。受凌汛期低温效应的影响，冲淤情况与汛期相反，巴三河段淤积，三头河段冲刷，见图 9-14。

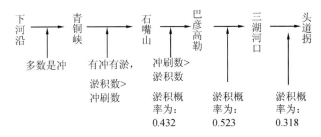

图 9-13　宁蒙河段洪水期悬移质冲淤沿程变化情况

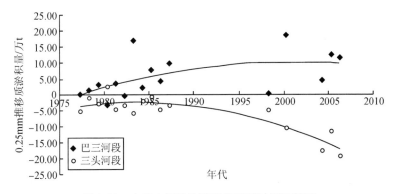

图 9-14　内蒙古河段次凌洪推移质冲淤积情况

9.3.2　人类活动影响下粗沙的输移

　　天然情况下宁蒙河道处于相对平衡偏微淤的状态。上游修建龙羊峡、李家峡、刘家峡等大型水利枢纽后，对水沙的调节程度明显加强，汛期进入宁蒙河道的水量占年水量的比例由天然状态的 60% 降为 40%，非汛期则由 40% 升至 60%，大流量概率减小，河道淤多冲少，河道断面缩小，河道由天然状态下的微淤转变为显淤。其根源是当地向河道输送粗沙的规律与天然状态时的规律相同，而能使粗沙悬移的大水却大幅度减小，河道萎缩使同流量水位上升。表 9-8 是三湖河口站 1987~2003 年汛期与天然情况相比减小、减沙比例，可见减水、减沙的比例都在 50% 以上，水量大减使 1987～2003 年 $Q>3000\text{m}^3/\text{s}$ 及 $Q>2000\text{m}^3/\text{s}$ 的发生频率均为零，流量减小，河道萎缩，河道处于淤积状态。

表 9-8　1987～2003 年三湖河口站汛期与天然情况相比减水减沙比例

月份	减水比例/%	减沙比例/%
7 月	70	84.3
8 月	50	71
9 月	62	82
10 月	74	91

　　分析悬移质来沙系数的变化可知 6～8 月三个月的来沙系数在龙羊峡投入运用后明显增加，经分析，来沙系数大于 0.005 时河道趋于淤积。资料表明，天然情况下的 12 年中，4 个月以上的月均来沙系数大于 0.005 的年数有 5 年，而 1987 年后，20 年中有 16 年是这样的情况，说明水沙搭配发生了变化，河道淤积加重。表 9-9 是 1986～2003 年宁蒙河段汛期、非汛期悬移质冲淤量，可见，除青铜峡至石嘴山河段非汛期冲刷外，其余河段汛期、非汛期均为淤积。年均淤积量较 1960～1985 年时段大，其中巴彦高勒至头道拐河段尤甚。

表 9-9　1986～2003 年宁蒙河段汛期、非汛期冲淤量　　（单位：亿 t）

时段	项目	下河沿—青铜峡	青铜峡—石嘴山	石嘴山—巴彦高勒	巴彦高勒—三湖河口	三湖河口—头道拐
1986～1993 年	汛期	0.5347	0.6059	0.3975	1.0389	2.6732
	非汛期	0.5814	−1.3229	1.7398	0.5116	0.1121
	合计	1.1161	−0.7170	2.1373	1.5505	2.7853
	平均	0.1395	−0.0896	0.2672	0.1938	0.3482
1994～2003 年	汛期	−0.0453	4.0055	0.3060	2.1467	2.9821
	非汛期	0.5893	−1.8075	23059	1.1032	0.2290
	合计	0.5440	2.1980	2.6119	3.2499	3.2111
	平均	0.0554	0.2198	0.2612	0.3250	0.3211
1986～2003 年	汛期	0.4894	4.6114	0.7035	3.1858	5.6553
	非汛期	1.1707	−3.1304	4.0457	1.6146	0.3411
	合计	1.6601	1.4810	4.7492	4.8004	5.9964
	平均	0.0992	0.0823	0.2638	0.2667	0.3331

注：负号表示冲刷。

　　由于河道萎缩严重，过水断面湿周大大减小，使得河道粗泥沙输送量大大减小，其结果带来两方面的变化。在两岸（或一岸）土体易被冲刷的地方，河道出现游荡和塌岸（或在一冲刷岸塌岸）；在两岸坚固的地方，粗泥沙的堆积导致河床抬高成悬河。据内蒙古自治区巴彦淖尔盟防汛办主任工程师陈继光介绍（新华网，2004 年 6 月 15 日），黄河巴彦淖尔盟段长约 340km，近年来由于上游来水量小等原因，河床条件发生变化，呈现出宽、浅、散、乱的特点，河势摆动频繁，滩岸坍塌严重。河道泥沙大量淤积，部分河段淤高达 2m 多，河槽萎缩，杂草丛生，河床过水断面不断缩小，致使同流量情况下水位大幅度抬升。多年来的防汛资料显示，黄河巴彦淖尔盟境内部分河段已形成悬河之势，黄河磴口南套子河段河床高出磴口县城 4m，黄河杭锦后旗河段河床高出旗所在地 10.2m，黄河临河河段河床高出临河市区地面 2～5m。

9.4　近期河床演变趋势分析

9.4.1　径流量减少

黄河上游气候变暖趋势与全球、全国一致，冬秋季气温上升，导致 1990 年以来降水偏少。据资料，近 13 年中，9 月降水属正常或略偏多的仅有 3 年，减少 20％以上的有 7 年，特别是 1991 年、1997 年和 1998 年减少 40％～50％，汛期降水量明显减少，且基本无秋雨。

降雨减少导致径流量减少，表 9-10 为黄河上游主要水文站径流统计。可见从下河沿至头道拐径流沿程渐减，而且也随时间逐年减小，汛期径流量逐年减少，占全年径流量的比重也逐年减小，非汛期径流量增加，站全年的比重也有增加。

表 9-10　黄河上游主要水文站径流统计

时段	项目	唐乃亥	兰州	下河沿	青铜峡	石嘴山	巴彦高勒	三湖河口	头道拐
1952 ～ 1968 年	汛期/10^8m³	125.6	28	207.7	193.5	200.5	179.5	167.0	165.4
	非汛期/10^8m³	77.8	132.5	127.9	112.7	115.6	103.9	97.5	97.7
	全年/10^8m³	203.4	341.2	335.6	306.2	316.1	283.4	264.5	263.1
	汛期占全年/％	61.8	61.2	63.2	63.4	63.3	63.1	62.9	62.9
1969 ～ 1986 年	汛期/10^8m³	135.3	171.9	170.6	132.9	164.0	126.6	132.7	131.7
	非汛期/10^8m³	85.8	158.2	151.0	112.7	135.4	111.7	115.9	110.7
	全年/10^8m³	221.1	330.1	321.5	245.6	299.4	238.3	248.5	242.4
	汛期占全年/％	61.2	52.1	53.1	54.1	54.8	53.1	53.4	54.3

续表

时段	项目	唐乃亥	兰州	下河沿	青铜峡	石嘴山	巴彦高勒	三湖河口	头道拐
1987 ～ 2003 年	汛期/10^8m^3	100.0	110.7	103.6	74.8	97.3	56.8	63.3	63.4
	非汛期/10^8m^3	76.1	148.6	136.9	99.4	120.9	94.1	96.6	92.3
	全年/10^8m^3	176.1	259.4	240.6	174.2	218.2	150.9	159.9	153.7
	汛期占全年/%	56.9	42.7	43.1	42.9	44.6	37.6	39.6	41.2
多年平均/10^8m^3		199.7	309.3	298.1	240.7	276.7	222.8	223.1	218.4

9.4.2　区间来沙增加

近期径流量减少，但当地沙入黄却有增无减。1986～2003 年宁夏河段淤积 3.1411 亿吨泥沙，淤沙主要来源于河东沙地及清水河、苦水河等支流。1987～2003 年清水河的平均沙量较 1955～1968 年增加 26.5%，较 1969～1986 年增加 117.8%。1986～2003 年内蒙石嘴山至巴彦高勒河段淤沙 4.7492 亿 t，其中水流挟带的淤沙仅为 0.4363 亿 t，主要是乌兰布和沙漠沙经风沙流入黄较以往增加。同期，巴彦高勒至头道拐河段淤沙 10.7968 亿 t，其中水流挟带的淤沙 4.1458 亿 t，而库布齐沙漠和十大孔兑入黄的风沙和砒岩沙有 7.7598 亿 t，较以往明显增加，如 1987～2003 年十大孔兑中的西柳沟、毛不浪年均沙量 1961～1968 年、1969～1986 年相比，西柳沟分别增加了 52.3% 和 76.9%，毛不浪分别增加了 19.3% 和 244.8%。

9.4.3　用水量增加

宁蒙河段河套平原灌溉用水量相当大，1987～2003 年河段多年平均引水量 102.64 亿 m³，占同期下河沿年均水量 240.60 亿 m³ 的 42.7%，占同期头道拐年均水量 153.7 亿 m³ 的 66.8%，可见用水比例大，且非汛期引水量占来水量的比例是逐年增加的。

近期宁蒙河段尤其是巴彦高勒以下河段淤积加重是水库调节、径流量减少、区间来沙增加、引水量增加等综合影响的结果，各年各因素的影响权重可以是不同的。在这些因素的制约下，内蒙古河段的淤积状态难以改观。

9.4.4　河床的演变趋势

本文作者依据实测资料，采用横断面冲淤指标跟踪计算法生成黄河上游巴彦高勒、三湖河口站 1976～2006 年的横断面冲淤演变时间序列（秦毅，2011），对该长期序列的趋势变化和突变特点分析后发现，巴—三河段经历了由一个相对稳定期经过快速淤积阶段进入到一个新稳定期的过程（图 9-15 和图 9-16）。该图表明，20 世纪 90 年代中后期以来，河床边界条件已经和来水来沙条件相适应，因此在新的稳定条件下，如何治理内蒙古河道的淤积萎缩值得探讨。

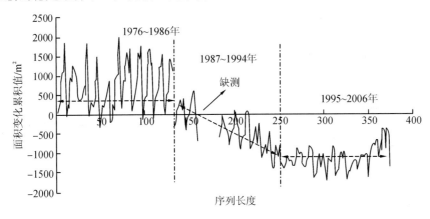

图 9-15　1976～2006 年巴彦高勒站冲淤面积变化图
正值为冲刷，负值为淤积

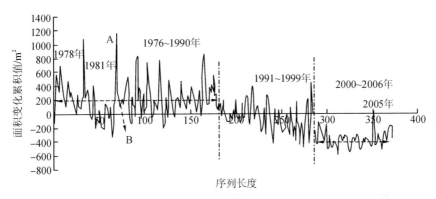

图 9-16　1976～2006 年三湖河口站冲淤面积变化图
正值为冲刷，负值为淤积

9.5　宁蒙河道治理方案分析

宁蒙河道的治理方案长期以来一直受到关注。根据宁蒙河道泥沙组成特点和淤积分布特征，这里对普遍提出的治理方案进行讨论。

9.5.1　下泄大流量冲刷方案

此方案的关键在于冲刷一吨沙需耗水多少，且能将冲刷的泥沙输出头道拐，关于输沙用水问题，有不少分析研究成果。

1. 实测资料分析法

河段冲淤量 ΔW_s 计算公式为

$$\Delta W_s = (W_{s1} + W_{s2}) - (W_{s3} + W_{s4}) \tag{9-2}$$

式中，W_{s1} 为进口断面输沙量（t）；W_{s2} 为区间加入沙量（t）；W_{s3} 为出口断面输沙量（t）；W_{s4} 为区间引出沙量（t）。

选择历年洪峰流量较大且持续时间至少 10 天的次洪过程，据实测资料用式（9-2）计算出 10d 中内蒙古河段石嘴山至巴彦高勒、巴彦高勒至三湖河口、三湖河口至头道拐各河段的冲淤量。结果表明，流量 5000m³/s 左右的次洪过程中，河床冲刷量不大，这是因为洪水漫滩，槽冲滩淤，虽然冲刷量小，但明显改善了河道的过洪能力；流量在 2000~3500m³/s 的次洪过程几乎都是冲的，冲刷量的大小与进口断面含沙量关系较大；洪量小于 2000m³/s 的次洪，若进口含沙量小则冲，反之则淤，且冲刷量不大。计算结果表明，冲刷效率较好的次洪应是来水含沙量小，且流量在 2000~3500m³/s 的次洪过程，需约 200m³ 水冲走 1t 沙。

黄河上中游水量调度委员会办公室和黄河水利委员会上游水文水资源局的分析研究认为，在流量 1500m³/s、来水含沙量为 21.1kg/m³ 时，冲走 1t 沙需水 474m³。

2. 河流冲刷率法

王兆印通过分析研究，提出了适合多种情况的冲刷率计算方法。笔者用综合糙率的曼宁公式替换王兆印公式中不易确定的比降，再用收集到的能用于计算的巴彦高勒站 12 组实测资料，对计算公式进行验证，验证结果较好，认为可用于内蒙古河道的冲刷率计算。计算中选定的巴彦高勒、三湖河口和头道拐的综合糙率分别为 0.016、0.014 和 0.014，挟沙力公式采用双值挟沙力公式，来水含沙量选定为 2kg/m³，计算结果列于表 9-11。可见在良好的水沙条件下，流量 1500m³/s、来流含沙量 2kg/m³ 时，把泥沙冲出巴彦高勒相对容易，冲 1t 沙的水量约 200m³，而要将 1t 沙冲出三湖河口和头道拐分别需约 360m³ 和 230m³。这与内蒙古河段上段淤积少、下段淤积多，上段冲刷多、下段冲刷少的特点是吻合的。

表 9-11　冲刷率法冲沙需水量表

站名	流量/(m³/s)	床沙中值粒径/mm	挟沙力/(kg/m³)	清水冲刷率/[kg/(s·m²)]	浑水冲刷率/[kg/(s·m²)]	冲刷 1t 泥沙所需水量/m³
巴彦高勒	2000	0.0465	4.0	0.014	0.005	191
	1500	0.0465	4.0	0.011	0.004	197
	1000	0.0465	3.9	0.008	0.003	207
三湖河口	2000	0.0625	3.8	0.008	0.003	355
	1500	0.0625	3.7	0.007	0.002	361
	1000	0.0625	3.7	0.007	0.002	364
头道拐	2000	0.0465	3.9	0.006	0.002	227
	1500	0.0465	3.8	0.005	0.002	233
	1000	0.0465	3.8	0.004	0.001	238

以上的分析研究结果表明，内蒙古河段洪水的冲刷效率不高，从水资源利用

角度讲也是不经济的。

3. 讨论

下泄大流量冲刷方案不能根本上解决宁蒙河道的泥沙淤积问题,这一点从以下两方面说明其理由。

1) 宁蒙河道的地质地貌环境所决定

黄河流域在发育的历史过程中,第三纪时区域内湖泊众多,且不断萎缩,至第四纪的早、中更新世,尚保存的湖盆有共和、银川、河套、汾渭及华北等湖盆。共和、银川、河套、汾渭四个湖盆均为内陆型,各自形成独立的集水系统,控制着当地水系的发育。由于地质、气候的变迁,共和湖盆萎缩消亡最早,大约在中更新世末,其次为汾渭湖盆,再次为银川、河套湖盆,消亡于晚更新世末,最晚消亡的是华北湖盆,消亡于晚全新世。华北湖盆的消亡受海水入侵的影响,其西部消亡于晚更新世,东部则消亡于距今 3500~5000 年的晚全新世。

湖泊的存在与萎缩消亡对黄河的形成是关键性的,地表水汇集到湖泊,由于湖盆不断下沉,侵蚀基面不断变化,控制了各区的河系发育,所以存在几个独立的水系。随着河流的溯源侵蚀和袭夺,各区的河流逐渐连通,湖盆通过出口排泄逐渐消亡,最终形成黄河。

宁蒙河道以下是晋陕峡谷中的侵蚀性河道北干流,在黄河的发展过程中,宁蒙河道相当于银川、河套湖盆在沉积过程汇集的河口,必然造成青铜峡至河口镇托克托河段是沉积环境中的冲积平原河流。

黄河河口的位置是变迁的,几万年前黄河三角洲河口在目前的郑州附近,变迁发展至今已在山东垦利县境,推进了近千公里。河流纵剖面的造床过程可以从官厅水库、三门峡水库等的淤积三角洲形成过程汇中反映出来,图 9-17 显示出官厅水库的造床过程,淤积三角洲由尾部段、顶坡段、前坡段、异重流淤积段和坝前淤积段组成。图 9-18 是官厅水库中可认为是河口的前坡段的不同形态特征,反映出挟沙水流进入雍水区后,经过分选剧烈的尾部段和输沙平衡的顶坡段后,再次经过分选后剩余的细沙以异重流形式进入河口。若水库水位变化很小,则三角洲既向前推进,又向上延伸垂向抬高,顶坡段泥沙几乎不分选,塑造的新河槽河宽与造床流量相对应。尾部段因粗沙迅速集中地由悬移运动转化为推移运动,发展成游荡河道。顶坡段新河槽的生成是相当快的,如三门峡水库 1960 年 9 月蓄水运用,1961 年汛期随着泥沙的淤积,顶坡段的新河槽即已成形,短期内由原河槽 2000 多米的河宽塑造成宽为 300 多米的新河槽。天然河道中冲积平原河段的形成机理与水库淤积三角洲的形成机理是相同的,华北湖盆最终发展成黄河下游;高村以上游荡河段为泥沙剧烈分选的尾部段;高村至艾山河段为泥沙分选减弱的过渡段;艾山至利津河段则为泥沙几乎不分选的输沙平衡的顶坡段,该河段同流量水位抬高是结构性抬高；利津以下则为河口段，第 6 章图 6-10 说明了各河段的输沙状态。分析可得出宁蒙河段石嘴山至昭君坟相当于水库中输沙不平衡的尾部段，昭君坟至头道拐河段相当于水库中输沙平衡的顶坡段。

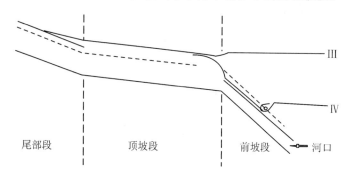

图 9-17　官厅水库淤积形态

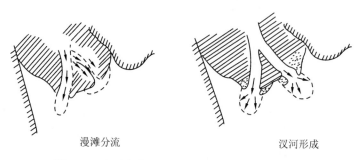

漫滩分流　　　　　　　　　　汊河形成

图 9-18　官厅水库淤积三角洲前坡段河槽游荡情况

2）冲积平原河流没有富余挟沙力所决定

河流的来水来沙是随机的、不均匀的，河流输沙符合双值规律即冲淤有别，不同粒径泥沙运动状态如起动、扬动、止动的临界值是不同的，受这些客观规律的制约，冲积平原河流没有富余挟沙力。

粒径 $d<0.04$mm 的泥沙，起动流速 U_K 大于扬动流速 U_S，所以不能作推移运动；当水流流速 U 小于起动流速，则处于静止状态；当水流流速大于起动流速，即处于悬移状态。粒径 $d>0.04$mm 的泥沙既可作推移运动，又可作悬移运动。$d>0.04$mm 泥沙的 $U_S>U_K$，当 $U<U_K$，泥沙静止在床面；当 $U_K<U<U_S$，泥沙作推移运动；当 $U>U_S$，泥沙作悬移运动，运动的泥沙要转为静止，则水流流速要小于止动流速 U_H。粒径大，U_S 增加的多，而 U_K、U_H 增加的少，且 U_K 与 U_H 的差值小，又因为粗沙的沉速随粒径增大而增大，且增加率大，因此粗沙易淤难冲。宁蒙河段洪水的冲淤资料说明，并非一有洪水河道就发生冲刷，也不是洪水过程都有冲刷，说明了宁蒙河道的输沙既受到冲淤有别的挟沙力双值理论的制约，还受到饱和挟沙力、不平衡输沙理论的制约。宁蒙河道没有富余挟沙力，处于相对冲淤平衡又是微淤的状态。

河床冲淤与阻力有关。阻力包括床沙的摩擦阻力、床面的形状阻力和挟沙水流的流型阻力。冲刷时，宽河床上仅冲刷一定的宽度，淤积时，一般是全断面都淤积，即所谓的冲刷一条线、淤积一大片，淤积的效率大于冲刷的效率。

由上述分析不难理解下泄大流量冲刷宁蒙冲积平原河流淤沙的方案不能从根本上解决问题的结论。只要上、下边界条件依旧，改变宁蒙河道相对冲淤平衡又微淤的基本性质较难。2012 年典型洪水过后，尽管宁蒙河道总体平均冲刷 1cm，但推移质输沙计算表明，巴三河段冲刷，三头河段淤积，实测头道拐低水位过流面积不扩大反减小，即河底淤积似乎是对上述结论的证明。唯有截走粗沙，河道才能达到输沙平衡。

9.5.2　自排沙廊道治理方案

利用自排沙廊道实现粗细泥沙分治是一种根治之策，关于自排沙廊道的排沙机理及所需的系统工程将在第 10 章中详述。

根据宁蒙河道的具体情况，针对乌兰布和沙漠来沙，可利用青铜峡水库、三盛公枢纽布设自排沙廊道及输沙系统；针对库布齐沙漠来沙和孔兑来沙，可选择在西柳沟、毛不浪等主要孔兑筑潜坝，在库区布设自排沙廊道和相应的输沙系统工程。自排沙廊道不仅能截排粗泥沙，而且排沙耗水率很低，利用它既能促进宁蒙河道输沙平衡，还可减少进入下游万家寨、龙口等水库的泥沙。

自排沙廊道和相应的输沙系统工程可通过实地勘察后进行规划布置，利用数值模拟优化及模型试验手段得出治理宁蒙河道淤积的优化方案。

第 10 章　一种新型的排粗沙建筑物——自排沙廊道

20 世纪 50 年代以来，西南地区的低水头水电站多采用廊道排沙，以减少过机泥沙。经过几十年的分析研究，尤其是数值计算的迅速发展，对廊道中的水沙运动有了新的认识，数值模拟为廊道的优化设计提供了基础。

10.1　廊道中三维水流的数值模拟

廊道中三维水流数值模拟的基本方程为时均连续方程和雷诺方程，以 k-ϵ 模式对方程组封闭求解。

1. 连续方程

瞬时速度可分解为时均值 $\overline{u_i}$ 与脉动值 u_i' 之和，即

$$u_i = \overline{u_i} + u_i' \qquad i = 1,2,3\cdots \tag{10-1}$$

将式 （10-1） 代入不可压缩流体的连续性方程得到

$$\frac{\partial u_i}{\partial x_i} = \frac{\partial \overline{u_i}}{\partial x_i} + \frac{\partial u_i'}{\partial x_i} = 0 \tag{10-2}$$

脉动值的时间平均值为零，对式 （10-2） 取时间平均得

$$\frac{\partial \overline{u_i}}{\partial x_i} = 0 \tag{10-3}$$

式 （10-3） 即为时均运动的连续性方程。

2. 动量方程

纳维埃—司托克斯方程的表达式为

$$\frac{\partial u_i}{\partial t} + u_i \frac{\partial u_i}{\partial x_j} = x_i - \frac{1}{\rho} \frac{\partial \overline{p}}{\partial x_i} + \frac{\mu}{\rho} \frac{\partial^2 u_i}{\partial^2 x_j} \tag{10-4}$$

瞬时压强同样可分解为时均值 $\overline{p}$ 和脉动值 p' 之和。

$$p = \overline{p} + p' \tag{10-5}$$

对式 （10-4） 进行时间平均可得湍流的时间平均雷诺运动方程为

$$\frac{\partial u_i}{\partial t} + u_j \frac{\partial \overline{u_i}}{\partial x_j} = x_i - \frac{1}{\rho} \frac{\partial \overline{p}}{\partial x_i} + \frac{\mu}{\rho} \frac{\partial^2 \overline{u_i}}{\partial^2 x_j^2} + \frac{1}{\rho} \frac{\partial(-\rho \overline{u_i' u_j'})}{\partial x_j} \tag{10-6}$$

式 （10-6） 中的 $-\rho \overline{u_i' u_j'}$ 称为雷诺应力，是唯一的脉动量项，脉动量是通过雷诺

应力来影响时均运动的。

3.$k\varepsilon$ 模式

雷诺方程和时均连续方程联立不足以解决湍流时均运动，因为方程组中增加了六个附加雷诺应力项，需要建立雷诺应力的封闭模式。$k\varepsilon$ 模式是目前应用最广的湍流模式，它已经成功地用来计算多种不同类型的流场。对于结构相对简单的廊道，可使用 Fluent 软件（温正等，2009），对于结构复杂的廊道，可使用 Ansys 软件，Ansys 软件是包含 Fluent 在内的，拥有更强大功能的 CFD 软件包（张凯等，2010）。

10.2 廊道的功能演变

10.2.1 第一代廊道

第一代廊道始建于 20 世纪五六十年代，用于西南地区的引水式水电站引水口的防沙排沙。经不断的结构改进，本世纪在云南省洗马河二级赛珠水电站用于电站进水口"门前清"。第一代廊道的基本特征是进水孔置于顶部，而且是开敞式的，开敞式进水孔使大量清水进入廊道，水流在廊道中产生立轴漩涡，降低了排沙效率。早期建成的廊道因耗水量大、排沙效率低已被淘汰。

赛珠水电站大坝为双曲拱坝，坝高 72m，正常水位 1820m，死水位为1805m，电站引水口在右岸，引水隧洞内径 2.7m，引水流量 17.7m³/s，坝体右侧设冲沙孔，由进口段，孔身有压段和出口段组成，进口段前接冲沙明渠（廊道），长约 34m，底板高程 1785m，墙顶高程 1790m，渠宽 4m。廊道原设计顶部设置 15 个格条，两个格条之间形成进水孔，共形成 15 个进水孔，每个格条宽60cm，进水孔宽 1.5~2.0m，格条大致均匀排列。西北水利科学研究所实验中心王敬昌等①对廊道进行了水工模型试验，检验廊道防沙排沙效果。经试验，将原方案 15 个进水孔减少成 5 个，每孔宽均为 5m，以利于冲沙防堵，使进水孔周围能形成较大的冲刷漏斗。赛珠水电站已经实施试验的廊道结构，基本上做到了电站引水口"门前清"。但因是开敞式进水孔，仍存在耗水大，廊道输沙率低的问题。如试验得出，电站在死水位 1805m，冲沙孔下泄流量 80m³/s 冲沙，不能做到电站引水口"门前清"。图 10-1 为廊道原设计方案布置图，图10-2 为廊道推荐方案布置图，图 10-3 为廊道内竖向环流分布，可见廊道内输沙率不高。

---

① 王敬昌，张耀哲，洗马河二级赛珠水电站冲沙模型试验报告，水利部西北水利科学研究所实验中心，2005 年 11 月。

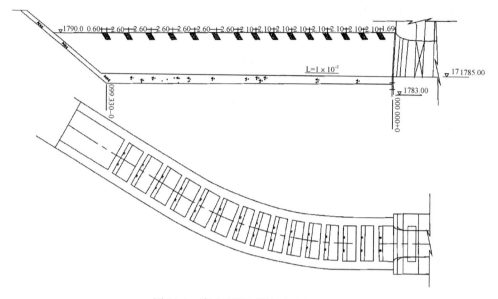

图 10-1　赛珠廊道原设计方案布置图

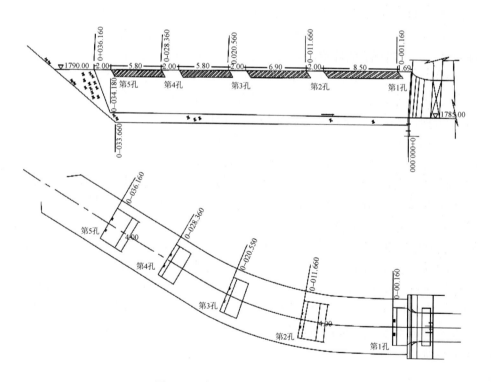

图 10-2　赛珠廊道推荐方案布置图

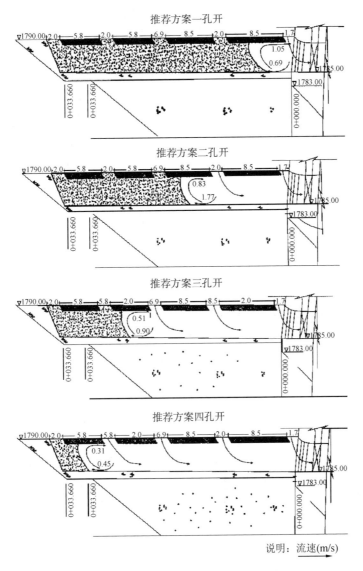

图 10-3　赛珠廊道内竖向环流分布

10.2.2　第二代廊道

第二代廊道的基本特征是进水孔布置在廊道侧边底部，水沙由傍侧进入廊道，澜沧江大朝山水电站首次采用傍侧进水排沙廊道（雷兴顺等，2003；韩立，2001）。

大朝山水电站枢纽为重力坝，最大坝高 111m，坝顶高程 906m，总库容 8.84 亿 m³，库容系数 8.7‰，库沙比 18。布置 5 个 14m×17m 的溢流表孔，溢流坝段两侧共布置 3 个 7.5m×10m 的泄洪排沙底孔，进口底板高程 840.0m，为使机组引水口前"门前清"，设置了伸向库内电站引水口前的排沙廊道，底板高程 840.0m。

南京水利科学研究院对廊道进行了水工模型试验，将原方案的廊道正向（左侧）进水改为双向进水，正向布置 12 个进水孔，反向布置 13 个进水孔，正、反向进水孔相互错开。正向 1～8 号和反向 1～9 号孔口间距均为 8m，导流角为45°，孔口过水面积 1.5m×1.7m；正向 9 号和反向 10 号孔口的导流角为 30°，过水断面为 1.5m×1.4m；其余各孔口导流角均为 25°，过水断面为 1.5m×1.1m。廊道宽为 5m。图 10-4、图 10-5 为原方案正向进水方案布置和双向进水方案布置图。试验测得的 13 号孔进口流速为 14.8m/s；正向 1～8 号、反向 1～9 号的孔口流速约 10m/s；正向 9 号、反向 10 号孔口的流速约 12m/s，大朝山水电站排沙廊道达到了电站引水口"门前清"的要求。

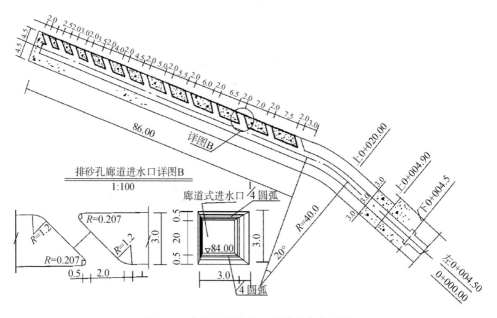

图 10-4 大朝山原方案正向进水方案布置

澜沧江年均水量 580 亿 m³，大朝山水库库容仅 8.84 亿 m³，有大量弃水，所以足以提供排沙廊道最大排沙流量 485 m³/s 的要求。

10.2.3 自排沙廊道

1. 结构特点

自排沙廊道可认为是第三代廊道，已在陕西省东雷抽黄灌区、山西省尊村抽黄灌区应用。其基本特点是廊道顶部进水系统的独特异型构件，它包括排沙帽、

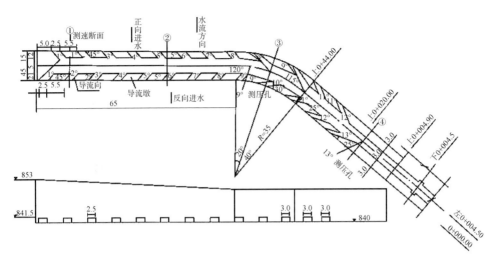

图 10-5　大朝山双向进水方案布置

导流板和具备合理位置、偏转角的进水口，廊道断面为 U 形。导流板既支撑排沙帽，又导控水流的流向，水流沿排沙帽下方由水平方向流入，在导流板的导向下进入进水孔。在异形导流构件和 U 形断面的共同作用下，在廊道中形成纵向螺旋流。廊道沿程布设的一系列进水系统，使纵向螺旋流沿程不衰减，保证廊道在小流量的情况下，可以排粗沙而不淤积（谭培根，2008，2006）。螺旋流排粗沙特性与明流排沙特性不同，其输送粗沙机理有待深入研究。图 10-6（a）、（b）分别为东雷抽黄隧洞口—自排沙廊道平面图、纵横剖面示意图。黄河水经提升后流入隧洞，隧洞长 1186.5m，比降 1/1200，水深 4.7m，设计流速 2.56m/s，为马蹄形洞。冲沙闸距隧洞出口 113.5m，隧洞出口至冲沙闸的总干渠段比降 1/1000，水流经溢流堰进入灌区总干渠，总干渠为梯形断面，比降 1/3500。廊道顶部进水孔与渠底齐平，沿溢流堰布置，曲线长度 45m，首端断面为半径 15cm 的半圆，沿程半径不变，直墙高度则沿程均匀增加，至廊道末端直墙高 18cm，廊道最大水深 33cm，廊道末端设平板闸门，由廊道排出的挟沙水流下泄进入黄河。

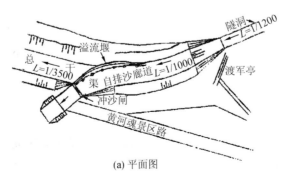

(a) 平面图

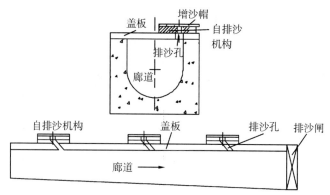

(b) 纵、横剖面示意图

图 10-6　东雷灌区自排沙廊道图

2. 排沙效果

未建自排沙廊道时,设计流量为 40m³/s 的冲沙闸排沙清淤仅使闸上游 3m 范围内的淤沙被冲完,致使隧洞内及隧洞出口至冲沙闸渠段泥沙淤积严重,平均淤积厚度 3~3.5m。这造成进入灌区总干渠的水流挟带含量较多的粗沙,由于总干渠比降小、流速小,大量粗沙沿程淤积,只能靠人工清淤才能维持总干渠一定的过流能力。清淤占压耕地,破坏环境,灌溉成本大增。2003 年在总干渠首部设自排沙廊道后,从根本上解决了渠道的淤积问题。

表 10-1 为 2004~2005 年廊道排沙测试资料,可见廊道流量仅为渠道流量的 1%~4%;廊道中水流的含沙量比渠道中水流的含沙量大很多倍,廊道水流挟带的泥沙比渠道水流挟带的泥沙粗;廊道的排沙运用时间短,这就表明自排沙廊道排沙的耗水量小,排粗沙的效率高。

表 10-1　东雷灌区廊道排沙测试资料

项　　目	位置	2004 年 3 月 12 日	2004 年 6 月 16 日	2004 年 6 月 17 日	2004 年 6 月 21 日	2004 年 6 月 22 日	2004 年 7 月 2 日	2005 年 7 月 12 日	2005 年 7 月 22 日
流量/ (m³/s)	渠道	9.27	10.29	15.19	7.31	15.49	12.77	11.23	23.15
	廊道	0.41	0.27	0.25	0.17	0.17	0.27	0.28	0.23
含沙量/ (kg/m³)	渠道	7.6	3.4	3.4	2.9	3.4	28.1	5.5	69.7
	廊道	180.5	299.5	109.9	120.5	11.6	69.8	57.0	579.7
运行时 间/h	渠道	47	48	22	96	22	72	24	144
	廊道	0.7	0.5	0.5	0.5	22	0.7	0.5	4
中值粒 径/mm	渠道	0.018	0.075	0.05	0.071	0.058	0.08	0.048	0.68
	廊道	0.062	0.054	0.074	0.074	0.13	0.24	0.053	0.185

表 10-2、表 10-3 为西安理工大学硕士研究生杨洪艳、韩海军在自排沙廊道水槽试验中实测的泥沙级配成果,可见廊道出口的泥沙级配比水槽中来沙的级配粗得多。

表 10-2　廊道上游来沙和廊道出口泥沙级配比较（杨洪艳）

位置	小于某粒径(mm)泥沙百分比/%							d_{50}
	0.005	0.01	0.025	0.050	0.075	0.10	0.20	/mm
廊道上游	3.1	5.4	15.9	58.8	75.4	86.5	100	0.041
廊道出口	1.6	3.1	7.3	29.3	53.6	73.4	100	0.072

表 10-3　廊道上游来沙和廊道出口泥沙级配比较（韩海军）

位置	小于某粒径(mm)泥沙百分比/%								d_{50}/mm
	0.05	0.10	0.20	0.30	0.50	0.60	0.70	1.0	2.0	
廊道上游	13.1	29.4	54.3	70.4	85.3	93.0	95.9	99.3	100	0.190
廊道出口	1.9	3.9	14.4	34.3	62.8	80.4	87.5	96.6	100	0.400

3. 排沙影响范围

建自排沙廊道后，廊道上游 100m 范围内的淤沙全部冲完。表 10-4 为廊道上游总干渠内发生溯源冲源后淤积厚度变化，可见由于廊道降低了淤沙的侵蚀基面，引起纵比降的调整，上游发生溯源冲刷，又由于廊道排沙，影响上游来水的流场，发生自上而下的沿程冲刷。韩海军的水槽试验中，廊道排沙时，水深 30cm 的水槽垂线最大流速点由不排沙时距水面的 10cm 下移至距水面 15cm，近底流速增大约 15%。这说明廊道排沙有利于沿程冲刷的发展，降低廊道首部侵蚀基面，从而产生自下而上的溯源冲刷，与此同时，也增大了廊道以上河、渠的局部纵比降，增强自上而下的沿程冲刷。正是在溯源冲刷和沿程冲刷的联合作用下，东雷廊道排沙时上游的冲刷范围可达到 1300m，由于廊道上游渠段沙几乎被冲完，致使进入灌区总干渠的水流只挟带细沙，溢流坝以下淤沙厚度 3~3.5m 的总干渠发生冲刷，淤沙厚度降为 2m 左右，而且冲刷还在持续。东雷抽黄是渠系泥沙问题，由于渠道流量小、恒定，因此布置如上述的系统工程就可解决问题。若自排沙廊道用于天然河道、水库排粗沙，就需要兴建有调水调泥沙粒径的挡水建筑物，主要是在洪水时，通过蓄泄调节，改变粒径 $d > 0.05$mm 泥沙的悬浮判数，使粗沙淤积或悬浮在廊道排沙的有效半径内，不会被水流挟带至下游河道，使廊道失去截粗沙的作用，而粗沙下泄就会淤积在下游河道，达不到治河的目的。

表 10-4　廊道上游淤积厚度变化　　　　　　　　　（单位：m）

时间	距廊道首部不同里程(m)的淤积厚度							
(年-月-日)	0	50	100	200	1 126	1 186	1 200	1 310
2004-4-26	0	1.5	3.0	3	2.7	3.5	3.5	3.5
2005-4-20	0	2.8	2.8	2.8	2.7	3.5	3.5	3.5
2006-4-8	0	0	0	1.8	1.8	1.2	1.2	3.0

10.2.4 自排沙廊道在沉沙池中的应用

山西省尊村抽黄工程运行 30 多年来，渠道淤积严重，黄河西倒使渠首水源脱流 3～4km，需常年挖渠引水，致使泥沙问题更加严重。曾建占地 986 亩、总库容 290 万 m³ 的沉沙池，设计年限 3.7 年，运行了 4 年淤积库容已达 200 万 m³，因泥沙淤积使沉沙池进水困难，需经常人工和机械疏通水流通道。经修建自排沙廊道后，新建沉沙池占地仅为 14 亩，沉沙池中铺设三条廊道，由廊道排出沉沙池中的粗沙，上层清水则从侧向流入渠道，解决了渠道的淤积问题，沉砂池中增加由三角混凝土柱组成的消能塔，加速了粗泥沙沉降，既减小了沉沙池面积，又能连续排沙和供水。工程整体布置形成正面排沙，侧面供水的取水排沙工程，有利于正常发挥取水防沙作用。图 10-7 为尊村自排沙廊道示意图。

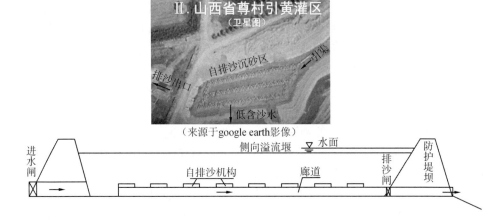

图 10-7　尊村自排沙廊道示意图

10.2.5 自排沙廊道排粗沙效率高的机理

东雷、尊村自排沙廊道的实测资料以及水槽试验的资料，都反映出无论是动水排沙或是静水排沙，廊道排出的泥沙均比进口的粗很多。其机理是动水排沙时，粗沙聚集在河床临底层，而廊道进水系统位于河渠底部，中上层细沙含量多的水流被排沙帽阻挡，不进入廊道；静水排沙时，则排沙范围是廊道进水口有效半径区域内的淤沙，自然绝大部分是粗沙，可见自排沙廊道进口系统的特性决定了具备排粗沙效率高的特点。

自排沙廊道可以间歇排沙，在出口含沙量不大时，就可以暂停排沙。排沙时，廊道首部以上发生自下而上的溯源冲刷，导致局部比降增大，又促使产生自上而下的沿程冲刷，溯源冲刷和沿程冲刷的联合作用导致廊道首部以上形成一个有相当容积的无粗沙淤积的区域，类似一个可以滞纳粗沙的"动态沉沙库容"。廊道不排沙时这个"动态沉沙库容"可以保证粗沙不进入灌区总干渠，当"动态沉沙库容"快淤满时，廊道又可以排沙。间歇排沙使耗水量很小，排粗沙效率高。

"动态沉沙库容"是由廊道首部产生的自下而上的溯源冲刷和自上而下的沿程冲刷形成的。其原因，一是河床高程与廊道进水口高程存在高差；二是廊道排沙使垂线最大流速位置向渠底下移，加大了临底流速；三是淤沙的起动流速处于起动流速曲线低谷区。廊道开闸排沙时，既排来沙又冲刷沉沙库容中的淤沙，廊道进水口有效影响半径范围内的淤沙也被冲刷排出。这种排沙特性说明了自排沙廊道排粗沙效率高且耗水很小的机理。自排沙廊道既可动水排粗沙，也可以静水排粗沙和细沙，因此应用范围广。

10.3　自排沙廊道的优化设计

自排沙廊道的异形进水系统，廊道断面的形态和宽度、深度的沿程变化都是为了保持廊道中能够形成纵向螺旋流，并能沿程持续。水流进入廊道的入射角和孔口位置对螺旋流的强度有很大影响。西安理工大学研究生陈琛以模型为基础，采用 Ansys 软件包，以东雷自排沙廊道作为原型，边界条件和初始条件均采用东雷廊道的数据。

彩图 3 为东雷廊道内的流线图，流速的垂向分量形成螺旋流，轴向分量使水流沿廊道流动，垂向分量与轴向分量应有一个好的搭配，才能既保证螺旋流的形成，又能使之持续。

对第一代廊道和第二代廊道也进行了流场计算。第一代廊道以渔子溪水电站廊道尺寸为原型，第二代廊道以大朝山水电站廊道尺寸为原型。彩图 4 为第一代廊道中流速场分布云图，彩图 5 为第二代廊道中流速场分布云图。可见开敞式进水孔水流进入廊道形成的立轴旋涡形似水柱，大量浪费清水，廊道边壁、角隅存在不动层，贴边有淤积，所以排沙效率低。第二代廊道首部流速较低，泥沙可能淤积，由于沿程流量大增，泥沙是不会沿程淤积的。

10.4　应用前景

自排沙廊道排粗沙效率高，耗水量少的特点，使它可作为一种新型的治河建筑物、渠系、渠道防沙建筑物和环境保护建筑物，为河流的开发、治理提供一种新的选项。

10.4.1　游荡河道变窄的"希望工程"

第6章论述了粗沙的集中堆积和两岸无约束是河道游荡的根源，因而若在游荡河段的上游段，布设自排沙廊道，拦截粗沙，就可消除河道游荡。北洛河下游、渭河泾河汇入口以下河段是不游荡的冲积平原河道，泾河汇入口以上河段则是游荡河段，这是由于北洛河、泾河经常发生有巨大输沙能力的高含沙洪水所致。高浓度浑水中泥沙的沉速大幅度减小，如 0.25mm 的粗沙在含沙量 $700kg/m^3$ 浑水中的沉速仅为 0.15cm/s，这相当于 0.04mm 的泥沙在清水中的沉速。这说明高浓度浑水阻断了粗沙的集中堆积。

黄河有四个冲积平原河道，其中游荡河段的形态特征列于表 10-5，游荡河段的横断面形态已在第6章有关段落的图中描述。可看出，青铜峡库区天然情况下就是游荡的。建库后，淤积三角洲顶坡段游荡减轻，尾部段游荡程度变化不大。小北干流在天然情况下已是全程游荡，三门峡建库后，游荡程度加剧，黄河西倒使渭河口上提 5km，加剧了渭河的洪涝灾害，西倒使山西尊村抽黄取水口脱流。北干流、小北干流对粗沙的时空调节造成下游长约 300km 的游荡河段，黄河下游的输沙特性决定了不可能把粗沙全部输入大海，三门峡、小浪底水库拦沙下游河道冲刷，蓄清排浑则集中淤积。第1章表 1-2～表 1-4 表明三门峡水库蓄清排浑应用期下游河道排沙比不足 50%。

表 10-5　黄河游荡河段形态特征

河段	河段名称	长度/km	宽度/km	比降/10^{-4}
宁蒙河段	青铜峡坝址 10km 以上库区	36	3.5～6.0	5.10
	三盛公—三湖河口	205.6	3.5(平均)	1.70
小北干游	禹门口—庙前	42.5	3.5～13.0	5.70
	庙前—夹马口	30.0	3.5～6.6	4.70
	夹马口—潼关	60.5	3.5～18.8	3.10
下游	孟津—铁路桥	101.0	1.0～3.0	2.65
	铁路桥—东坝头	128.0	5.0～14.0	2.03
	东坝头—高村	70.0	5.0～20.0	1.72

《水库泥沙》书中收集了几十个不同水沙条件的水库淤积纵剖面，凡是有频繁高含沙水流入库的水库淤积纵剖面均为单一比降，没有翘尾巴现象，如巴家嘴水库；反之，水库淤积纵剖面就有明显的尾部段和顶坡段，尾部段河型游荡，有翘尾巴现象，如官厅水库、龚嘴水库等。

若在游荡河段上游段适当位置兴建自排沙廊道拦截粗沙，消除河道的游荡，使河道变窄，荒滩上就可营造出数百万亩良田，是治河的一种新思路。

10.4.2 有利于环境保护

1. 减少水库的淹没范围

床沙粗则河流比降大，钱宁等（1965）总结了黄河干支流比降与床沙中值粒径 d_{50} 的经验关系。

$$J = 27d_{50}^{1.3} \qquad (10\text{-}7)$$

阿尔图宁总结了中亚河流的比降与 d_{50} 的经验关系

$$J = 0.85d_{50}^{1.1} \qquad (10\text{-}8)$$

缪凤举等（1996）整理了黄河干支流几个站河床质泥沙 d_{50} 与河流比降的资料，得出经验关系

$$d_{50} = 0.058J^{0.77} \qquad (10\text{-}9)$$

若用自排沙廊道截、排粗沙，则其下游河道比降就会减缓，水库再造床过程形成的三角洲，尾部段不会游荡，比降也会减小，水库淹没范围就会减小，也就减少了移民范围。

图 10-8 为四川大渡河龚嘴水电站淤积三角洲的纵剖面。表 10-6 为库区淤积物沿程变化，可见尾部段粒径变化剧烈，三角洲顶坡段粒径基本不变。表 10-7 为谭伟民等[①]统计的三角洲顶点以上分段比降表，可见三角洲顶点以上的比降是平衡比降，其值 0.65×10^{-4}，以上比降逐渐增大至 11×10^{-4}，为不平衡比降。距离超过 20km，尾部段比降变大是粗泥沙引起。若采用自排沙廊道把粗泥沙截走，不进入水库，则水库尾部段比降不会变陡，水库淤积范围可减小，这是由于尾部段回水位降低所致。

表 10-6 1979 年 11 月库区淤积物表（摘录）

项目	断面号					
	27	31	47	66	71+1	82
距坝里程/km	10.757	12.169	18.742	28.391	30.019	34.069
最大粒径/mm	0.593	1.010	1.700	9.700	65.000	48.000
中值粒径/mm	0.175	0.226	0.880	0.763	51.000	31.800

表 10-7 1979 年三角洲顶点以上分段比降表

项目	断面号											
	28	31	33	37	43	49	53	57	62	66	73	78
间距/m	1 055	895	1 379	2 295	2 999	1 954	1 934	2 542	2 823	2 276	1 903	2 254
比降/‰	0.038	0.045	0.058	0.065	0.087	0.113	0.140	0.220	0.288	0.374	0.520	1.105

---

① 谭伟民，白荣隆，王敏生，王三才. 大渡河龚嘴水电站泥沙问题总结（水电站泥沙问题总结汇编）. 水利电力部水利水电规划设计院，1998 年。

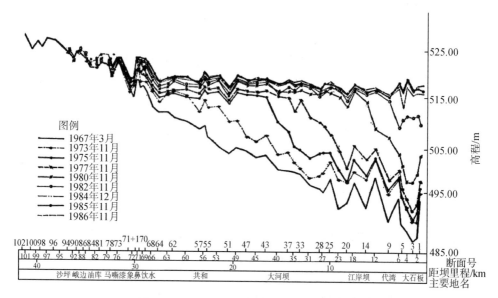

图 10-8　四川大渡河龚嘴水电站淤积纵剖面

2. 水库排沙恢复库容

多沙河流上修建的水库，泥沙淤积使库容减小，很多中小型水库库容已经淤满。自排沙廊道排沙可以使死库复活，而且耗水量小，用于径流量小的河流的死库复活更为合适（秦毅等，2009）。

3. 用于水电站取水口"门前清"

在水电站取水口前沿布设自排沙廊道，投资少，用少量的水达到"门前清"的目的，而且可以间隙排沙，在廊道首部以上形成一个沉积粗沙的动库容，不排沙时沉积粗沙，动库容将淤满时，启动廊道排沙，因此排沙效率高，节省排沙水量。

4. 提高大型水库的综合效益

多沙河流上兴建大型水利枢纽，必然面临着库容逐年损失，水库转为蓄清排浑运用的问题。若布设自排沙廊道系统工程截排了粗沙，就可以长期蓄水调水调沙运用，既提高了水库综合效应，又改善了下游河道的过洪能力。

5. 改善水库的水质

水库坝前段一般为细沙淤积物，若再养殖鱼虾，则淤泥就被污染，淤泥颜色变墨，有腥臭味。当前相当多的水库为城乡居民供水，这种被污染的水体对健康有害。若在坝前段布设自排沙廊道，廊道进水孔排沙有效半径范围内的淤泥会被清除，水质会得到改善。

6. 防止河口蚀退

图 10-9 为摘自沙玉清文集（沙际德等，1997）的黄河三角洲图，该图为地理学家丁骕所绘。可看出，自孟津以东，北至渤海，南达长江，形成黄河三角洲。对黄河下游有害的是粗沙，自排沙廊道正是可有效将粗沙放淤并加以利用的系统工程。无害的中细沙仍可通过水库蓄清排浑调水调沙下泄，这样既少淤水库和河道，绝大部分排入大海，既可造陆又可防止河口蚀退，使黄河继续为中华儿女造福。

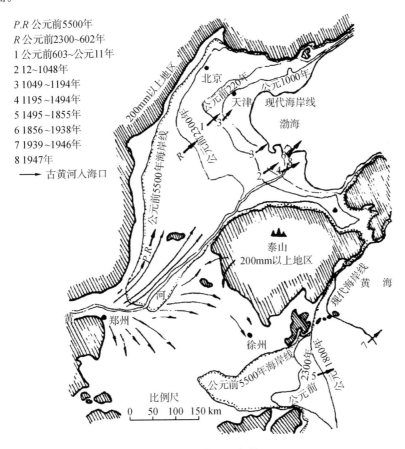

P.R 公元前5500年
R 公元前2300~602年
1 公元前603~公元11年
2 12~1048年
3 1049~1194年
4 1195~1494年
5 1495~1855年
6 1856~1938年
7 1939~1946年
8 1947年
→ 古黄河入海口

图 10-9　黄河三角洲

10.4.3　增大城市下水道排水能力

经常出现一些城市暴雨后街道、马路排水不畅，路人行路难，汽车没法行驶等情景，下水道排水能力明显不足。这可能由两个原因造成：一是设计流量小，二是污物、泥沙淤堵管路。由于现有的管路或为自由流或为压力管道，且水中均含有一定的杂草杂物及泥沙，暴雨集水达到一定高度时，进水口形成螺旋漏斗，降低了进水能力，停水后亦往往出现淤积，再次使用时，过水能力不足，造成雨水淹没街道，频频告急。因此，可以考虑在道路两边管道增设自排沙廊道。自排沙廊道是利用水体的自有势能的自然能量，水位提高时，进水能力随着增大，它紧贴原管道底形成高强度螺旋流，提高了管道的挟沙能力，能挟带更多的杂草杂物和泥沙，避免了管道淤积。特别是管道比降平缓的情况，富余的未利用的有效能量被利用起来，相当于扩大了管道的过流能力，故自排沙廊道断面小，但作用不小。

第 11 章　高含沙水流长距离输送

长距离明渠高含沙输沙的实例不多，第一个成功地实践高含沙水流长距离输送的是陕西洛惠渠。洛惠渠自北洛河状头筑低坝自流引水，灌溉面积 65.5 万亩，总干渠长 21.5km，在义井分为干、支、斗、分、引五级引水灌溉，1950 年建成通水，后又于总干渠 13km 处设闸新建洛西灌区，1970 年建成通水。总干渠设计流量 15m³/s，设计引水沙限为 162kg/m³，当北洛河含沙量大于 162kg/m³ 时，即停止引水，这就造成了夏天作物急需灌溉而不能引水的困境。北洛河汛期经常发生高含沙洪水，若按设计沙限规定引水，灌区缺水问题日益严重。洛惠渠管理局从 1964 年开始进行高含沙引洪灌溉和引洪放淤试验，突破了引水沙限的规定，超限引水试验并未使渠道发生大量淤积，引起了各方的关注。1974 年黄河水利委员会杨文海、孟庆枚等工程师、中国水利水电科学研究院万兆惠工程师、洛惠渠管理局徐义安工程师等（1985）共同组织现场原型观测，积累了丰富的实测资料，进行了科学总结。陕西省成立了高含沙引水试验小组，西北水利科学研究所杨廷瑞、西北农学院赵乃熊、迟耀瑜、王丽波也参与了工作，在各方的协作下，打破设计沙限进行灌溉取得成功。如洛惠中干渠曾把含沙量 847kg/m³ 的浑水输送 40km 进行灌溉，灌溉历时 22.5h，渠道引水正常。随后，陕西省泾惠渠、渭惠渠也进行了高含沙水流长距离输送进行灌溉，如泾惠渠曾把含沙量 959kg/m³ 的浑水输送 200km 进行灌溉（杨廷瑞等，1980）。

在三大灌区高含沙水流长距离引水且渠道可在年内冲淤平衡的实践基础上，1976 年方宗岱提出利用高含沙水流输沙放淤治理黄河的意见，核心内容是利用小浪底水库泄空冲刷产生高含沙水流，采用清水与高含沙水流分流的原则，当坝前淤至 240m 高程，即按泄水排沙运行。含沙量小于 150kg/m³ 时，泄入下游河道冲刷河床，使其逐步下切，清除防洪威胁，含沙量大于 150kg/m³，引水渠道放淤到河口，而不泄入下游河道，这样可以永久保留一个足够的拦沙库容（方宗岱，1990）。

管道高含沙水流长距离输送的实例甚多。被输送的材料包括泥浆、砂石、煤、矿砂、化工原料等，输送距离有高达 1000km 以上的。如 1979 年投入运用的埃特西输煤管道长度 1640km，管径 965mm，年输送能力 2500 万 t，但大多数管道的管径不大。

自排沙廊道排出的泥沙几乎都是粗沙，不能直接排入黄河，应将排出的粗沙，根据当地的地形条件，通过明渠、管道将粗沙输往放淤地作为资源加以利用。

11.1　明渠高含沙输送

11.1.1　输送浓度的选择

输送的浓度高，则效率高，而且节水，经济效益好。高含沙明流的浓度选择受某些条件的制约，泥沙组成是一个主要的制约因素，泥沙组成一定时，随着含沙量的增大，浑水水流黏性增大，可能出现静态极限切应力，会影响到渠道比降的设计。

张仁等（1982）的研究认为，在含沙量不太高时，水流的黏性不足以阻止泥沙在沉降中发生分选，水流基本上属于两相的挟沙水流。随着含沙量的增大，泥沙颗粒之间逐渐形成具有絮网结构的结构体，水流的黏性急剧增加，在一定条件下，泥沙颗粒在沉降过程中相互牵制而形成一个整体，以清浑水交界面的形式缓慢下沉，整个水流事实上已经成为一种均质浑水，只要水流具有一定比降足以克服水流的阻力，水流就可以维持流动。为了确保高含沙水流的稳定输送，要尽量使水流维持在均质状态，还要确保流态不进入层流，而且应具有一个固定的窄深河槽。

黄河水利科学研究院、西北水利科学研究所等开展了明渠、管道高含沙输沙及高含沙异重流等的试验研究，发现了一些不同于一般挟沙水流的输沙特性。曹如轩等（1984）的试验研究指出了明渠高含沙层流可以出现非均匀流，也可以发生均匀流，关键在于比降的大小，为高含沙水流长距离输沙提供了实践依据，若明渠中发生非均匀流，是不可能实现长距离输送的。

图 11-1 为按费祥俊（1991）公式计算的 S_{v0} 与 $\sum P_i/d_i$、S_{vm} 与 $\sum P_i/d_i$ 两条曲线，S_{v0} 为水流流型由牛顿体转化为宾汉体的临界体积比含沙量，S_{vm} 为相应级配的极限体积比含沙量。可看出 S_{v0} 与 $\sum P_i/d_i$ 下方区域为低含沙区，S_{vm} 与

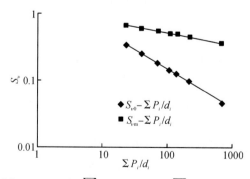

图 11-1　S_{v0} 与 $\sum P_i/d_i$，S_{v0} 与 $\sum P_i d_i$ 的关系

$\sum P_i/d_i$ 表示高含沙均质流含沙浓度上限，两条曲线间的区域为高含沙非均质流向均质流逐渐过渡的区域，应为设计浓度的选值范围。

根据具体情况，初定一个渠道尺寸、比降后，按需输送的泥沙级配组成，选定一个较高的输送浓度，计算出浆体的黏滞系数 μ_m 和 τ_B，再计算有效雷诺数 Re_m。若流态在层流与紊流之间的过渡区，表明所选的浓度合理，因为这时的阻力系数最小，否则进行调整。

有效雷诺数 Re_m 的表达式为

$$Re_m = \frac{4hU\gamma_m}{g\left(\mu_m + \dfrac{\tau_B h}{2U}\right)} \tag{11-1}$$

根据试验资料，流态为过渡区的 Re_m 在 3700～4700，$Re_m < 3700$ 为层流流态，$Re_m > 4700$ 进入阻力平方区。

11.1.2　明渠设计

1. 比降的确定

要提高输送效率，节约耗水量，高浓度输送是不错的选择。高浓度输送对明渠比降有要求，不能像一般挟沙水流那样由地面坡度确定。图 11-2 为一组水槽试验中流量为定值时各水力因子随有效雷诺数的变化过程，可见流量为定值时，逐步增大含沙量，当含沙量 $S > 380\text{kg/m}^3$ 后，水面比降增大，水流由原来的均匀流转为非均匀流，相应的水深、流速等水力因子均作调整（张浩等，1982）。这是因为对一定组成的高浓度浆体，存在静态极限切应力，它要求的比降为 $J_m = \tau_{B0}/\gamma_m h$，若实际的比降小于 J_m，它便会自动调整为非均匀流。只要明渠比降 J_0 满足要求的 J_m，无论是明流或是异重流均为均匀流。图 11-3（a）～（d）为异

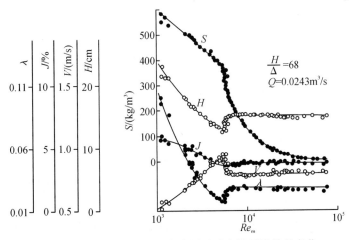

图 11-2　流量为定值时各水力因子随有效雷诺数的变化

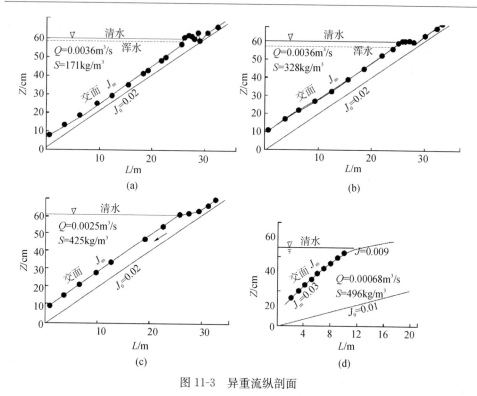

图 11-3　异重流纵剖面

重流纵剖面，图 11-3（d）的 $J_0=1/100$，所以非均匀程度大，图 11-3（a）～（c）的 $J_0=2/100$，比降大，所以为均匀流。此外还做了一条比降 $J_0=3/100$ 的水槽，理所当然为均匀流，因为流速大，水力因子稳定性差，因此，明渠比降的确定应考虑地形、高浓度浆体的流变特性等因素选定。当含沙量一定时，随着流量的增大，所需比降减小，因此非均匀流现象是可以克服的。

2. 断面形态的选择

冲积平原河流中，高含沙水流塑造的断面形态均为单一窄深河槽，如渭河下游、北洛河下游等均如此。人工渠道就不尽如此。陕西省泾惠渠、洛惠渠和渭惠渠三大灌区都采用梯形渠道，设计引水时沙限为重量比含沙量 15%，约为 162kg/m³。1970 年以来由于汛期干旱缺水，洛惠渠管理局首创突破沙限 162kg/m³ 的引洪淤灌，引水含沙量最高达到 900kg/m³。中干渠断面较窄深，泥沙基本不淤积，但在角隅处仍有淤积，东干渠断面较宽浅，泥沙淤积严重。冬灌、春灌时，因含沙量低，中干、东干都发生冲刷，将夏灌的淤沙基本冲完，达到年内冲淤基本平衡。

张浩等（1982）、曹如轩（1993）在宽 30cm 的矩形水槽中进行了高含沙明流、高含沙异重流试验，观测了垂线的流速分布，如图 11-4～图 11-6，又在不同形态、尺寸的渠槽中，实测了高含沙水流的流速分布和等流速线分布。图 11-7 为不规则阶梯断面中水流的表层流速分布，可看出在水深浅的区域中，由于

γ_m（kg/m^3）流动停滞。从梯形断面水流的表层流速分布，也同样可看出，在梯形断面边坡上，由于水深小形成的滞流区。图 11-8 为西北水科所吕迺士用多普勒测速仪实测的矩形断面上不同有效雷诺数 Re_m 和不同含沙量 S 时的等流速线图，可看出近渠底处有微动层，其厚度由中垂线向边壁逐渐增厚，越靠近边壁越厚，在角隅处存在范围较大的滞流区。微动层厚度随 Re_m 的增加而变小，当 Re_m ＞3000 后，微动层基本消失，角隅处的滞流区范围也缩小。Re_m 继续增大，流动进入紊流区，微动层区域消失，角隅处滞流区明显缩小，但它始终是存在的。说明过水断面的面积不等同于真正有流速的过水断面面积。

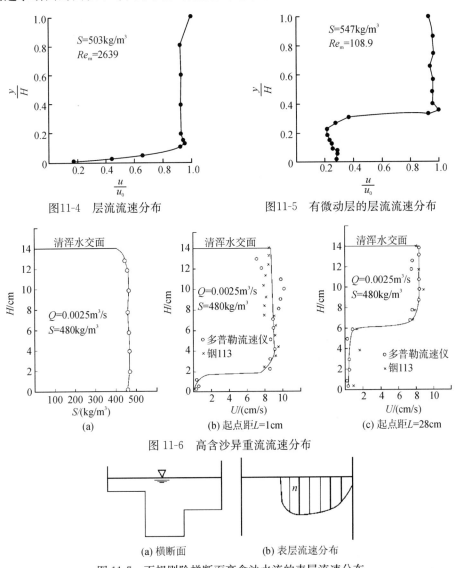

图11-4　层流流速分布　　　　　图11-5　有微动层的层流流速分布

图 11-6　高含沙异重流流速分布

图 11-7　不规则阶梯断面高含沙水流的表层流速分布

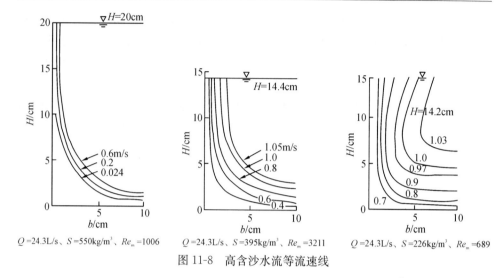

$Q=24.3\text{L/s}$、$S=550\text{kg/m}^3$、$Re_m=1006$　　　$Q=24.3\text{L/s}$、$S=395\text{kg/m}^3$、$Re_m=3211$　　　$Q=24.3\text{L/s}$、$S=226\text{kg/m}^3$、$Re_m=689$

图 11-8　高含沙水流等流速线

Yang 等（1988）用最小耗能率理论连同 Yang's 低含沙泥沙输送公式和曼宁公式导出了梯形断面的最佳尺寸。由于梯形断面不宜于输送高含沙水流，钱善琪（1993）用最小耗能率理论对 U 形渠槽进行分析。

设 U 形渠最大水深 H、半圆部分半径 r_0，宽 $B=2r_0$，过水断面面积 A 和水力半径 R 为

$$A=2r_0\ (H-r_0)\ +\frac{1}{2}\pi r_0^2 \tag{11-2}$$

$$R=\frac{2r_0\ (H-r_0)\ +\frac{1}{2}\pi r_0^2}{2\ (H-r_0)\ +\pi r_0} \tag{11-3}$$

根据曼宁公式

$$Q=\frac{1}{n}\left[\frac{2r_0\ (H-r_0)\ +\frac{1}{2}\pi r_0^2}{2\ (H-r_0)\ +\pi r_0}\right]^{2/3}\left[2r_0\ (H-r_0)\ +\frac{1}{2}\pi r_0^2\right]J^{1/2} \tag{11-4}$$

由式（11-4）得

$$J=n^2Q^2\frac{\left[2\ (H-r_0)\ +\pi r_0\right]^{4/3}}{\left[2r_0\ (H-r_0)\ +\frac{1}{2}\pi r_0^2\right]^{10/3}} \tag{11-5}$$

Yang's 基于单位水流功率的无量纲泥沙输送方程为

$$\begin{cases}\dfrac{Q_s}{Q}=I_1\ (P-P_c)^{I_2},\ P>P_c;\\[2mm]\dfrac{Q_s}{Q}=0,\ P\leqslant P_c\end{cases} \tag{11-6}$$

式中，$P=UJ/\omega$ 为无量纲单位水流功率；P_c 为泥沙开始运动时的 P 值；Q_s 为输沙率；I_1、I_2 为参数；ω 为泥沙沉速。

在单位渠槽长度内，由于水流和泥沙的输送，在含沙量不高的情况下，能量耗消率为

$$\Phi = (\gamma Q + \gamma_s Q_s) \cdot J \tag{11-7}$$

在 Q、Q_s 已知，求 U 型渠的最佳形态相当于式（11-7）在式（11-4）和式（11-5）支配下 Φ 的极值问题，由式（11-5）和式（11-7）得

$$\Phi = n^2 Q^2 (\gamma Q + \gamma_s Q_s) \frac{(2H + 1.1416r_o)^{4/3}}{(2r_o H - 0.429r_o^2)} \tag{11-8}$$

由式（11-5）、式（11-6）得

$$P_c + \left(\frac{Q_s}{I_1 Q}\right)^{1/I_2} = \frac{n^2 Q^3 (2H + 1.1416r_o)^{4/3}}{\omega (2r_o H - 0.429r_o^2)^{13/3}} \tag{11-9}$$

令为宽深比，代入式（11-8）、式（11-9）得

$$\Phi = n^2 Q^2 (\gamma Q + \gamma_s Q_s) \frac{\left(\frac{4}{\beta} + 1.1416\right)^{4/3}}{\left(\frac{4}{\beta} - 0.429\right)^{10/3} r_o^{16/3}} \tag{11-10}$$

$$P_c + \left(\frac{Q_s}{I_1 Q}\right)^{1/I_2} = \frac{n^2 Q^3}{\omega} \frac{\left(\frac{4}{\beta} + 1.1416\right)^{4/3}}{\left(\frac{4}{\beta} - 0.429\right)^{13/3} r_o^{22/3}} \tag{11-11}$$

由式（11-10）、式（11-11）消去 r_o 后，就变为求极值的问题，即

$$\Phi = K \frac{\left(\frac{4}{\beta} + 1.1416\right)^{4/11}}{\left(\frac{4}{\beta} - 0.429\right)^{2/11}} \tag{11-12}$$

式中，K 是综合已知量 n、Q、Q_s、γ，γ_m 和 ω 的一个系数。

令 $d\Phi/d\beta = 0$，求解得 $\beta = 2$，这说明含沙量不高时，应将水流控制在半圆形断面内，若流量大、含沙量高，把高含沙水流全部控制在半圆形断面内，在工程经济上、占地面积上是不利的，故最佳的断面形态应是 U 型，这样可以满足不同流量、不同含沙量水流的输送，而且有足够的水深满足 $\gamma_m hJ > \tau_B$ 的要求。

3. 渠道尺寸的确定

渠道的输送浓度和比降初定后，根据输送量定出流量即可设计渠道尺寸。已知渠道比降，选定渠道糙率，初定一个 U 型断面的尺寸，按曼宁公式计算不同水深时的渠道流速和过流能力。在此基础上，就可以计算有效雷诺数 Re_m，使之控制在 3700～4700。按同样的步骤，得出不同尺寸的渠道以供工程经济上的选择。

4. 渠道输沙能力的校验

渠道尺寸、输送浓度确定后，需要校核渠道的输沙能力，是否会出现淤积，是否能达到冲、淤平衡。若输沙的浆体浓度高、泥沙组成细，可能出现高含沙均

质流。均质流不存在挟沙力问题，而是阻力问题，只要能克服阻力，就能保持流动，但在停水时，随着流量的减小，水流不再能克服阻力而出现浆河，渠道底部出现浆体的停滞，只要停滞的浆体不固结，就很容易将它冲洗掉。

对于高含沙两相流，即高含沙非均质流，应按不平衡输沙理论进行冲淤判别，计算公式见第5章。若是人工渠道，输送的浆体浓度不固定，且有一定的变幅，则应采用不平衡输沙校核，若输送的浓度是固定的，为计算简便，也可用平衡输沙校核。

曹如轩等（1996，1987）的研究认为高含沙水流输沙符合高含沙不平衡输沙理论，人工渠道断面规则，流量恒定，人工渠道中高含沙水流以淤积为主，止动流速很小可忽略，故基本方程可简化为

$$Q = 常数 \tag{11-13}$$

$$U = C\sqrt{RJ} \tag{11-14}$$

$$Q(S_i - S_0)\Delta t = BZL\gamma_0 \tag{11-15}$$

$$S_0 = S_* + (S_i - S_*)\exp\left(-\frac{\alpha\omega_{ms}L}{q}\right) \tag{11-16}$$

$$S_* = 0.385\frac{\gamma_m U^3}{(\gamma_s - \gamma_m)gR\omega_{ms}} \tag{11-17}$$

式中，Q 为流量（m³/s）；U 为平均流速（m/s）；R 为水力半径（m）；J 为比降；S_i、S_0 分别为进口、出口断面含沙量（kg/m³）；B 为渠宽（m）；Z 为淤积厚度（m）；γ_0 为淤沙干容重；S_* 为进口断面水流挟沙力（kg/m³）；ω_{ms} 为泥沙群体沉速（m/s）；q 为单宽流量（m²/s）；g 为重力加速度（m/s²）；C 为谢才系数；α 为恢复饱和系数；Δt 为时间（s）；L 为距离（m）。

用洛惠渠实测资料对上述基本方程进行验证，表11-1是距离为0.2～11km的几个洛惠渠渠段的出口断面含沙量计算值 S_{0c} 和实测值 S_{0m} 比较。可看出两者吻合良好，计算表明，渠段挟沙力都比进口含沙量 S_i 小，出口含沙量也小于进口含沙量，是淤积过程，只因含沙量大，沉速很小，所以含沙量沿程衰减很缓慢。文献（曹如轩等，1996，1987）指出，高含沙引水渠道的设计，原则不是渠道不冲不淤，而应是冲淤平衡，即允许水流含沙量高时有淤积，沙峰过后利用泥沙细、含沙量不高的水流和冬春灌时的清水水流冲刷，使渠道保持年内冲淤平衡。

表 11-1　洛惠渠高含沙引水含沙量计算值、实测值比较

时间 (年-月-日.时:分)	渠段	L /m	Q /(m³/s)	$\overline{B}$ /m	V /(m/s)	R /m	S_i /(kg/m³)	μ_m /(10⁻⁵g· s/cm²)	ω_{ms} /(10⁻⁴ m/s)	S_* /(kg/m³)	S_{0m} /(kg/m³)	S_{0c} /(kg/m³)
1979-8-12.2；00			4.63	4.35	0.73	0.86	707	6.62	0.64	337	741	707
1979-8-15.12；10			5.51	4.28	0.79	0.95	723	6.70	0.76	320	723	722
1979-8-17.7；00			5.28	4.63	0.64	1.00	500	3.99	1.15	86	474	498
1979-8-18.1；30	北闸房—	874	4.89	4.70	0.58	1.00	260	2.21	2.26	27	244	259
1979-8-16.14；00	东干义井		5.28	4.63	0.64	1.00	632	5.29	0.64	175	630	631
1979-8-18.20；00			4.89	4.58	0.58	1.00	171	1.64	3.16	17.4	168	170
1980-6-18.11；00			3.19	4.44	0.54	0.80	792	7.01	0.75	133	814	791
1980-6-21			5.04	5.04	0.58	0.84	132	1.84	8.32	7.7	132	131

续表

时间 (年-月-日．时：分)	渠段	L /m	Q /(m³/s)	$\bar{B}$ /m	V /(m/s)	R /m	S_i /(kg/m³)	μ_m /(10⁻⁵g· s/cm²)	ω_{ms} /(10⁻⁴ m/s)	S_* /(kg/m³)	S_{0m} /(kg/m³)	S_{0c} /(kg/m³)
1979-7-11.19：00			5.19	3.57	0.85	0.89	708	5.82	1.26	254	729	697
1979-7-12.8：00			5.02	3.52	0.83	0.91	630	5.12	1.22	207	637	626
1979-7-12.12：00	黎起一 平路庙	10 985	5.33	3.67	0.84	0.88	530	3.96	2.39	120	513	512
1979-7-13.8：00			5.37	3.55	0.85	0.92	330	2.63	4.96	43.4	316	305
1979-7-13.19：55			4.90	3.43	0.84	0.90	230	2.05	2.29	86.0	224	227
1979-7-14.7：50			2.07	2.87	0.71	0.63	183	1.72	3.66	43.8	187	165
1979-8-15.7：30	北闸房一 西干义井	1 916	3.21	2.81	1.22	0.59	719	6.71	0.51	845	681	718
1980-7-1	北汉帝一 蒋吉	4 150	1.34	2.60	0.56	0.55	469	3.77	1.78	66.4	454	450
1980-8-2.17：00			3.11	2.90	0.81	0.73	766	6.33	0.91	394	738	759
1980-8-8.20：20	中干二斗	150	0.54	1.52	0.54	0.36	898	11.22	0.35	700	898	897

11.2　管道高含沙输送

在工业领域，已广泛应用管道输送固体物质，管道输送有费用低、输送能力大、运输安全、不污染环境等优点，特别是对地形没有要求更具选择优势。

11.2.1　管道高含沙输送的能量损失

管道中输送的高含沙浆体流型为宾汉体时，若不能克服极限切应力，则管道中会出现浆管，其过程为管壁处出现不动层，随着不动层的增厚，流量随之减小，阻力增大，流态进入层流，最后管中水流整体停滞，形成浆管，所以输送浓度和管径选择等，一定要检测流态在紊流区。根据蒋素绮等（1982）、蒋素绮（1992）的试验研究，相同流速的紊流，以浑水水柱表示的浑水水流水力坡降 i_m 比清水的 i_0 值小，且含沙量越高 i_m 值越小，显示了"高含沙"减阻的现象，而在层流中则相反，表现为"高含沙"增阻的现象，即

$$\text{紊流}\qquad i_m = i_0 - \Delta i \qquad\qquad (11\text{-}18)$$

$$\text{层流}\qquad i_m = i_0 + \Delta i \qquad\qquad (11\text{-}19)$$

根据试验资料，点绘有效雷诺数 Re_m 与阻力系数 λ_m 的关系，如图 11-9，图中大于 3000、体积比含沙量 $S_v = 0.167 \sim 0.296$ 的试验点，在 Re_m 相同时，λ_m 随含沙量的增加而减小，显示了高含沙紊流的减阻作用。由图可得出层流区、紊流区的阻力系数计算式为（蒋素绮等，1982）

$$\text{层流区}\qquad \lambda_m = \frac{64}{Re_m} \qquad\qquad (11\text{-}20)$$

$$\text{紊流区}\qquad \lambda_m = \frac{0.0549}{e^{1.25\gamma_s S_v}} \qquad\qquad (11\text{-}21)$$

式中，U 为平均流速（m/s）；D 为管径（m）；S 为含沙量（kg/m³）。

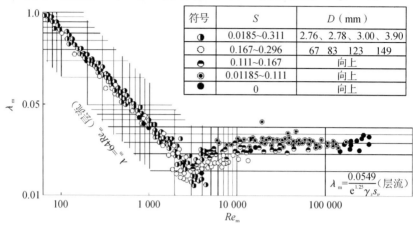

符号	S	D（mm）
◗	0.0185~0.311	2.76、2.78、3.00、3.90
○	0.167~0.296	67　83　123　149
◖	0.111~0.167	向上
◉	0.01185~0.111	向上
●	0	向上

图 11-9　λ_m 与 Re_m 的关系

11.2.2　管道高含沙输沙的临界流速

管道输沙中有各种临界条件需设计确定，不同的临界条件有不同的临界流速含义，泥沙手册列出了六项临界条件，并列出了常用的临界流速公式（中国水利学会泥沙专业委员会，1992）。

蒋素绮、孙东智对多种材料进行了管道高含沙输沙试验研究，首次对高含沙浆体进行了静水沉降试验，得出了区分高、低含沙量的界限和计算方法。在管道输沙中，把沙粒在管内开始落淤时的流速定义为临界流速（蒋素绮等，1982），笔者认为这样的定义较为确切，它相当于明渠淤积挟沙力对应的流速。蒋素绮等用 $d_{50}=0.016$mm、0.031mm 和 0.070mm 的泥沙以及 $d_{50}=0.050\sim0.15$mm 的矿砂进行管道临界流速 U_c 测试，图 11-10（a）、图 11-10（b）分别为矿浆和黏性浑水的临界流速与体积比含沙量 S_v 的关系曲线。试验得到如下的物理现象，对矿浆当 $S_v<0.10$ 时，U_c 与 S_v 成正比，S_v 增大，U_c 增大；$0.10<S_v<0.25$ 时，U_c 与 S_v 成反比，S_v 增大，U_c 减小；当 $S_v>0.25$ 时，S_v 变化对 U_c 的影响很小，U_c 可认为是常数。对黏性浑水若为非均质流输沙，则 U_c 与 S_v 成正比，随着含沙量的增加而达到峰值。此后，若含沙量再增加，则 U_c 陡降，实质上反映了浆体已呈均质流，只要能克服阻力就能维持流动，否则出现"浆管"。上述物理现象实质上反映了一定管径、一定流量下，挟沙力达到饱和时 U_c 与 S_v 的关系。

戴继岚等（1980）进行了 d_{50} 分别为 0.0095mm 和 0.013mm 的管道输沙试验，浑水流型既符合宾汉模型，也符合伪塑性体模型。戴继岚等（1980）给出两种临界状态的临界流速，一种为从紊流过渡为层流状态，相应的流速称为过渡流速 U_c，这实质上是细沙高含沙水流成为均质流、流态为层流时的流速；另一种为管底出现稳定的淤积床面状态，相应的流速称为淤积临界流速 U_D。图 11-11

为 U_c、U_D 与含沙量 S 的关系，虽然点群分布较宽，但两种临界流速有峰值的特性是明显的。

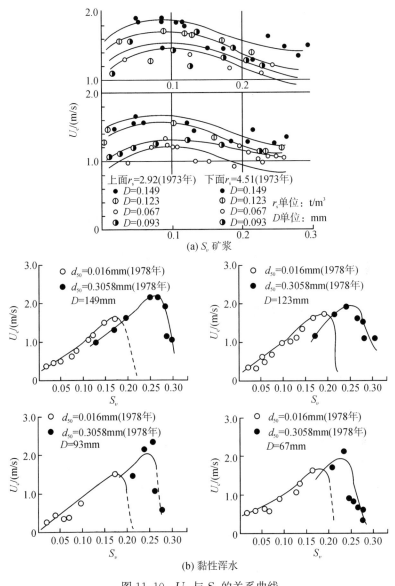

图 11-10　U_c 与 S_v 的关系曲线

若管道输沙直接取自河流、水库，则应考虑河流泥沙的特性，河流泥沙理化性质稳定，但级配组成差异甚大，因而临界流速也有较大差异。细沙高含沙的载体含量大，载荷含量小，粗沙相当于在水与载体组成的黏性大的浆体中作沉降运动，所以细沙高含沙水流可以是非均质两相流，也可以出现均质流。粗沙高含沙

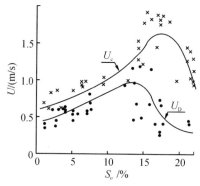

图 11-11　临界流速-含沙量的关系

水流几乎不出现高含沙均质流，因而不会有极限切应力，即使有其值也很小，但黏滞系数可以较大。不淤流速就是饱和淤积挟沙力中的有效流速（$U-U_H$），进口粗沙含沙量 $S_i \leqslant S_*$ 则管道不会淤积。若进口含沙量、级配组成稳定，则可按平衡输沙计算。若进口含沙量、级配组成是不断变化的，则应按不平衡输沙计算，也就是说，若进口水流含沙量高、变幅大，要设计一条输沙平衡的管道是困难的，而按不平衡输沙设计是可行的、经济的，就像明渠输沙设计一样。

11.2.3　管道输送设计步骤

1. 已知条件

已知条件包括，被输送物质的级配组成、比重等，最大日输送量，设计输送浓度等。

2. 计算步骤

根据已知的级配组成、输送浓度计算相应的流变参数 μ_m、τ_B、τ_{B0}。若输送浆体的流动为均质流，则不必计算临界流速，只要能克服阻力即可。若浆体流动为非均质流，则选择临界流速公式计算输送物质的临界流速。

3. 确定管径和输送流速

根据最大日输送量 W_{sm} 和设计浓度，确定输送流量 Q

$$Q = \frac{Q_{sm}}{\gamma_s S_v} \tag{11-22}$$

$$Q_{sm} = \frac{W_{sm}}{86\ 400} \tag{11-23}$$

式中，γ_s 为输沙物质比重；W_{sm} 为最大日输送量；Q_{sm} 为最大输送率。

根据有效雷诺数 $Re_m > 3000 \sim 5000$ 的判别标准，校核高含沙浆体流态是否为紊流。根据连续方程和流态必须为紊流的 Re_m 判数，求得输送流速和管径。

4. 水力坡降计算

输送浆体的流态是紊流，根据式（11-18）就可以求出所需的水力坡降。因为式（11-18）是在管径 $D<0.15\mathrm{m}$ 的试验资料中分析得出的，所以对于大流量大管径下的高含沙水流输送，设计中应再深入分析。

紊流阻力平方区中，阻力系数与管壁粗糙程度的等值粗糙高度 k 和管径 D 的比值有关，即 $\lambda=f(k/D)$。对于相同 k 的管道，D 值越大，则 λ 值就越小，k 值在手册中通常给出一个选取范围。根据计算分析实践，设 k 值较给定的均值偏差达到极限值 60%，对给定条件下的流量系数 μ 值的影响不足 0.5%，说明 k 值在计算中的灵敏度低，且实用上不易取值。因此，在大管径的水力计算中，多用满宁粗糙系数 n 值计算，而 n 值的灵敏度高。

11.2.4　高浓度长距离输送需研究的问题

（1）高浓度长距离输送经过几十年的研究和实践，已比较成熟，但对处理自排沙廊道排出的粗沙尚无长距离输送的实践。自排沙廊道排出的泥沙粗，而且含沙量的变幅大，不可能保证稳定的浓度。因此可有两种选择，一是增建浓密池人工造浓，以满足设计的输送浓度；二是自然浓度输送，将廊道排出的挟沙水流直接进渠道、管道输送。由于自排沙廊道排沙耗水率很低，放淤后清水可以回归河道。

（2）粗沙高含沙水流是否存在静态极限切应力问题未见报道。天然的粗沙高含沙水流不会出现均质流已有共识，但在人工渠道中能否出现均质流、整体停滞等现象尚不清楚。

11.3　结　　论

1. 粗泥沙粒径界定

以往多以"淤积物中含量占多数"的观点作为界定粗沙粒径的论据，如黄河下游 $d>0.05\mathrm{mm}$ 的泥沙含量占 74.7%，因而确定粗沙界定值为 $d=0.05\mathrm{mm}$。这样的划分标准在不同地域有不同的粗沙界定值，如黄河上游宁蒙河段床沙中占多数的粒径为 $d=0.08\mathrm{mm}$，$d\leqslant0.05\mathrm{mm}$ 泥沙的含量不足 10%。这是因为宁蒙河段来水来沙特殊，水主要由上游干流补给，沙主要由宁蒙河段流经的腾格里沙漠、乌兰布和沙漠、库布齐沙漠补给，沙漠沙补给方式特殊，主要以塌岸、风沙、孔兑暴雨洪水补给，补给的粗沙量大，沙漠沙易冲易淤，水流能把 $d<0.08\mathrm{mm}$ 的泥沙冲起以悬移质形式输往下游，所以宁蒙河段中 $d<0.05\mathrm{mm}$ 泥沙含量小。

钱宁论证了悬移质与推移质的运动规律不同、能量来源不同、对河床的作用不同。据此，笔者认为应以沙玉清的 $d<0.04$mm 的泥沙只能作悬移运动、不能作推移运动，$d>0.04$mm 的泥沙既可作推移运动，又可作悬移运动的论点，将 $d=0.04$mm 作为粗沙的界定值，考虑到泥沙粒径的自然分布、颗粒分析结果、泥沙取样等的随机性，以 $d=0.05$mm 作为粗沙界定值既考虑了长期的习用方法，又考虑了粗沙界定值的泥沙运动学机理，更具普遍性。

2. 低温是输送粗沙的动力

黄河南北纬度相差约 10°，所以有较丰富的低温资源，以往多关注低温期的凌汛灾害，而对低温效应、冻融效应及沿程增能效应是输送泥沙的动力未见报导。据实测资料统计，内蒙古河段三湖河口站凌洪期常流量的输沙能力与汛期洪水的输沙能力相当，头道拐站凌洪的输沙能力较汛期同流量洪水的输沙能力大 1～2 倍。黄河上、中、下游包括支流的水文站非汛期泥沙粒径级配都比汛期的粗很多，非汛期流量小而挟带的泥沙粗，这些都说明低温是输送粗沙的动力。

低温对黄河上中下游的河床演变起到不可忽视的作用，造成非汛期天然情况下黄河下游年均淤积 0.71 亿 t 泥沙，小水淤坏河道，加剧河道游荡和下游的防洪问题。

3. 粗沙链的形成和断裂

黄河有一条粗沙链，链源主要在中游的支流，链身主要在中游的北干流、小北干流，链尾则在下游。链源由一个粗沙主产区及两个副产区组成，主产区是黄甫川、窟野河、秃尾河、孤山川等多沙粗沙支流；第一副产区为黄河上游内蒙古河段、无定河、北洛河、马莲河河源区；第二副产区为渭河、延河、清涧河等多沙支流。链身经北干流、小北干流对粗沙的时空调节发生冲淤变形，最后组成链尾进入下游。

上游的沙漠沙以塌岸、风沙、孔兑输沙进入干流的泥沙约占干流上游来沙的 155%，区间灌溉引水引沙和输出头道拐站的粗沙约占上游来沙的 120%，因此内蒙古河段总趋势是淤积的，输出头道拐的泥沙将加入中游的粗沙链。粗沙链在北干流、小北干流的变形调整可如下表述，汛期北干流多沙粗沙支流的粗沙高含沙洪水在北干流、小北干流淤积，潼关河床冲刷高程下降，非汛期在低温效应的作用下，汛期淤积的粗沙在北干流、小北干流龙门河段被持续冲刷输入潼关河段，潼关河段淤积高程抬升，一部分粗沙经潼关、三门峡、小浪底进入下游。受黄河下游输沙能力的制约，只有小部分粗沙可输入大海，无论是汛期或是非汛期，粗沙链基本上在高村以上河段断裂，是形成下游高村以上近 300km 游荡河段的根源。

人为因素会影响中游粗沙链的变形调整。三门峡水库蓄水拦洪运用，小北干流、渭河下游变形调整剧烈，而断裂点则上移至潼关至三门峡河段，三门峡水库蓄清排浑运用，断裂河段又下移至高村以上。

4. 粗沙集中悬转推和两岸无约束是河道游荡的根源

分析研究了黄河四个冲积平原河段的游荡缘由和渭河下游泾河口以上河段游荡以下不游荡、北洛河下游不游荡的缘由，发现凡是挟沙水流从峡谷河段进入两岸无约束的冲积平原河段后，其水力条件已不能以悬移状态挟带粗沙的情况下，粗沙迅速集中地转化为推移运动。推移运动的粗沙厚度仅几倍沙径，河床必然堆积抬高、展宽摆动，形成游荡河道，黄河上、中、下游四个冲积平原河段的游荡就是在这样的条件下形成的。渭河咸阳以上 160km 游荡河段也是干支流来的粗沙造成的。

若是不具备粗沙集中悬转推的条件，即使两岸无约束也不会形成游荡河段，渭河下游泾河口以下河道不游荡，而泾河口以上河道游荡，就是泾河频繁的细沙高含沙水流黏性大，使粗沙的沉速减小，输沙能力增大，消除了粗沙悬转推的条件，所以泾河口以下渭河河段不游荡。北洛河下游不游荡，一是洛惠渠首引走了包括卵、砾石的粗颗粒推移质，二是北洛河经渠首下泄的洪水均是高含沙洪水，消除了粗沙集中悬转推的条件，故北洛河下游冲积平原河段不游荡。

5. 黄河下游输沙是否平衡问题

类比官厅水库淤积三角洲顶坡段输沙平衡的判别方法，根据 20 世纪 50～90 年代黄河下游各站床沙组成资料，分析床沙的拣选系数 $\Psi=\sqrt{d_{75}/d_{25}}$、中值粒径 d_{50} 及不同粒径所占百分数 P（%）在下游的沿程变化。得出艾山至利津河段 Ψ、d_{50} 及 P（%）几乎不变，铁谢至高村变化明显，高村至艾山变化不大，说明铁谢至高村为输沙不平衡的游荡河段，艾山至利津为输沙平衡的河段。

6. 重新认识潼关高程问题

潼关河段没有富余挟沙力。历史上潼关床是动态相对冲淤平衡又是微淤的，从长历时看，总趋势是淤的量稍大于冲刷量。1929～1959 年的实测资料表明 30 年间潼关水位总共上升 2.31m，平均每年抬高 0.077m，说明了这样的论断。

潼关高程是以 $Q=1000m^3/s$ 的水位表示，它不完全取决于冲淤量，还与潼关河床的动床阻力有关，粗沙淤积既增大摩擦阻力也增大了形状阻力，从而影响到潼关高程。潼关高程的升降规律是非汛期淤积抬升、汛期冲刷下降，但总趋势是淤多冲少。非汛期潼关高程上升的主因是北干流、小北干流的龙门河段在低温效应作用下河床冲刷，被水流冲刷挟带的粗沙在潼关河段沿程淤积造成的。实测资料表明，非汛期潼关站含沙量大于龙门站含沙量，表明龙潼河段冲刷，但潼关河床却是淤积抬升的，同流量水位上升。其机理为，潼关河段上下均为冲积平原河道，冲淤规律受挟沙力双值理论的制约，冲刷挟沙力小于淤积挟沙力，泥沙易淤难冲，只要上游来水来沙特别是非汛期来粗沙的规律不变，则潼关高程升降的规律是不会改变的。

三门峡建库后，潼关河床的侵蚀基面转变为坝前水位，干扰强烈。潼关高程迅速抬升，二期改建后，水库蓄清排浑控制运用，敞泄期潼关三门峡河段冲刷，但冲刷发展不到潼关，潼关河段仍是淤积的，潼关高程仍居高不下，这是由潼关河段没有富余挟沙力，易淤难冲的力学机理制约决定的。说明依靠现有的边界条件，再次扩大泄流规模，全年敞泄也不可能把潼关高程恢复到建库前天然状态下的 323.4m 的水平。

7. 利用三门峡坝址天然基岩落差为三门峡水库除害兴利

三门峡坝址天然基岩有溢流坝功能，其落差 3~4m，保证了建库前小北干流粗沙沿程淤积不会影响到潼关以下河段，由于落差不大，又受比降双值关系的影响，坝址河段发生的冲刷发展不到潼关。

由于三门峡以下河段比降增大到 6×10^{-4}，因此，若在三门峡水库河床最低高程以下建自排沙廊道，就能在库区产生溯源冲刷，并使冲刷发展到潼关。与此同时，在北干流选择合适位置布设自排沙廊道系统工程拦截泥沙，使潼关河床非汛期不淤、汛期能冲，维持一个能使潼关以上黄河、渭河、北洛河不再受到洪涝、盐渍灾害威胁的高程，使潼关以上的冲积平原成为高产稳产的良田。

8. 渭河问题

（1）渭河下游"二华夹槽"问题是一个特殊的问题，渭河干流及其最大支流泾河均为高含沙水流频发的河流，挟带的泥沙粒径细，细颗粒高含沙浑水具有静态极限剪切应力，洪水漫滩时会形成滩唇，漫过滩唇的高含沙水流在横向不能流远，低含沙水流则能流远，并呈分选淤积，这就造成了滩地有很大的横比降，滩地最低处与南山洪积扇相接构成"二华夹槽"。三门峡水库建库前，二华夹槽能自流排水，建库后潼关高程抬升，二华夹槽已不能自流排水，造成渭河下游盐碱渍涝。

"二华夹槽"的治理和消除依靠渭河自身的水沙条件是不可能的，唯有潼关高程大幅下降才能逐步消失。

（2）渭河中游的游荡问题也有其特色，中游宝鸡峡至咸阳河段全长 171km，除咸阳"十里长峡"河段不游荡外，其余全为游荡的河道。这是因为宝鸡峡以上峡谷河段挟带的粗沙进入中游河段集中悬转推，以及宝鸡峡以下南山支流黑河、石头河等汇入的粗沙集中悬转推所致，"十里长峡"因无南山支流汇入，因而河道不游荡。

1972 年后，渭河较大支流均建成水库，如千河冯家山水库、石头河水库、黑河水库等,截断了粗沙来源。宝鸡峡建成低水头枢纽后,卵砾石大部分被拦截至宝鸡峡水库尾部段,粗沙主要由干流宝鸡峡下泄至中游,因而渭河滩地、支流水库下游滩地应进行规划治理,必要时,在宝鸡峡建自排沙廊道系统工程拦截粗沙,消除中游游荡,将 100 多 km 长的河道滩地建成良田。

9. 黄河下游排粗沙能力很低

钱宁统计了代表天然状态的 1952~1960 年及有水库调节的 1969~1978 年共 19 年 103 次不同地区来水来沙造成黄河下游淤积的情况,表明多沙粗沙源区来洪水时,淤积强度大,淤积物主要为 $d>0.05$mm 的泥沙,占总淤积量的比重大,淤积部位主要在高村以上游荡河段,因而提出集中治理粗沙源区的著名论断。

据潘贤娣等统计的 1965~1990 年 198 场洪水,总计来沙 280.58 亿 t,淤积 72.84 亿 t,这 198 场洪水中,14 场洪水来自多沙粗沙区,各级泥沙均淤,且淤积比大;108 场洪水来自多沙细沙区,也是各级泥沙均淤,但淤积比明显减小;76 场洪水来自少沙区,$d<0.05$mm 的中细沙冲刷,$d=0.05\sim0.1$mm 的粗沙有冲有淤,以冲为主,$d>0.1$mm 的更粗泥沙淤积,淤积比 78.9%。198 场洪水全沙淤积比 26%,与 1950 年 7 月至 1960 年 6 月黄河下游河道非汛期来沙 26 亿 t、淤积 7.1 亿 t 的淤积比 27.3% 接近。这说明两点,一是非汛期水小、沙粗,淤主槽,二是即使洪水的流量大,因含沙量已饱和,很难冲刷粗沙,即便来流含沙量不饱和,也只能够冲刷 $0.05\sim0.1$mm 的粗沙,且冲刷量不大,但不能冲刷 $d>0.1$mm 的粗沙。三门峡水库蓄清排浑期,汛初洪水下游淤积比 53%,说明非汛期淤在水库中粗沙,汛期排沙时,仍淤在下游河道。

费祥俊等分析了下游河道的输沙特性,得出下游排沙比与来沙系数 S/Q 成反比,S/Q 大实质上反映了泥沙组成的影响,表明来沙的 d_{50} 粗。

韩其为通过分析得出若水库排沙比大,则下游的淤积比大,说明水库排出的粗沙多,下游的淤积多。

以上学者从不同角度的分析研究表明制约下游河道输沙能力的主要因素是粗沙来量的大小。

粗沙多来多淤不多排是不争的事实。唯有在上游兴建自排沙廊道系统工程拦截粗沙,使之不进入下游,则下游河道就可以不再游荡、不再淤积,也为小浪底水库调水调沙恢复库容、长期蓄水调水调沙运用提供了巨大的空间。小浪底水库库区为峡谷河段,有足够的富余的挟沙力,水库蓄水时泥沙淤积,泄空排沙时大部分河段都能全断面冲刷,所以不必每年汛期都泄空排沙,完全可以多年调节泥沙。若在北干流也拦截粗沙,则可为三门峡水库恢复库容提高效益、把潼关高程降至天然情况水平提供了空间,并可消除小北干流的游荡,开发出百万亩耕地。

参 考 文 献

毕慈芬. 2001. 黄土高原基岩产沙区治理对策探讨. 泥沙研究，(4)：1-6.

曹如轩. 1993. Experimental study on density current with hyperconcentration of sediment. International Journal of Sediment Research，8(1)：51-67.

曹如轩. 1996. 高含沙引水渠道的设计方法//赵文林. 黄河泥沙. 郑州：黄河水利出版社：693-697.

曹如轩. 2002. 黄河多沙支流河道的输沙模型//汪岗，范昭. 黄河水沙变化研究. 第一卷(下册). 郑州：黄河水利出版社：938-945.

曹如轩. 2006. 潼关高程抬升原因及其对渭河下游的影响//中国水利学会. 黄河三门峡工程泥沙问题. 北京：中国水利水电出版社：334-348.

曹如轩，钱善琪. 1988. 黄土丘陵沟壑区沟道德输沙特性. 水土保持学报，2：31-37.

曹如轩，陈诗基，卢文新，等. 1983. 高含沙异重流阻力规律的研究//第二次河流泥沙国际学术讨论会编辑委员会. 第二次河流泥沙国际学术讨论会论文集. 北京：中国水利电力出版社：56-64.

曹如轩，程文，钱善琪，等. 1997. 高含沙洪水揭河底冲刷初探. 人民黄河，19(2)：1-6.

曹如轩，冯普林，马雪妍，等. 2008. 渭河高含沙洪水演进异常机理研究//西安理工大学. 第七届全国泥沙基本理论研究学术讨论会议论文集(上). 西安：陕西科学技术出版社：227-233.

曹如轩，雷福州，冯普林，等. 2001. 三门峡水库淤积上延机理的研究//黄河水利委员会科技外事局，三门峡水利枢纽管理局. 三门峡水利枢纽运用四十周年论文集. 郑州：黄河水利出版社：260-267.

曹如轩，钱善琪，程文. 1995a. 粗沙高含沙浑水的沉降特性及粗泥沙的群体沉速. 人民黄河，(2)：1-5.

曹如轩，钱善琪，郭崇，等. 1995b. 粗沙高含沙异重流的运动特性. 泥沙研究，(2)：64-73.

曹如轩，任晓枫，卢文新. 1984. 高含沙异重流的形成与持续条件分析. 泥沙研究，(2)：1-10.

曹如轩，吴倍安，任晓枫，等. 1987. 高含沙引水渠道输沙能力的数学模型. 水利学报，(9)：39-46.

陈琛，程文，秦毅，等. 2011. 利用自排沙廊道排沙降低潼关高程的论证. 水利水运工程学报，(4)：115-129.

陈先德. 1996. 黄河水文. 郑州：黄河水利出版社：76,77.

戴继岚，万兆惠，王文志，等. 1980. 泥浆管道输送试验研究//第一次河流泥沙国际学术讨论会编辑委员会. 第一次河流泥沙国际学术讨论会论文集. 香港：光华出版社.

戴英生. 1986. 黄河的形成与发育简史//朱兰琴，张思敬，刘洪福. 黄河的研究与实践. 北京：中国水利水电出版社：17-26.

邓贤艺，曹如轩. 2000. 水流挟沙力双值关系研究. 水利水电技术，31(9)：6-8.

窦国仁. 1963. 潮汐水流中悬浮运动及冲淤计算. 水利学报，(4)：13-24.

窦国仁. 1964. 平原冲积河流及潮汐河口的河床形态. 水利学报，(2)：1-13.

费祥俊. 1991. 黄河中下游含沙水流粘度的计算模型. 泥沙研究，(2)：1-13.

费祥俊. 1996. 高含沙水流的基本特征//赵文林. 黄河泥沙. 郑州：黄河水利出版社：620-638.

费祥俊，傅旭东，张仁. 2009. 黄河下游河道排沙比、淤积率与输沙特性研究. 人民黄河，31：6-8, 11.

冯普林，石长伟，薛亚莉，等. 2010. 渭河洪水泥沙与水资源研究. 郑州：黄河水利出版社：222-245.

韩曼华，史辅成. 1986. 黄河1843年洪水重现期的考证//朱兰琴，张思敬，刘洪福. 黄河的研究与实践. 北京：中国水利水电出版社：80-87.

韩其为. 1979. 非均匀悬移质不平衡输沙的研究. 科学通报，(17)：804-808.

韩其为. 2003. 水库淤积. 北京：科学出版社：169-179.

韩其为. 2009. 小浪底水库淤积与下游河道冲刷的关系. 人民黄河, 31: 1-3.

洪柔嘉, Karim M F, Kenedy Tohn F. 1983. 低温对沙质河床水流的影响//第二次河流泥沙国际学术讨论会编辑委员会. 第二次河流泥沙国际学术讨论会论文集. 北京: 中国水利电力出版社: 128-138.

侯素珍, 田勇, 林秀荣, 等. 2011. 优化桃汛洪水冲刷降低潼关高程试验效果分析. 人民黄河, 33(6): 24-29.

胡春宏, 陈建国, 郭庆超. 2008. 三门峡水库淤积与潼关高程. 北京: 科学出版社: 159-195.

江恩惠, 曹永涛, 张林忠, 等. 2006. 黄河下游游荡性河段河势演变规律及机理研究. 北京: 中国水利水电出版社: 110-174.

江恩惠, 刘燕, 李军华, 等. 2008. 河道治理工程及其效用. 郑州: 黄河水利出版社: 87-100, 183-223.

蒋建军, 张润民, 冯普林, 等. 2007. 渭河减灾与治理研究. 郑州: 黄河水利出版社: 95-108, 156-166.

蒋素绮, 孙东智. 1982. 管道高浓度输沙的计算方法. 泥沙研究, (2): 45-51.

焦恩泽. 2004. 黄河水库泥沙. 郑州: 黄河水利出版社: 202-257.

景可, 陈永宗, 卢金发. 1988. 黄河下游治理中几个问题的讨论. 人民黄河, (4): 58-63.

雷兴顺, 李福云. 2003. 大朝山水电站机组进水口前冲沙建筑物设计. 水利水电技术, 34(4): 18-20.

李保如论文编辑委员会. 1994. 李保如河流研究文选. 北京: 中国水利电力出版社: 10.

李炳元, 葛全胜, 郑景云. 2003. 近2000年来内蒙后套平原黄河河道演变. 地理学报, 58(2): 239-246.

李义天, 谢鉴衡. 1986. 冲积河道平面流动的数值模拟. 水利学报, (11): 9-15.

梁志勇, 刘继祥, 张厚军, 等. 2004. 黄河洪水输沙与冲淤阈值研究. 郑州: 黄河水利出版社: 52-119.

廖玉华, 崔黎明, 潘祖寿, 等. 1989. 宁夏地震构造//中国岩石圈动力学地图集编委会. 中国岩石圈动力学地图集. 北京: 中国地图出版社: 56.

林秀芝, 姜乃迁, 梁志勇, 等. 2005. 渭河下游输沙用水量研究. 郑州: 黄河水利出版社: 3-34.

刘继祥. 1994. 三门峡水利枢纽泄水建筑物泄流能力分析//三门峡水库运用经验总结项目组. 三门峡水利枢纽运用研究文集. 河南: 河南人民出版社: 372-383.

龙毓骞, 程龙渊, 牛占. 2006. 潼关断面高含沙量河道异重流现象//龙毓骞论文集编辑小组. 龙毓骞论文集. 郑州: 黄河水利出版社: 35-46.

陆俭益. 1986. 黄河河口演变及治理//朱兰琴, 张思敬, 刘洪福. 黄河的研究与实践. 北京: 中国水利水电出版社: 88-97.

马永来, 高亚军, 王玲, 等. 2011. 窟野河流域实测水沙量锐减原因分析. 人民黄河, 33(11): 12, 13.

麦乔威论文编辑委员会. 1995. 麦乔威论文集. 郑州: 黄河水利出版社.

缪凤举, 刘月兰. 1996. 黄河洪水、泥沙来源及特性//赵文林. 黄河泥沙. 郑州: 黄河水利出版社: 35-55.

潘贤娣, 李勇, 张晓华, 等. 2006. 三门峡水库修建后黄河下游河床演变. 郑州: 黄河水利出版社.

潘贤娣, 赵业安. 1996. 黄河下游河道冲淤演变. 郑州: 黄河水利出版社: 115-147.

齐璞, 赵文林, 杨美卿. 1993. 黄河高含沙水流运动规律及应用前景. 北京: 科学出版社: 75-167.

钱宁. 1965. 黄河下游河床演变. 北京: 科学出版社.

钱宁. 1980. 水温对于泥沙运动的影响//钱宁论文集编辑委员会. 钱宁论文集. 北京: 清华大学出版社: 346-357.

钱宁, 万兆惠. 1986. 泥沙运动力学. 北京: 科学出版社: 111-380.

钱宁, 王可钦, 闫林德. 1980. 黄河中游粗沙来源区对黄河下游冲淤的影响//中国水利学会. 第一次河流泥沙国际学术讨论会论文集. 北京: 光华出版社: 1-10.

钱宁, 王可钦, 闫林德. 1990. 黄河中游粗沙来源区对黄河下游冲淤的影响//钱宁论文集编辑委员会. 钱宁论文集. 北京: 清华大学出版社: 615-621.

钱善琪. 1993. U型渠——高浓度输送渠槽的最佳形态. 水利学报, (3): 70-75.

钱善琪, 曹如轩, 巨江, 等. 1993. 窟野河水流输沙特性及河道对泥沙调蓄作用的研究. 水土保持学报, 7(2): 1-9.

钱意颖,叶青超,曾庆华. 1993. 黄河干流水沙变化与河床演变. 北京:中国建材工业出版社:23-28.

秦毅,曹如轩,谭培根,等. 2009. 处理水库淤积问题的新途径. 水利规划与设计,(6):24-25,29.

秦毅,曹如轩,郑学萍,等. 2008. 高含沙浑水静态剪切应力的试验研究. 水科学进展,19(6):863-867.

秦毅,张晓芳,王凤龙,等. 2011. 黄河内蒙古河段冲淤演变及其影响因素. 地理学报,66(3):324-330.

人民黄河编辑部. 1986. 黄河的研究与实践. 北京:水利电力出版社.

沙际德,蒋允静. 1997. 沙玉清文集. 杨凌:西北农业大学出版社:147-157.

沙玉清. 1965. 泥沙运动学引论. 北京:中国工业出版社.

陕西省三门峡库区管理局. 2007. 陕西省三门峡库区志. 北京:中国水利水电出版社:65-100.

邵时雄,王明德. 1991. 中国黄淮海平原第四纪岩相古地理图(1:2 000 000). 北京:地质出版社.

师长兴. 2010. 近五百多年来黄河宁蒙河段泥沙沉积量的变化分析. 泥沙研究,(5):19-25.

石晓萌,贾晓鹏,王海兵,等. 2013. 黄河宁蒙河段粗泥沙重矿物特征及其指示意义. 中国沙漠,33(4):
　　1000-1008.

史辅成,易元俊. 1985. 龙门至潼关河段滞洪作用浅析. 人民黄河,(4):9-13.

索撒德 J B. 1988. 冲积河道的床面形态及有关水温、悬移质含沙量的综述//黄河水利委员会宣传出版中心.
　　中美黄河下游防洪措施学术讨论会论文集. 北京:中国环境科学出版社:295-313.

谭培根. 2006a. "自排沙廊道"专利技术在东雷抽黄灌区的应用. 中国水利,(18):39-40.

谭培根. 2006b. 自排沙廊道排沙技术及其应用. 南水北调与水利科技,4(5):28-30.

谭培根. 2008. 自排沙廊道技术治理黄河二级悬河的探讨. 人民黄河,30(7):20-21.

唐先海,雷福州,杨武学,等. 2001. 三门峡水库对陕西库区的影响极其治理对策//黄河水利委员会科技外事
　　局,三门峡水利枢纽管理局. 三门峡水利枢纽运用四十周年论文集. 郑州:黄河水利出版社:394-410.

童国榜,石英,郑宏瑞,等. 1998. 银川盆地第四纪地层学研究. 地层学杂志,22(1):42-51.

王恺忱. 1982. 黄河河口与下游河道的关系及治理问题. 泥沙研究,(2):1-10.

王小艳. 2000. 黄河小北干流下段西倒成因及预防措施//陕西省三门峡库区管理局,陕西省水利学会三管局.
　　陕西省三门峡库区学术研讨会论文集. 郑州:黄河水利出版社:289-295.

温正,石良辰,任毅如. 2009. FLUENT 流体计算应用教程. 北京:清华大学出版社.

吴保生,王光谦,王兆印,等. 2006. 来水来沙对潼关高程的影响及变化规律//中国水利学会. 黄河三门峡工程
　　泥沙问题. 北京:中国水利水电出版社:370-375.

吴保生,张原锋,申冠卿,等. 2010. 维持黄河主槽不萎缩的水沙条件研究. 郑州:黄河水利出版社:6-16.

武汉水利电力学院. 1980. 河流泥沙工程学. 北京:中国水利水电出版社.

谢鉴衡. 2004. 江河演变与治理研究. 武汉:武汉大学出版社.

熊绍隆. 2011. 潮汐河口河床演变与治理. 北京:中国水利水电出版社:137-141.

徐国宾. 2011. 河工学. 北京:中国科学技术出版社:41-87.

徐建华,吕光圻,张胜利,等. 2000. 黄河中游多沙粗沙区区域界定及产沙输沙规律研究. 郑州:黄河水利出版
　　社:9.

徐睿. 2011. 尊村引黄灌区沉沙池改造方案研究. 人民黄河,33(3):81,82.

杨根生. 2002. 黄河石嘴山-河口镇河道淤积泥沙来源分析及治理对策. 北京:海洋出版社.

杨根生,拓万全,戴丰年,等. 2003. 风沙对黄河内蒙古河段河道泥沙淤积的影响. 中国沙漠,23(2):152-159.

杨延瑞,万兆惠,迟耀瑜,等. 1980. 高含沙浑水利用问题的研究//第一次河流泥沙国际学术讨论会论文集编
　　辑委员会. 第一次河流泥沙国际学术讨论会论文集. 香港:光华出版社.

姚文艺. 2007. 维持黄河下游排洪输沙基本功能的关键技术研究. 北京:科学出版社.

姚文艺,徐建华,冉大川,等. 2011. 黄河流域水沙变化情势分析与评价. 郑州:黄河水利出版社.

尹学良. 1996. 河床演变河道整治论文集. 北京:中国建材工业出版社.

俞俊. 1982. 平原河流河相公式的探求和应用. 人民长江,(3):61-67.

曾庆华,周文浩,杨小庆. 1986.渭河淤积发展及其与潼关卡口、黄河洪水倒灌的关系.泥沙研究,(3):13-28.

张海燕. 1990.河流演变工程学.北京:科学出版社.

张浩,任增海. 1982.明渠高含沙水流阻力规律探讨.中国科学,(6):571-576.

张红武. 1992.复杂河型河流物理治理模型的相似律.泥沙研究,(4):1-13.

张红武. 1999.河流力学研究.郑州:黄河水利出版社.

张红武,姚文艺. 1995.黄河中游多沙粗沙区治理与黄河的长治久安//张胜利.河南省首届泥沙研究讨论会论文集.郑州:黄河水利出版社:11-12.

张红武,张俊华,吴腾. 2008.基于河流动力学的黄河"粗泥沙"的界定.人民黄河,(3):24-27.

张俊华,许雨新,张红武,等. 1998.河道整治与堤防管理.郑州:黄河水利出版社.

张凯,王瑞金,王刚. 2010.Fluent技术基础与应用实例.北京:清华大学出版社.

张启舜. 1980.明渠水流泥沙扩散过程的研究及其应用.泥沙研究,(1):37-52.

张仁. 1996.黄河粗泥沙对下游河道的影响及河口镇至潼关河段冲淤变化//赵文林.黄河泥沙.郑州:黄河水利出版社:148-165.

张仁,程秀文,熊贵枢,等. 1998.拦减粗泥沙对黄河河道冲淤变化的影响.郑州:黄河水利出版社.

张仁,钱宁,蔡体录. 1982.高含沙水流长距离稳定输送条件的分析.泥沙研究,(3):1-12.

张瑞瑾. 1959.长江中下游水流挟沙力研究.北京:中国水利水电出版社,71-128.

张瑞瑾. 1996.张瑞瑾论文集.北京:中国水利水电出版社.

张晓华,尚红霞,郑艳爽,等. 2008a.黄河干流大型水库修建后上下游再造床过程.郑州:黄河水利出版社.

张晓华,郑艳爽,尚红霞. 2008b.宁蒙河道冲淤规律及输沙特性研究.人民黄河,30(11):42-44.

赵文林. 1996.黄河泥沙.郑州:黄河水利出版社:620-638.

赵业安,周文浩,费祥俊,等. 1998.黄河下游河道演变基本规律.郑州:黄河水利出版社.

支俊峰,时明立. 2002."89·7·21"十大孔兑洪水泥沙淤堵黄河分析//汪岗,范昭.黄河水沙变化研究.第一卷(上册).郑州:黄河水利出版社:460-471.

中国水利学会泥沙专业委员会. 1992.泥沙手册.北京:中国环境科学出版社.

中科院地理所渭河组. 1983.渭河下游河流地貌.北京:科学出版社.

周建军,林秉南. 2006.三门峡潼关高程可能降低的幅度研究//中国水利学会.黄河三门峡工程泥沙问题.北京:中国水利水电出版社:310-318.

朱士光. 1989.论内蒙古河套地区历史时期河湖水系的变迁与土壤盐渍化问题.人民黄河,(1):58-63.

Bagnold R A. 1956. The flow of cohesionless grains in fluids. Philo Trans Royal Soc,249:235-297.

Coleman J M. 1969. Brahmaputra River:Channel Processes and Sedimentations. Sedimentary Geology,3(213):129-239.

Colly B R,Scot C H. 1965. Effects of water temperature on the discharge of bed material. Halifax:Degree of Honors Bachelor of Science in Biology,Dalhousie University.

Hong R J,Karim M F,Kennedy J F. 1984. Low temperature effects on flow in sand-bed streams. J Hydraul Eng ASCE,112(2):109-125.

Khan H R. 1971. Laboratory study of river morphology. Fort Collins:Colorado State University.

Shen H W,Mellema W J,Harrlson A S. 1978. Temperature and Missouri River stages near Omaha. American Society of Civil Engineers,Proceedings. Journal of the Hydraulics Division,104:1-20.

Yang C T,Song C C S. 1990. Optimum channel geometry and minimum energy dissipation rate. International Journal of Sediment Research,5(1):57-65.

Yang C T,Song C C S,Woldenberg M J. 1981. Hydraulic geometry and minimum rate of energy dissipation. Water Resources Research,17(4):877-896.

附录 1　东雷抽黄灌区自排沙廊道技术应用十年回眸

自排沙廊道技术，有着辉煌的历程。自 2003 年开始，黄河流域小北干流的陕西省东雷抽黄管理局、山西省尊村引黄管理局为了解决日益严重的黄河泥沙危害，先后决定在总干渠（首段）试验"自排沙廊道技术"的排沙效果。运用自排沙廊道技术，先后在黄河流域多泥沙灌区的东雷抽黄总干渠修建了"自排沙廊道"（谭培根，2006），南乌牛、新民灌区进水口前修建了"自排沙拦沙坎"，在山西省尊村引黄灌区创新了"自排沙沉沙池"工程（徐睿，2011）。

在排沙现场，水利部副部长李国英称赞自排沙廊道技术"结构简单可靠、适应范围广、耗水少成本低、排沙效果好"，"真了不起！"。全国政协常委王光谦院士等充分肯定应用该技术在黄河流域创新的"自排沙沉沙池"。李佩成院士等著名泥沙专家评审组认定其"学术水平上达到了国际先进，'增排、导流、防堵'装置以及廊道排沙孔的布设方面达到了国际领先水平"。西安理工大学研究生多项专题试验和云计算分析，认定是最新的第三代排沙廊道技术（陈琛，2011；罗福安等，1982）。

自排沙廊道技术已列入第九届国际水利先进技术推介会和第十九届杨凌农博会重点推介项目，国家 2012 年农业科技成果转化资金项目（名称：自排沙廊道技术在高含沙灌区推广应用，编号 2012GB2G000443）。

1.1　灌 区 概 况

东雷抽黄灌溉工程是高扬程电力提灌工程，渠首位于黄河小北干流右岸黄淤 58～59 断面之间。设计灌溉面积 6.8 万 hm^2，设计流量 40m^3/s，加大流量 60 m^3/s（二期抽黄在 6＋850 处汇入总干渠，总干渠设计流量达到 80 m^3/s，加大流量 120 m^3/s）。修建泵站 28 座，安装抽水机组 133 台，总装机容量 11.86 万 kW，9 级抽水累计最高扬程 331.71m，加权平均扬程 214.75m。总干渠长 36km，干支渠 51 条，总长 351.5km，斗渠 338 条，总长 616km。灌区运行三十多年来，极大地改善了灌区的生产条件及生态环境，有力地推动了灌区经济的发展，创造了巨大的经济效益和社会效益。但是，工程运行受到了黄河沙、草、冰等诸多因素的制约，特别是泥沙问题，已成为制约灌区发展，关系灌区生存关键因素，成为急需研究和解决的首要难题。

1.1.1　灌区泥沙的危害

黄河流域多泥沙灌区的陕西省东雷抽黄灌区渠首所处的黄河小北干流宽度 $3\sim18km$，平均河宽 $8.5km$，床沙 d_{50} 为 $0.08\sim0.18mm$，多年平均 $0.135mm$。淤积泥沙面高出水面 $40\sim120cm$，形成了特有的多游荡性河段，主槽水流频繁游荡摆动连锁引起边滩侧向侵蚀，淤泥坍塌滑溜，使水流的含沙量，特别是粗泥沙含量始终远大于上游龙门水文站的含沙量，因而灌区泥沙问题严重。

一是渠道淤积。自 1988 年东雷抽黄灌区（附图 1-1）灌区竣工验收全面灌溉开始，灌区冬、春季黄河含沙量平均为 $6.25kg/m^3$，平均 d_{50} 为 $0.0675mm$；夏季含沙量平均为 $40.24kg/m^3$，最大含沙量为 $226kg/m^3$，平均 d_{50} 为 $0.0478mm$。

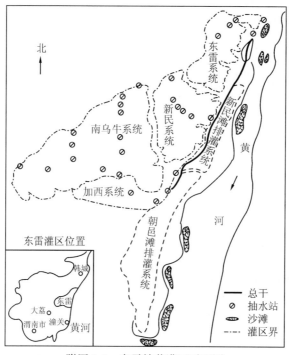

附图 1-1　东雷抽黄灌区平面图

灌区总干渠上段（6＋850 上游）是粗沙重点淤积段，特别是渠首的隧洞比降 1/1200，设计流速 $2.56m/s$，出口的总干渠比降 1/3500，设计流速 $1.55m/s$，流速的大幅下降，使有害粗沙迅速下沉。多年来隧洞出口（1＋186.5 上游）的渠床淤沙平均高达 $3\sim3.5m$（附图 1-2），最大淤积竟高达 4m，总干渠设计 $120\ m^3/s$ 的断面在通过 $60\ m^3/s$（50%）就安全告急。隧洞口淤泥 d_{50} 为 $0.24\sim0.30mm$，d_{max} 为 $1.0mm$，其中粒径在 $0.1\sim1.0mm$ 的有害泥沙占 95.53%，粒径大于 $0.05mm$ 的泥沙占 99.92%，总干末段的淤积厚度 $2.3m$，d_{50} 为 $0.18mm$。

附图 1-2　渠首隧洞出口淤积图

由于塬上没有排沙条件和设施，干支渠及田间渠道淤积也十分严重，东雷、新民、南乌牛、加西系统的干渠淤积厚度均达渠深 50%，中值粒径 d_{50} 分别为 0.215mm、0.21mm、0.19mm。距离出水口 50~60km 的高西二、十一支渠，淤积厚度竟达到衬砌高度的 85%，灌溉期间干、支、斗渠及其田间工程决口事故频出，常常因淤泥被迫停水清淤。

二是泥沙造成了各类机泵的严重磨蚀。水泵长时间抽引高含沙水流，过流部件磨蚀异常严重。如南乌牛站 H4 型泵，40 万元左右的特殊叶轮仅运行 533.25~1872.65h 即报废，泵壳、密封环等近乎报废，大修周期不及国家标准的十分之一。塬上各泵站在高含沙水作用下，水泵运行效率下降超过 20%，维修费用增大 18.7%。

三是灌溉成本大增。灌区为高扬程多级电力抽水，累计最高扬程 331.71m，加权平均扬程 214.75m，多年平均斗口水耗电 1.38 kW·h/m³，塬上四个灌溉系统中最大耗电 1.9kW·h/m³，灌区每年仅粗泥沙上塬，就多耗电 211.9 万 kW·h；每年实际清淤费用约需 1890 万元，相当于斗口供水清淤成本 0.27 元/m³，达全部水费（包括电费）的 62.8%，给地处国家级贫困地区的灌区农民，造成巨大损失和经济负担。

四是清出的淤沙占压和破坏耕地。正常情况下，灌区年渠首引水 1.6 亿 m³ 左右，每年引入有害粗泥沙 94.9 万 m³。渠道清出淤沙堆积在渠道两边，每年需要占压群众耕地 15.82hm²，破坏环境，进入农田的 63.27 万 m³ 泥沙造成 453.2hm² 耕地沙化。

五是尊村引黄地处小北干流中下段，设计提水流量 46.5m³/s，设计灌溉面积 166 万亩，一级站前主流脱流 3～4km，不得不在黄河嫩滩开渠引水，将河床淤沙带入渠中，导致各级渠道严重淤积。为了解决泥沙问题，2003 年利用节水改造资金在一级干渠（0+000）到（0+970）右岸与舜帝工程 1#坝之间，建成一座湖泊型沉沙池，占地 986 亩，总库容 290 万 m³，设计运行年限 3.7 年，淤积库容已达 200 万 m³，沉沙池最高淤泥面在 346.2m，进口附近泥沙淤积高程在 345.75m，比进水闸底高出 2.426m，致使沉沙池进水困难。

1.1.2　灌区原采用的泥沙治理措施及局限性问题

目前，东雷抽黄管理局已应用的泥沙治理方式或采取的措施有五个方面。

一是拦。利用渠首进水闸设置叠梁拦沙坎，减少水流底部河床粗沙进入量。渠首进水闸设置的叠梁拦沙坎，在灌溉初期对阻止河床下切拉深起到了一定的作用，但在灌溉期间无法避免河床游荡性侧向侵蚀挟带床沙，引水过程中，仍有大量闸前河床粗沙随水进入渠道。

二是排。利用冲沙闸冲排部分泥沙。1992 年在总干渠隧洞出口左岸 113.63m 处修建了冲沙闸。据西北水利科学研究所试验，冲沙闸在畅泄（即排除渠道全部水流）的情况下，冲排渠底每立方米淤沙耗水 141.05～264.94m³，平均耗水 215.39m³，闸门部分开启壅水小流量的排沙效果几乎为零。据统计，尽管从 1980～2003 年总干渠年平均排沙退水 1944 万 m³，占渠首抽水量的 23.37%，但渠道严重的淤积和危害仍没有减轻。

三是沉（简易沉沙池）。即利用总干渠两边的低洼地修筑简易沉沙池。由于泥沙的二次处理耗费巨大，堆放问题难以解决，只能一次性淤满后重找适宜地址再新建沉砂池。从 1992 年至 1998 年，灌区已修建了 4 座简易沉沙池，平均每座建设费大约在 300 多万元，容积在 60 万～260 万 m³，面积在 40～80hm²，总占地达 180 多公顷，沉沙库容 445 万 m³，但每个沉沙池仅能用 3 年左右，年平均建设费用大约 100 万元，淤积泥沙成本在 3.4 元/m³ 左右。更为严峻的是，总干渠有害粗沙淤积严重的上游 7km 范围内，很难利用渠道水流自然冲刷，渠道两边为国家级风景名胜区和黄河湿地，或高效益经济作物区，使简易沉沙池的占地征地受到很大限制。

四是清。即利用灌溉期间暂停水或灌溉结束后，用人工或机械将淤泥清出堆放在渠道旁。存在的问题首先是清淤成本已达 20 元/m³。每年清出的淤泥，要占用群众耕地，且风吹沙跑，造成局部农田沙化和环境恶化。

五是抗。即对粗颗粒泥沙磨蚀和气蚀危害的水泵过流部件，用抗磨材料喷淀，以延长水泵有效使用时间，减少泥沙造成的损失。

30多年来，管理局不断尝试采用了多种技术和措施，但由于黄河泥沙和抽水灌区地形的特殊性，始终没有解决。钱正英副主席来此视察时，就特别指示"要解决东雷抽黄工程泥沙问题"。

1.1.3　东雷抽黄总干渠排沙需要解决的问题

经过综合分析，东雷抽黄总干渠排沙必须首先解决以下问题。

一是排沙无落差。目前隧洞出口冲沙闸底高程350.9m，出口外的黄河淤沙面高程352.3m左右，高出渠道底1.4m，水面最大高出1.8m左右。

二是必须连续供水。该灌区属高扬程、大流量、九级电力抽水工程，每个灌季灌溉运行60多天，128台机组4个县的数十万群众配合连续灌溉，要求排沙过程不能影响正常连续供水，不能停水冲沙或清淤。

三是流量、泥沙变化范围大。由于渠首进水闸底高程347.362m，目前进水闸前河道泥沙面352.5m左右，比进水闸底高出5m，每次灌溉引水，总会随水引进大量河床底沙，附表1-1为河道、出水池泥沙粒径值，可见引入水挟带的泥沙比河道沙粗。据灌区多年统计，一级站出水口泥沙含量比河源平均高出14.96%（汛期夏灌）～21.4%（非汛期的冬、春灌），其中粒径在0.1～1.0mm的泥沙比例平均高出5～6倍，粒径大于0.05mm的泥沙比例平均高出47.6%，更加剧了粗泥沙为害的严重性。

附表1-1　河道、出水池粒径对照表

位置	小于某粒径（mm）的泥沙所占百分数/%								
	0.5	0.25	0.1	0.05	0.02	0.01	0.005	0.002	d_{50}
闸前河道		100	98.82	70.74	25.12	15.63	10.84	1.05	0.041
出水池	100	98.95	92.21	43.71	27.37	20.35	9.81	4.54	0.053

总干渠上游段（6+850上游）设计流量40m³/s（加大流量60m³/s），下游段设计流量80 m³/s（加大120 m³/s）。黄河泥沙含量在1.06～226kg/m³，粒径0.005～1.0mm。

四是淤积泥沙起动困难。总干渠冲沙闸前是1.3km的隧洞和渠段，目前运行水位4m，淤泥高度平均3～3.5m，淤积泥沙d_{50}为0.24～0.30mm，干重1.618t/m³，如果采用常规排沙方式则要求渠底层水流速度（即起动流速）大，连续行水过程中难以达到。

五是已成工程限制条件多。总干渠设计比降1/3500，运行水深达到3～4m，流速0.4～1.5m/s，隧洞及渠首一级站的水泵、输变电设施等已经固定，如果损耗渠道水头能量或排沙设施体积过大要求增加扬程，隧洞出现淤积闷孔或改为压力洞，将会影响渠道正常运行或大大增加工程建设、特别是灌溉长期的运行成本。

六是杂草杂物堵塞问题。虽然灌区枢纽进水口设有拦污栅，但入渠黄河水中小的杂草、芦根、红柳、树枝、生活垃圾、煤块等相当严重。

七是地形限制。隧洞出口后渠道地形平面为 52°的右转弯，粗沙主要淤积在渠堤凸岸边，属于累积性淤积，冲刷十分困难，排沙口只能安装在渠堤凹岸边。其他位置距离总干渠 1～3km 且没落差无法排沙。

八是电力抽水耗电多，排沙成本高。据西北水科所试验，冲沙闸排除每方淤沙平均耗水 215.39m³，排沙成本高达 5.38 元/m³，重要的是冲沙闸排沙影响灌区连续供水。

九是排出的粗泥沙不允许进入黄河。即要做好排沙尾水和淤泥再处理。

1.2　"自排沙廊道技术"的工程布设

自排沙廊道技术排沙设施由自排沙廊道、自排沙机构（含导流板、导向叶、增旋分层板、增沙帽、排沙孔、消紊锥）、消能塔、排沙闸等组成，按照"悬沙不均匀分布原理"，将廊道嵌入水底或淤沙下。主要应用原理有悬沙不均匀分布、水锤效应、土壤破坏、地球自转效应、重力效应、火车起动、螺旋流挟沙、水沙能功平衡、能量"矢量耦合"、力矩原理等。设计原则为遵循水沙运动规律，优化利用水沙蕴含的自然能量。

1.2.1　东雷抽黄总干渠自排沙廊道工程

自 2003 年 6 月，在总干渠冲沙闸前原溢流堰上游的渠底上，增建了自排沙廊道工程一条。廊道断面为半圆底 U 形，其圆弧半径为 0.15m，两直边壁高0.18m，长度 45m，比降为 1/1000。在原冲沙闸底板上，增设一 80cm×223cm×20cm 的挡水板，设置与廊道内断面同大小的 U 形洞，作为廊道排沙出口（见附图 1-3～附图 1-7），其底部高程 351.08m。在廊道出口前安设平板闸门作为廊道排沙闸，将排沙水通过 16m 长的泄水流道送往黄河。

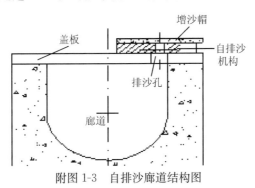

附图 1-3　自排沙廊道结构图

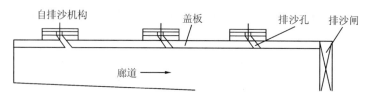

附图 1-4　自排沙廊道结构图

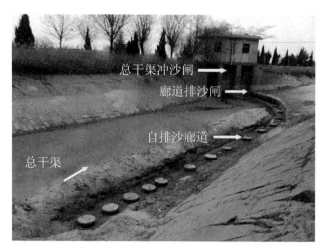

附图 1-5　自排沙廊道工程平面图

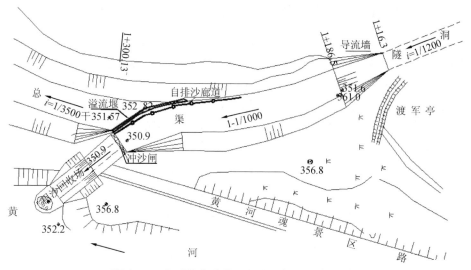

附图 1-6　东雷抽黄隧道口自排沙廊道平面布置图

　　距离自排沙廊道工程下游 700m 处，是总干渠东雷节制闸和给伏六系统沉砂池（或调蓄库）供水的进水闸，沉砂池要求进水水位 3.8～4.0m，故在一级站出水口至此段总干渠 2000m 渠段基本保持壅水运行。

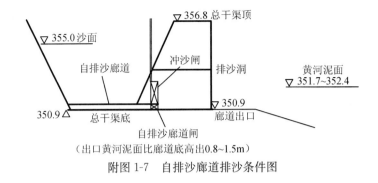

附图 1-7　自排沙廊道排沙条件图

1.2.2　尊村引黄自排沙沉沙池

尊村引黄设计流量 46.5m³/s，灌溉面积 11.067 万 hm²，由于工程已运行 30 多年，加之渠首水源脱流 3~4km，需依赖 2 台挖掘机常年挖渠引水，将河床淤沙带入渠中，致使渠道淤积和机泵磨损严重，设备老化失修、导致灌溉面积萎缩。灌区实灌面积由原 4 万 hm² 衰减至节水改造前的 1.55 万 hm²，据实测，截至 2002 年底，尊村总干渠淤积量达 284 万 m³，分干渠及支渠淤积量达 368 万 m³，清淤泥沙堆积渠道两旁，形成了一条条沙带。2003 年在一级干渠 0+000 到 0+970 右侧与舜帝工程 1# 坝之间，建成一座湖泊型沉沙池，占地 65.73hm²，总库容 290 万 m³，设计运行年限 3.7 年，现运行 4 年，淤积库容已达 200 万 m³，沉沙池最高淤泥面在 346.2m，进口附近泥沙淤积高程在 345.75m，比进水闸底高出 2.426m，致使沉沙池进水困难，需经常组织人力和机械挖沙，疏通水流通道，从而增加了灌溉成本，延误灌溉时机（徐睿，2011）。2008 年经山西省发改委、水利厅论证批准修建"自排沙沉沙池"工程（附图 1-8）。

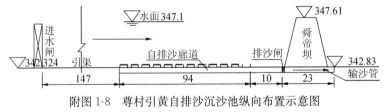

附图 1-8　尊村引黄自排沙沉沙池纵向布置示意图

1.3　应 用 效 果

2003~2012 年，东雷抽黄灌区渠首共引水 111596.4 万 m³，引进泥沙 866.883 万 t，灌溉期间自排沙廊道工程每天运行 1~2 次，每次 1h，流量 0.2~0.6m³/s，排沙耗水比 0.3%~3%。每年检修一次，费用 0.2 万~1 万元。基本上解决了灌区排沙存在的 9 个问题，具有很好的推广意义。

　　由于东雷抽黄2001年隧洞出口1＋500m位置修建新疆农大"漏斗排沙"工程需要，总干渠运行水深由原来的2.8m抬高至4.0m。使隧洞原设计的0.98m水头消失，始终处于壅水运行的不利状态，多年灌溉期间隧洞淤泥保持在3～3.5m。

　　自排沙廊道工程运行后，廊道上游至一级站出水口之间1300m的隧洞及其渠道在保持不新增淤积的基础上，原有累积性淤泥却发生冲刷下降见底，见附图1-9。下游至二黄入水口7km范围壅水运行情况下，渠道多年的累积性淤泥一个灌季就下降0.6～1m。但总干渠同位置的冲沙闸和下游节制闸对上游淤泥的影响半径仅3m左右，说明排沙对上、下游渠道的减淤效果。

附图1-9　2012年7月17日自排沙廊道排沙后隧洞口泥沙被冲刷见底

　　2006年6月30至7月4日，廊道停止排沙5d，总干渠隧洞出口淤积泥沙高度2.8m，待7月14日灌溉开机后廊道每天流量0.3～0.4 m³/s排沙1h，廊道上游的隧洞和总干渠1300m又恢复不淤状态。一级站出水口含沙量9.3kg/m³，经过廊道排沙后，下游800m的含沙量为5.3kg/m³，截沙率43％。廊道排沙含沙量428kg/m³，同位置冲沙闸的含沙量11.4kg/m³（附图1-10）。

附图1-10　2006年3月7日同位置的冲沙闸与自排沙廊道排沙效果比较

（冲沙闸11.4kg/m³，廊道428kg/m³，渠道水流泥沙9.3kg/m³）

2012 年 3 月 18 至 3 月 20 日，一级站抽水流量 23.64m³/s，平均含沙量 2.81kg/m³，廊道停止排沙 3 天，总干渠淤泥高度达到 3m。多年来，灌溉期间廊道每天以 0.3～0.6m³/s 的流量排沙 1～2 次，每次 1h，即可保持上游至一级站之间 1300m 的渠道不淤积（附表 1-2），可见排沙效果明显。

廊道采用间歇排沙的方式，经专家测试，在廊道上部淤沙高度达到 1.2～1.6m 时仅需要廊道排沙 20min，排沙含沙量高达 580～1430kg/m³。

自排沙廊道技术在研究和总结了龙卷风及海河涡流巨大能量的特性规律等自然现象后，发明了聚能增能的"右手判则"，使廊道具有集聚能量矢量耦合（放大）的作用。

西安理工大学研究生韩海军通过模型试验，在 20～24cm 水深，廊道长度 10～20m 的情况下，开启和关闭时水头差 13cm，即廊道运行中会产生 1.3kPa 的负压，"证明在廊道内部会产生抽吸作用，廊道内部产生的抽吸作用给进入廊道的水流和泥沙提供一种动力，这种动力可以使得泥沙和水流可以更多、更快地排出廊道，有利于泥沙的排除"。

要得到一个与地转偏向力匹配而稳定的双螺旋流，就必须有一个科学合理优化的结构。这些结构尺寸，尤其矢量关系非常重要，没有哪一部分不重要，而各部分又必须严格地协调匹配，故各部分的形式与尺寸均有严格的要求。2005 年检修过程中，对自排沙机构施工尺寸、矢量、方位进行了试验， 2006～2008 年排沙中，3～4m 水头情况下，运用"右手判则"设计的廊道流量可达到 0.65～0.7m³/s，与此相反的结构，流量只有 0.3～0.4m³/s，相差 46％。

测试观察中发现，廊道螺旋流的四种现象，一是廊道出口水流集聚在周边急速旋转（人手几乎无法在周边水流中放置或停留），中间水流几乎不旋转；二是当流量不足时廊道中间会出现空腔，空腔直径可达廊道直径的三分之一；三是廊道出口水流始终呈喇叭形偏向扩散；四是廊道出口水流仅冲出 0.7m 左右，而同位置同条件的冲沙闸排出水流冲出 29m 远，说明廊道的能量主要是作为螺旋流消耗，纵向能量很小。

多年来，总干渠一级站实际运行流量在 1.5～42m³/s，黄河泥沙含量在 1.06～226kg/m³，粒径 0.005～1.0mm 的变化，廊道间歇排沙就可满足渠道连续供水，说明排沙不影响总干渠灌溉连续供水。

尽管目前廊道排沙出口高程 350.9m，黄河淤沙面 352.3m 左右，但灌溉期间，在黄河水位最大高出廊道底 1.5～1.8m 时，廊道短期排沙正常，说明只要廊道上下游有足够的落差就可保证排沙。

由于廊道采用集聚淤沙间歇排除的方式，耗水比（即排沙耗水量与处理水量之比）仅为 0.3％～ 3％，所以排沙所需的水量小。由于廊道内水流为强螺旋流，挟沙能力大，水流排出廊道后粗泥沙很快沉淤，细泥沙随水下泄入黄河，西安理

附表 1-2　自排沙廊道应用后隧洞、总干渠积淤变化表

观测数据

序号	测试时间	廊道排沙	项目	0+000	0+050	0+100	0+200	0+600	1+163	1+186.5	1+257	1+300	1+301	1+796.5	6+850
1	2004.4.26	无	淤沙高度/m	0	1.5	3	3	3	2.7	3.5	3.5	3.5	2.11	3.5	3
			高程/m	351.4	352.86	354.32	354.23	354.36	354.06	355.1	355	354.93	354.93	354.93	352.21
2	2005.4.20	无	淤沙高度/m	0	0	0.6	1	2.8	3.5	3.5	3.5	3.5	2.11	3.5	3
			高程/m	351.4	351.36	351.92	352.23	353.70	353.93	355.1	355	354.93	354.93	354.93	352.21
3	2006.4.8	排	淤沙高度/m	0	0	0	0	1.8	0		0.2	0.2	0	3	2.5
			高程/m	351.4	351.36	351.32	351.23	352.70	350.43	351.6	351.7	351.73	352.82	354.43	351.71
4	2008.4.25	排	淤沙高度/m	0	0	0	0	0.3	0		0.2	0.2	0	3	2.5
			高程/m	351.4	351.36	351.32	351.23	351.20	350.43	351.6	351.7	351.73	352.82	354.43	351.71
			渠道深度/m	5.6	5.6	5.6	5.6	5.6	5.6	4.6	4.6	4.6	2.61	4	3.95
			渠底（廊道顶）高程/m	351.4	351.36	351.32	351.23	350.9	350.43	351.6	351.573	351.53	352.82	351.43	349.21
			标示断面			隧洞				扭面	廊道		溢流堰	渠道	
			长度/m			1163				23	43		1.5	496.5	5053.5
			比降			1/1200				−1/20	1/1000		0	1/3500	1/3500

工大学研究生院试验证明，廊道排出泥沙粒径是渠道淤沙粒径的 2.3 倍，见附表 1-3。可见其泥沙分选效果非常明显。

附表 1-3　廊道出口级配变化过程

编号	时间 /min	小于某一粒径（mm）的百分比/%									d_{50} /mm
		0.05	0.1	0.2	0.3	0.5	0.6	0.7	1	2	
沙样		13.07	29.38	54.34	70.42	85.30	93.03	95.88	99.33	100	0.19
1-1	2	6.97	16.05	38.30	61.17	83.92	94.26	97.47	100	100	0.26
1-2	4	4.48	9.28	25.91	48.34	74.63	88.55	93.52	99.23	100	0.32
1-3	6	1.47	1.83	9.36	29.13	58.17	75.99	83.10	93.06	100	0.43
1-4	8	0.93	2.77	10.56	28.31	57.32	76.99	85.12	96.16	100	0.43
1-5	10	0.96	2.66	14.50	35.38	63.86	81.23	88.10	97.19	100	0.39
1-6	12	1.30	3.07	11.45	30.10	59.85	79.47	87.37	97.57	100	0.42

经东雷抽黄管理局分析，廊道排沙出口排出泥沙中粒径大于 0.1mm 的粗泥沙占 99.41%，含泥量几乎为零（附表 1-4），比大荔、合阳、澄城县三县目前建筑应用的黄河沙还好。同时，细泥沙分离进入黄河亦可提高其挟沙能力，为黄河粗细泥沙资源化利用找到了新途径。

附表 1-4　自排沙廊道排沙与东王沙粒径分析表

粒径级/mm	粒径级沙重占总沙重/%		大于某粒径沙重/%		
	东雷二	东王沙	粒径 d/mm	东雷二	东王沙
$1.0 < d < 2.0$	0.11	1.26	2.00	0	0
$0.5 < d < 1.0$	3.93	6.93	1.00	0.11	1.26
$0.25 < d < 0.5$	86.31	56.28	0.50	4.05	8.19
$0.1 < d < 0.25$	9.05	31.44	0.25	90.36	64.48
$d < 0.1$	0.59	4.08	0.10	99.41	95.92
d_{50}	0.37	0.263	—	—	—

注：东王沙为当地建筑细沙，东王沙为 2006 年 5 月 6 日黑池方田建设料场取样。

1.4　试验及联想分析

自排沙廊道技术在多泥沙的东雷抽黄总干渠运行 10 年，进行了排沙影响范围、排沙粒径、流量、杂草杂物堵塞、排沙出口淹没影响等试验，对广泛推广应用提供了直观效果。

原型观测试验有以下几个方面。

一是陕西省东雷抽黄总干渠廊道上部的流速在 0.35～1.5m/s，下游的淤泥高度在 3～4m，山西省尊村引黄自排沙沉砂池流速 0.4m/s 左右。其流速均在

0.45m/s 左右，相似于一座河道式水库或沉砂池等低流速工程的排沙试验。

二是廊道上游影响长度 1300m，是总干渠同位置的节制闸和排沙闸（影响长度 3m，附图 1-11）的 430 倍。

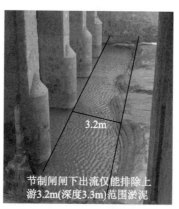

附图 1-11　节制闸影响范围

尽管受到上游一级站位置和壅水运行方式的限制，但在边行水边排沙的前提下，廊道上游的影响长度达到 1300m，下游长度达到 5550m（二黄入口节制闸位置上游），自排沙廊道技术特殊的"排除底层浑水水库和推移质泥沙"的功能促进了上游推移质运动和溯源冲刷。对在河道、水库、沉砂池等工程上应用自排沙廊道技术，是一个验证和启迪。

三是对渠道下游淤积影响的试验。总干渠受下游 6＋850 节制闸及其二黄入水口壅水影响，可观察下游的淤沙影响长度 6850m，消除了新淤积的同时，一个灌季可使其原有淤泥高度下降 1～1.5m。

四是自排沙拦沙坎在多泥沙灌区系统治沙试验。灌区从 2007 年开始，在南乌牛（3 万 hm²）、新民（1 万 hm²）灌区进行了进水口拦截粗泥沙治沙试验。

由于灌区四个二级抽水站直接从总干渠侧向引水，总干渠淤泥高度在 1.8～3m，使粗泥沙大量引入。2008 年春、夏灌溉，黄河小北干流含沙量在 2～10kg/m³，与设计引水的沙限 7％（即 72kg/m³）相距甚远，但距一级站出水口 32.88km 的南乌牛二级站虽然仅引水 30％，却将总干渠 75％的粗泥沙引入，出水口的含沙量达到总干渠的 3～4 倍，下游渠道仅能运行设计流量的 64.71％，淤泥就高达渠道深度的 62.5％，支、斗渠仅 12h 就必须停水清淤。据 2007 年 11 月调查，距离南乌牛出水口 15km 的高西二支渠长度 4km 全部淤积，淤积高度 0.65m（占渠深的 72％），运行 4～5 天即可淤满。距南乌牛出水口 30km 的高西十一支渠，淤泥高度 0.86m（原渠深 0.85m），迫使在原渠道上加高 0.4m 后运行，淤积厚度竟占衬高度的 68.8％，淤积加剧，失去过水能力，严重影响了灌区灌溉。

自从 2007 年、2009 年相继在南乌牛、新民二级站进水口前修建"自排沙拦沙坎"拦除粗泥沙，运行后，减淤效果十分显著。

南乌牛灌区的南西干渠由原淤积的 1.5m 冲刷下降至 0.2m，在距离南乌牛出水口 15km 的高西干渠二支渠淤泥面下降 0.5m（50%）、距离南乌牛出水口 30km 的十一支渠冲刷下降 0.4m 左右。

新民灌区干渠开灌 20 多年来淤积（出水口附近最大）在 1.5m 左右，泥沙经常迫使灌溉中途停水清淤和加高渠堤，每个灌季均需数万劳力停水清淤。2007 年改进拦沙坎后，使引水口内平均有害粗泥沙比例由 70.31% 减少到 39.81%，出水口至三级站的 4.76km 干渠在不进行清淤的情况下，原有多年的淤积下降了 1.2m 左右（80%），消除了各级渠道多年淤沙影响灌溉，及耗费大量劳力停水清淤的状况。

从灌区泥沙治理的试验和实践看，只要利用自排沙廊道技术，在渠道上游及时处理粗泥沙，就可以系统减轻和消除下游灌区的泥沙危害。

五是廊道排沙不影响渠道水流的正常运行，流量变化在 1.5～42m³/s，水深变化在 0.1～4m，含沙量在 0.5～226kg/m³，可以适应河道非汛期、汛期挟沙水流的变化。

六是廊道在地形落差为 0～1.5m，出口水位在 0～1.8m（淹没度 0.45～0.6）变化的情况下短期正常运行，可以在黄河流域的多泥沙灌区渠道（多为抽水或小比降）推广应用，亦可适应二级悬河排沙。

七是排沙孔抗堵塞、淤塞试验。在河道水流中，常有一些杂草杂物，经过渠首拦污栅后去掉了较大的杂草杂物，但不可避免还有一些较小的杂草杂物。经试验，对于在水中直接设置的排沙孔（裸孔），很快就会形成排沙孔堵塞，但经过在排沙孔上设置自排沙机构，排出了长 30cm 直径 4cm 的木棍枝杆、长 42cm 直径 1.2～1.6cm 的芦根、10.6cm×5.6cm×3.6cm 的炭块、塑料垃圾等杂草杂物，基本解决了渠首拦污栅处理水中杂草杂物后小的杂草杂物的堵塞问题，可以满足灌溉运行。

由于廊道设置在水下或淤泥下，淤沙就会堵塞廊道、堵塞排沙孔。四川渔子溪电站、逊科西及石棉水电站的排沙廊道就是因为堵塞问题没有彻底解决，效率不高（罗福安等，1982）。自排沙廊道技术彻底解决了淤沙淤塞排沙孔和廊道的问题，如东雷抽黄总干渠廊道在 3～4m 高度的淤沙持续 1 个月后，随时可以打开闸门排沙。尊村引黄自排沙沉砂池 2～2.5m 高度的淤沙干湿交替持续 8 个月后，只要有水时打开廊道排沙闸就可以正常排沙。

八是水锤利用试验。自排沙廊道埋设在水下或淤泥下，如果按照常规增大淤沙表面流速起动的方法根本不可能，水库、沉砂池等低流速工程则考虑使用高压水枪冲击、机械疏松等辅助办法，但费用巨大，难以推广。自排沙廊道技术则运用"水击原理"，通过多次快速启闭排沙闸，利用廊道内产生的水锤力，疏振淤沙底部，从而在淤沙底部先产生流土进而重力破坏，达到"零流速"起动淤沙（谭培根，2006），同时疏通了排沙孔的杂草杂物，在淤泥厚度 1.2～4m，流速在 0.3～0.6m/s 情况下正常排除淤沙。

1.5　需要改进的几个方面

自排沙廊道技术有六个方面需要改进。

一是加强一级站或渠首拦污栅工作效率，减少渠道水流中杂草杂物影响。

二是排沙闸启闭机改造为自动化，便于优化操作科学管理。

三是科学运行廊道排沙闸。由于自排沙廊道技术，是经过对自排沙机构、廊道、闸门等优化匹配和效率最大化组合设计的，所以必须防止闸门半开运行。排沙时间以排完廊道上部淤沙（排沙水变清或含沙量小于 $50kg/m^3$）为标准。

四是目前东雷抽黄在隧洞口只有一条廊道，在含沙量较小时尚可，必须增加廊道以满足更大流量和含沙量的排沙。

五是"自排沙廊道技术"的各个结构是系统优化组合的，尺寸都非常重要，各部分的形式、空间位置与尺寸均严格按照技术（包含 3 项专利和专有技术）要求，必须严格地协调匹配。任何部分结构形式或尺寸的变化，都极易改变其水流流态，甚至会使某些力互相抵消，螺旋流强度减弱或者消失，流量系数变小，挟沙能力降低甚至排沙失败。因此，必须整体现浇，可以避免因为施工、检修人员技术差异或疏忽而引起的安装差错等。

六是在自排沙廊道技术应用的 10 年期间，西安理工大学研究生杨洪艳、韩海军、陈琛等做了多项模型试验和云计算分析。杨洪艳的试验分析了排沙孔直径、偏心距、偏转角以及导流板方向对进入廊道的流量的影响和对出口含沙量的影响，给出了流量系数的计算公式。韩海军的试验研究分析了廊道排沙和不排沙时廊道上游的垂线流速分布，得出了排沙时垂线最大流速点向底层移动，提高了溯源冲刷的强度和范围，试验证实了廊道螺旋流局部地区有负压，有利于提高排沙效率，实验资料表明，廊道出口的泥沙粒径大于来沙的粒径，表明排粗砂效率高。陈琛（2011）的云计算表明自排沙廊道中的流速场比以往的其他廊道的流速场都有利于排沙节水。多位专家教授论述了其在水库、河道上应用排沙的原理及优点（秦毅等，2009）。由于水库中自排沙廊道的尺寸、规模比渠道中的尺寸、规模大得多，所以应进一步研究廊道的尺度效应，以及研究廊道断面双向沿程变化的效应等问题。

附录 2 1967～1968 年渭河淤塞、归流纪实

2.1 概 况

1967 年三门峡入库径流量即龙、华、河、状四站合计 672.8 亿 m³，潼关径流量 627.8 亿 m³，出库 656.1 亿 m³，入库沙量 29.8 亿 t，潼关沙量 21.8 亿 t，出库沙量 22.5 亿 t。三门峡水库泄流规模小，大水大沙导致汛期库水位居高不下，黄河长时间倒灌渭河。渭淤 4（距潼关 31.8km）断面以下渭河河道被淤塞，渭河来水被逼由渭淤 4 断面向南、北滩上分流。汛期过后，潼关水位降落，渭河河槽中发生溯源冲刷，但直到 1968 年 3 月，溯源冲刷只发展到距潼关 23km 处，在渭淤 2 与渭淤 2＋1 之间。渭淤 4 以下仍有被淤塞的 8.8km 河槽处于不能过流行水的状态。

1968 年 2 月下旬陕西省三门峡库区管理局组织有关部门相关人员现场查勘，最终确定开挖引河冲开渭河被淤塞的故道。经国务院批复后，于 1968 年 5 月 4 日至 6 月 23 日在被淤塞的 8.8km 河道中开挖宽 20m，深 0.2～1.5m 的引河，完成土方量 165 250m³，6 月 23 日 14：40 引河开始过水，过水流量 4.88m/s，平均水深 0.59m，至 8 月 8 日，流量达到 315m/s，平均水深 3.44m，河宽达到 80m，归流成功，8 月 9 日停止测验工作。当年汛后，故道河槽恢复正常过流行水。

2.2 库水位变化情况

1967 年水库滞洪排沙运用，虽经第一期改建，但水库泄流规模仍不足，导致库水位较高。附表 2-1 为 1966～1967 年、1967～1968 年水文年水库运用水位变化。正是库水位高，回水末端超过潼关，使潼关站 1967 年 7～10 月的月平均水位在 328.48m、329.30m、329.99m、329.14m，日均水位长时间处于 330m 左右，这是一种很不利的下边界条件。

附表 2-2 为 1967 年汛期各月潼关站至史家滩站（距坝 1.1km）的月平均比降和最小比降，可看出库水位高导致潼关水位高，潼史河段比降大幅度减小，最小比降达到 0.79×10⁻⁴。与建库前潼关至三门峡（上）的水位比降 3.4×10⁻⁴～3.6×10⁻⁴ 相比，月平均比降仅为建库前的 1/3 左右，最小比降仅为 1/4 左右。

水文年		平均水位/m	最高水位/m	最低水位/m	蓄水天数/d					
					起	迄	大于310m	大于315m	大于320m	大于322m
1966～1967	非汛期	310.13	(2月21日)325.20	(12月10日)303.29	1月22日	6月11日	58	44	35	28
	汛期	314.51	(8月5日)320.13	(7月1日)308.28						
1967～1968	非汛期	313.91	(2月29日)327.91	(1月2日)303.92	11月1日	6月28日	133	91	60	45
	汛期	311.37	(9月15日)318.91	(8月4日)306.06						

附表 2-2　1967 年汛期各月潼史河段平均比降及最小比降

月份	潼关水位/m		史家滩水位/m		潼史河段比降/10^{-4}	
	月平均	最高	月平均	最高	月平均	最高
7	328.48	329.19	313.72	318.67	1.31	0.91
8	329.30	330.44	314.48	320.13	1.32	0.79
9	329.99	330.49	317.77	320.04	1.09	0.89
10	329.14	330.02	312.05	319.30	1.52	0.95

2.3　特殊的水沙组合

1967 年为丰水丰沙年，四站的年水量 672.8 亿 m³，年沙量 29.8 亿 t，为有资料以来的第二位，仅次于 1964 年的 696.8 亿 m³ 和 30.5 亿 t。汛期洪水频繁，主要来自龙门以上，1967 年龙门站出现 5000 m³/s 以上的洪峰多达 15 次，其中10 000 m³/s 以上的洪峰 5 次，8 月 11 日出现最大洪峰流量 21 000 m³/s，潼关站8 月份出现 5000 m³/s 以上洪水 8 次，8 月 11 日出现最大洪峰流量 9530 m³/s，9 月份全月大水，月平均流量达 5410 m³/s。

1967 年渭河华县站出现洪峰流量大于 1000 m³/s 的 5 次，其中 3 次在汛前5 月份，2 次在汛初 7 月份，5 月 19 日出现最大洪峰流量仅为 2100 m³/s。洪水不大但含沙量较大。

1967 年北洛河汛前无洪水，入汛后高含沙小洪水场次多，沙峰超过 500kg/m³的有 7 次，最大含沙量 940kg/m³，最小含沙量 129kg/m³，最大洪峰流量359 m³/s，最小仅 70 m³/s。

黄河来沙量大、洪水多，而三门峡水库泄流规模小，致使潼关月平均水位由汛初的 328.5m 持续上涨。8 月份平均水位上升至 329.30m，最高 330.44m；9 月份月平均水位上升至 329.99m，最高 330.49m；汛末 10 月份平均水位仍维持在329.14m，最高 330.02m。汛期潼关的高水位造成黄河长时间顶托倒灌渭河。

附表 2-3 为 1967 年 8 月黄河、渭河和北洛河洪水组合及潼关水位，可看出上边界条件是黄河、渭河、北洛河的水沙组合十分不利，黄河水大沙多，渭河无

大水，北洛河小水大沙。潼关长时间的高水位是很不利的下边界条件。在不利的
上、下边界条件制约下，造成 1967 年汛期黄河频繁顶托倒灌渭河和北洛河，使
渭淤 4 断面以下的河槽淤塞。渭河的淤塞与北洛河频繁来高含沙小洪水起到加沙
作用也有关系，如 8 月 24 日至 8 月 26 日水沙组合，华阴站 8 月 24 日 8 时流量
$Q=13 \ \mathrm{m^3/s}$，含沙量 $S=1.03\mathrm{kg/m^3}$，12 时 $Q=0\mathrm{m^3/s}$、$S=673\mathrm{kg/m^3}$，18 时
$Q=-10.3\mathrm{m^3/s}$、$S=673\mathrm{kg/m^3}$，22 时 $Q=-1.5\mathrm{m^3/s}$、$S=673\mathrm{kg/m^3}$，24 时
$Q=18 \ \mathrm{m^3/s}$、$S=5.9\mathrm{kg/m^3}$；24 日 18 时，北洛河朝邑站 $Q=364\mathrm{m^3/s}$、
$S=850\mathrm{kg/m^3}$，潼关站流量 4220 $\mathrm{m^3/s}$，含沙量仅为 122$\mathrm{kg/m^3}$；华县站含沙量仅
为 1$\mathrm{kg/m^3}$。又如 8 月 29 日至 8 月 31 日水沙组合，29 日 14 时，华阴站
$Q=-27.0\mathrm{m^3/s}$、$S=585\mathrm{kg/m^3}$；朝邑站 $Q=374 \ \mathrm{m^3/s}$、$S=711\mathrm{kg/m^3}$；潼关站
$Q=5080\mathrm{m^3/s}$、$S=155\mathrm{kg/m^3}$；华县站含沙量仅为 43$\mathrm{kg/m^3}$。在黄河水大、沙大
且水库泄流规模不足的条件下，水库壅水位高，回水末端超过潼关，使潼关处于
高水位状态，形成长时间的向渭河、北洛河倒灌。恰在此时，北洛河又频繁发生
高含沙小洪水，而渭河却是小水，北洛河的高含沙小洪水潜入渭河，以高含沙异
重流的形式加入向渭河倒灌的行列。北洛河泥沙组成粗，当北洛河高含沙小洪水
消落后，倒灌渭河的异重流就地淤积。在黄河倒灌、北洛河加沙的最不利情况
下，渭河河槽被淤塞。1968 年汛期开挖引河归流时，就碰到胶泥很难冲刷的情
况，这是倒灌时就地淤积的异重流挟带的细泥。

附表 2-3　1967 年 8 月黄河、渭河、北洛河洪水组合及潼关水位

洪水组合	日期	项目	潼关站	华县站	华阴站	朝邑站	潼关水位/m
黄河、北洛河组合	8 月 2 日	$Q/(\mathrm{m^3/s})$	5500	65	80	159	329.25
		$S/(\mathrm{kg/m^3})$	38	1	45	812	
	8 月 3 日～8 月 4 日	$Q/(\mathrm{m^3/s})$	6280	105	45	98	328.86～329.32
		$S/(\mathrm{kg/m^3})$	71	5	29	680	
	8 月 24 日～8 月 26 日	$Q/(\mathrm{m^3/s})$	4220	71	−10	364	329.48～329.77
		$S/(\mathrm{kg/m^3})$	122	1	673	850	
	8 月 24 日～8 月 31 日	$Q/(\mathrm{m^3/s})$	5080	291	−27	374	329.47～329.87
		$S/(\mathrm{kg/m^3})$	155	43	585	711	
黄河单独涨水	8 月 21 日	$Q/(\mathrm{m^3/s})$	6950	91	102	5	329.88
		$S/(\mathrm{kg/m^3})$	77	1	10	26	
	8 月 23 日	$Q/(\mathrm{m^3/s})$	6500	70	91	4	330.06
		$S/(\mathrm{kg/m^3})$	199	1	6	8	
黄河、渭河、北洛河组合	8 月 5 日～8 月 7 日	$Q/(\mathrm{m^3/s})$	8020	546	506	145	328.96～329.56
		$S/(\mathrm{kg/m^3})$	115	731	530	802	
黄河、渭河组合	8 月 10 日～8 月 11 日	$Q/(\mathrm{m^3/s})$	9250	400	394	31	328.56～329.39
		$S/(\mathrm{kg/m^3})$	153	169	100	154	

注：陕西省三门峡库区管理局，2007。

　　曾庆华（1986）分析了 1967 年 8 月 1 日至 9 月 1 日实测的华阴站断面变化及 1967 年 8 月 24 日实测的华阴站流速、含沙量分布。从断面变化得出华阴站断面逐渐抬高淤平，以致河槽全被堵塞，华阴以上已普遍漫流，9 月 1 日华阴流量仅 8.11 m^3/s，水位则达 332.63m，平均流速只有 0.12 m^3/s，9 月 2 日起华阴站停止水文测量。从流速、含沙量分布得出华阴站出现上溯的高含沙异重流，上层水体含沙量仅 28.7 kg/m^3，底层高含沙异重流含沙量 774 kg/m^3，流速 1.13 m^3/s，是北洛河以高含沙异重流形式倒灌渭河。

2.4　引河归流方案

　　现场查勘人员分为水文泥沙组和地质工程组，对淤塞区全貌进行了实地勘查。从平面上看，现行过水的南北滩河势基本平顺，北滩均为耕地，长满了抗冲的玉米，阻力大、水深小；南滩过流道均为泥草滩，水深较大，长满芦苇，也是抗冲物。被淤塞的河槽故道全被细沙覆盖，地质人员作了爆破试验，爆破后生成一个深坑，但在不长的时间内就液化恢复原状，说明故道易于被冲刷。最终确定在被淤塞的故道上开挖引河，用水力产生溯源冲刷的方案使故道归流。

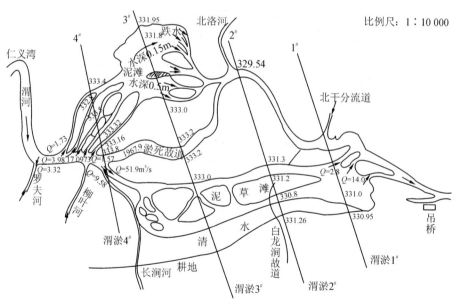

附图 2-1　渭河下游仁义湾—吊桥淤塞图
（由龙毓骞、徐乃廉、卢文新等现场测绘；引河尺寸由曹如轩现场设计提供）

　　设计的引河宽 20m、水深 1.5m，于 1968 年 5 月 4 日至 6 月 23 日历时 50 天，完成土方 165 250m^3，完成长 8.8km、宽 20m、深 0.2～1.5m 的引河工程。

　　1968 年 6 月 23 日 14：40 开始放水，水文测验现测到，若引河流量 20 m^3/s，则产生的溯源冲刷一天可上溯 1km；若 $Q=10\ m^3/s$，则溯源冲刷一天上溯 200～300m。故道淤塞物含黏土发生固结，溯源冲刷河段沿程有跌水，随着溯源冲刷的发展，跌水逐渐发展成陡坡，在由上而下的沿程冲刷和由下而上的溯源冲刷的联合作用下，经过一个汛期，故道的过洪能力达到 2000～3000 m^3/s，归流成功。

　　附图 2-1 为淤塞的故道和南北滩分流的现场查勘平面图，可看出淤塞故道的平面位置，淤塞情况等基本面貌。

彩 图

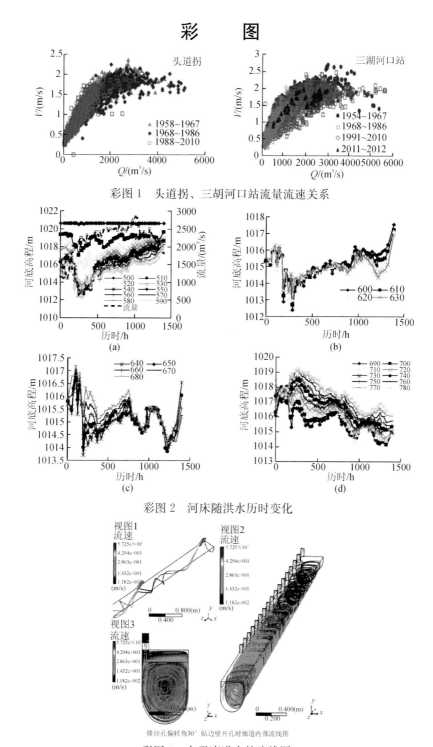

彩图 1　头道拐、三胡河口站流量流速关系

彩图 2　河床随洪水历时变化

排沙孔偏转角30°贴边壁开孔时廊道内部流线图

彩图 3　东雷廊道内的流线图

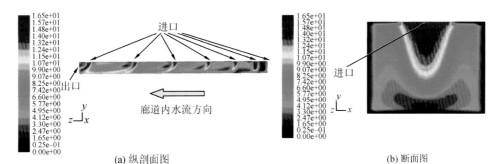

(a) 纵剖面图   (b) 断面图

彩图 4   第一代廊道中流速场分布云图

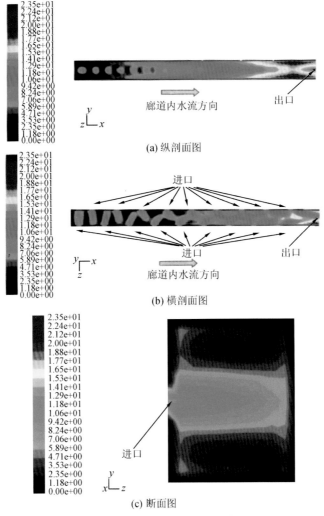

(a) 纵剖面图

(b) 横剖面图

(c) 断面图

彩图 5   第二代廊道中流速场分布云图